"十二五"职业教育国家规划教材

经全国职业教育教材审定委员会审定

高等职业教育电子信息类系列教材

实用数字电子技术项目教程

（第二版）

朱向阳　罗国强　主编

科学出版社

北　京

内 容 简 介

　　本书通过"项目-任务驱动"教学模式来体现知识目标、技能目标及教学方法、手段的改革，以培养学生数字电路知识的应用能力和操作技能为目标。书中内容紧密结合国家电子类职业资格证书认证标准，以及与世界技能大赛、全国职业院校技能大赛相关的数字电子技术知识点、技能点，通过典型、实用的操作项目，以及大量的电路仿真测试和电路实训，使学生从建立初步的感观认知，到学会对操作结果及出现的问题进行讨论、分析、研究并得出结论，从而实现能力的提高。全书内容共分五个项目，包括多功能控制器电路的制作、可置数正反向计时显示报警器的制作、电子密码锁电路的制作、广告灯的制作、数控可调稳压电源的制作。

　　本书既可作为高等职业院校、高等专科学校、成人高校、民办高校的电子、电气、信息、自动化、机电一体化等专业的"数字电子技术"等课程的教材，也可作为从事电子技术的工程技术人员的参考用书，还可作为电子技术爱好者的自学用书。

图书在版编目（CIP）数据

实用数字电子技术项目教程/朱向阳，罗国强主编. —2 版. —北京：科学出版社，2020.12

　ISBN 978-7-03-067638-2

　Ⅰ. ①实… Ⅱ. ①朱… ②罗… Ⅲ. ①数字电路-电子技术-高等学校-教材 Ⅳ. ①TN79

中国版本图书馆 CIP 数据核字（2020）第 270232 号

责任编辑：陈砺川 / 责任校对：马英菊
责任印制：吕春珉 / 封面设计：子时文化

科 学 出 版 社 出版

北京东黄城根北街 16 号
邮政编码：100717
http://www.sciencep.com

三河市骏杰印刷有限公司印刷

科学出版社发行　　各地新华书店经销

*

2009 年 2 月第 一 版　　开本：787×1092　1/16
2020 年 12 月第 二 版　　印张：20 3/4
2020 年 12 月第十五次印刷　　字数：470 000

定价：52.00 元

（如有印装质量问题，我社负责调换〈骏杰〉）

销售部电话 010-62136230　编辑部电话 010-62135763-1028

第二版前言

本书第一版已面市多年，而数字电子技术本身以及高等职业院校的数字电子技术课程教学都发生了巨大的变化和迅猛的发展。在这样的形势下，本书作者团队决定与时俱进，对第一版教材进行全面修订。

本版的编写继续遵循第一版的编写指导思想：坚持以职业能力培养为本位，以项目-任务为主体教学安排，以典型电路的制作、装配和能力测试为主线，打破传统学科体系的思路，紧紧围绕工作任务来选择和组织课程内容，在任务的引领下学习理论知识，让学生在实践活动中掌握理论知识，提高岗位职业能力。

由于第一版已经过多年使用考验并已获好评，第二版的编写体例基本保持了第一版的风格，贯彻理论联系实际和理论知识精准够用的原则，对教学目标中要求必须掌握的基本概念、基本原理和基本分析方法，做到讲深讲透，并注意讲清思路、启发思维，以培养学生举一反三的能力。书中将任务分解成"读一读"与"想一想"、"做一做"与"议一议"几个阶段，使学生在完成任务时在读中想、在做中思、在学中做，这样可培养学生分析和解决实际工作问题的综合能力。

本版修订主要考虑以下几个问题。

第一，为了适应数字电子技术的迅猛发展，本版在内容上进一步加强了中规模集成电路逻辑功能的介绍及其实际应用。在产品设计中采用了目前国内外通用的集成电路，而且从应用的要求出发，除了扼要介绍外围电路特性外，主要介绍数字集成电路的逻辑功能、典型应用或使用方法，同时，进一步删减比较陈旧的内容，适当简化了时序电路中的逻辑推算。

第二，随着国家对职业院校学生职业能力培养的重视，我们在实训项目设计中融合了世界技能大赛或全国职业院校技能大赛中数字电子技术相关赛项的知识点与技能要素，反映了现代数字电子技术的新技术、新成果和新应用，并尽可能跟上数字电子技术的新发展。本书编写的五个项目，即多功能控制器电路的制作、可置数正反向计时显示报警器的制作、电子密码锁电路的制作、广告灯的制作、数控可调稳压电源的制作，均是从世界技能大赛、全国或各省的技能大赛的内容中提炼加工出来的，能够涵盖数字电子技术的关键知识点及技能点。

第三，考虑到数字电子技术的电路设计已基本普及为 IN Multisim 14.0 版本，本版的所有仿真实例均使用 IN Multisim 14.0 版本，读者可以利用正版的 IN Multisim 14.0 教育版，调用这些电路进行仿真实验。

本书由朱向阳和罗国强担任主编，世界技能大赛数字电子技术赛项金牌获得者的教练刘云波老师参与编写，同时为了拓展本书的适用性，我们还邀请了江西建设职业技术学院的周霞副教授参与了编写工作。修订过程中得到了江西建设职业技术学院和江西省电子信息技师学院应用电子工程系许多教师的支持和建议。罗伟老师为本书的修订做了许多前期工作。具体编写分工为：周霞编写项目一；朱向阳编写项目二；刘云波编写项目三并设计每个项目的电路图；罗国强编写项目四和项目五，并负责全书的策划工作。

本书在修订过程中，在科学出版社的帮助下，广泛听取了来自不同院校教学一线教师的意见。教师们根据自己多年使用本书的教学实践，对本书的修订提出了中肯的具体意见。谨对以上所有给予指导、帮助和支持的同志致以衷心的感谢。

在本书各项目的 Multisim 仿真实例中，仿真图中的器件（如二极管、晶体管等）型号或符号与实际电路图有不一致的情况，这是由于 Multisim 元件库中没有提供相应的器件或器件符号的标注方法所致，特此说明。

本书配有电子教学参考资料包，包括电子教案及习题答案，可直接登录科学出版社职教技术出版中心网站 www.abook.cn 下载，或向编者索取。

编者联系方式：

江西省电子信息技师学院应用电子工程系　　邮编：330096

电话：（0791）8162313

E-mail：zhuxiangyang9@163.com

由于编者水平有限，书中如有不足之处，恳请广大读者批评指正。

编　者

第一版前言

在知识爆炸的信息时代，中等职业学校电子类专业的学生应该接受怎样的"数字电子技术"课程的教育，的确是一个值得我们深思的问题。是"授人以鱼，还是授人以渔"？答案不言自明。那么，如何授人以渔？目前的现状是：经过传统的应试教育培养起来的学生非常习惯于教师对知识定论式的讲授，缺乏自主探索知识的能力，缺乏用知识解决实际问题的能力。造成这种现状的一个主要原因是我们所采用的教学方式是以教师讲为主，学生听为辅。教师讲得再好，学生未必都听进去了，结果必然是教学效果不佳。对于"数字电子技术"课程而言，延续这种传统教学方式而产生的危害将比其他课程表现得更加突出，原因是这门课程的实用性极强，学习这门课程的目的既不是"应试"，也不是单纯"硬记"，而是教会学生掌握一种学习电子技术的方法，提高运用电子技术解决实际问题的能力。面对 21 世纪信息社会对人才的要求，结合本学科的特点，在教学中我们采用了项目驱动下的探索式教学模式，而目前市场上有特色的"任务驱动式"系列教材还不多见。为此，我们组织了长期从事电子类专业教学、有丰富的理论与实践经验的"双师型"高级教师编写了这本《实用数字电子技术项目教程》。

本书编写思路如下：坚持"以能力为本位，以职业实践为主线，以项目课程为主体的模块化专业课程体系"的总体设计要求，以典型电路的制作、装配和能力测试为基本目标，打破了传统学科体系的思路，紧紧围绕工作任务来选择和组织课程内容，在任务的引领下学习理论知识，让学生在实践活动中掌握理论知识，提高岗位职业能力。学习项目选取的基本依据是本门课程所涉及的工作领域和工作任务范围，但在具体编写过程中，还根据 IT 制造类专业的典型产品或服务为载体，使工作任务具体化，从而产生了具体的学习项目。

本书的特点是：

（1）采用"任务驱动式"教学法为全书主线，实施能力目标型教学模式，通过对学生专业能力的培养，达到提高学生的基础知识理解能力、专业技术实践能力和综合技术应用能力的目的。

（2）理论内容按照"必需、够用"的原则，删除了单纯的理论推导，保留了基本的、基础的教学内容，使理论内容真正做到"必需、够用、实用"。

（3）增强实践性教学环节，其课时占总课时的 50%左右，使学生既有一定的理论基础知识，又具有较强的动手能力。

（4）本书引进了最新的电子仿真与开发平台 EWB（Multisim 9.0），对数字电路的实验内容进行演示和仿真教学，加深了学生对数字电路相应知识的理解。

（5）在学习本书的过程中，学生既可动手制作电子作品，又可在实践中加深对理论知识的理解。学生每完成一步制作，都会有一种成就感，因而会产生强烈的求知欲望和学习热情，并自觉投入到专业学习中。

　　（6）本书将每个任务分解成"读一读"与"想一想"、"做一做"与"议一议"的形式，使得任务的评估可以融入到每个知识点中，同时也能让学生在读中想、在做中思。

　　本书由江西省电子信息技师学院高级讲师朱向阳、罗国强担任主编。其中朱向阳编写了项目一和项目二，罗伟编写了项目三，胡建忠编写了项目四，罗国强编写了项目五并负责全书的策划工作。

　　本书可作为中、高等职业院校电子类专业公共技能课的教材和参加全国电子类职业技能认证考试的教学参考书，还可作为社会培训班的首选教材和无线电初学者的自学参考资料。

　　本书在编写过程中得到了江西省电子信息技师学院领导的大力支持，同时，对于编者参考的有关文献的作者，在此一并致谢。

　　本书配有电子教学参考资料包，包括教学指南、电子教案及习题答案，可直接登录到科学出版社职教技术出版中心网站 www.abook.cn 下载，或向编者索取。

　　编者联系方式：

　　江西省电子信息技师学院电子工程系　邮编：330096

　　电话：（0791）8162313

　　Email：zhuxiangyang9@163.com

　　由于编者水平有限，书中难免出现疏漏及缺点，恳请广大读者批评指正。

编　者

目　　录

项目一　多功能控制器电路的制作 ·· 1

　　任务一　数字集成电路的识别 ·· 2

　　任务二　常用 TTL 门与 CMOS 门电路测试 ··· 10

　　任务三　多功能控制器的制作与调试 ··· 32

　　项目小结 ··· 45

　　思考与练习 ·· 46

项目二　可置数正反向计时显示报警器的制作 ·· 49

　　任务一　用门电路制作简单逻辑电路 ··· 50

　　任务二　编码器的逻辑功能测试 ··· 71

　　任务三　译码器的逻辑功能测试 ··· 86

　　任务四　可置数正反向计时显示报警器的制作与调试 ······························· 106

　　项目小结 ··· 121

　　思考与练习 ·· 122

项目三　电子密码锁电路的制作 ··· 127

　　任务一　RS 触发器的逻辑功能测试 ·· 128

　　任务二　JK 触发器的逻辑功能测试 ·· 139

　　任务三　D 触发器的逻辑功能测试 ··· 149

　　任务四　电子密码锁电路的制作与调试 ·· 160

　　项目小结 ··· 184

　　思考与练习 ·· 184

项目四　广告灯的制作 ·· 187

　　任务一　同步计数器电路的制作 ··· 188

　　任务二　任意进制计数器的制作 ··· 202

　　任务三　由 555 定时器构成的振荡器的应用 ·· 226

　　任务四　广告灯的制作与调试 ·· 253

　　项目小结 ··· 271

　　思考与练习 ·· 273

项目五　数控可调稳压电源的制作 ··· 275

　　任务一　D/A 转换电路的功能测试 ·· 276

　　任务二　A/D 转换电路的功能测试 ·· 287

　　任务三　数控可调稳压电源的制作与调试 ·· 303

　　项目小结 ·· 315

　　思考与练习 ··· 315

附录 ··· 318

参考文献 ··· 323

项目一

多功能控制器电路的制作

  多功能控制器具有可靠性高、体积小、经济实用且容易改装等优点，因而被广泛使用。市场上有非常多的多功能控制器产品，本项目以办公场所走廊灯的控制为例，介绍一种纯数字电路的多功能控制器。它的功能是当走廊自然光较亮时，走廊灯是熄灭的；当自然光较暗时，人们可以通过声控，同时还可以通过触摸、磁控等方式将灯开启，经过一段时间后灯又会自动熄灭。它可广泛应用于企事业单位等公共场所的走廊或楼道中，给人们的生活、工作带来极大的方便，不但成本低廉，而且大大地节省了能源。将它稍加改造就可以进行功能多样的变化，主要可应用于自动化农业灌溉、安防、家居产品控制及节能环保产品中。

  那么，多功能控制器是如何实现控制功能的呢？原来，它是利用数字电路中的基本门电路来实现的。那什么是数字电路呢？用基本门电路又如何实现多种功能控制呢？

知识目标

- 能识别常见数字集成电路的类型。
- 会叙述基本逻辑门电路的逻辑功能。
- 会用基本门电路实现简单逻辑电路。
- 能分析多功能控制器控制灯电路的工作原理。

技能目标

- 能测试常用 TTL 门电路、CMOS 电路的逻辑功能。
- 能用基本门电路制作多功能控制器控制灯电路，并能正确调试该电路。

任务一　数字集成电路的识别

任务目标

- 能了解模拟电路与数字电路的区别。
- 能识别常见数字集成电路的类型及其特点。
- 能正确使用数字集成电路。

任务教学方式

教学步骤	时间安排	教学方式
阅读教材	课余	学生自学、查资料、相互讨论
知识点讲授	4 学时	1. 模拟电路与数字电路的比较，可以用课件演示法进行教学 2. 数字集成电路的命名与识别，可以采用实物对照进行讲解，并将实物分到各小组，讨论其命名方法
任务操作	2 学时	利用实物分组识别和探讨常见数字集成电路的命名，掌握它们的工作条件及不同类型数字集成电路的代换要求
评估检测	与课堂同时进行	教师与学生共同完成任务的检测与评估，并能对出现的问题进行分析与处理

看一看

图 1-1 所示为常见数字电子产品。图 1-1（a）所示为多功能控制器，图 1-1（b）所示为可置数正反向计时显示报警器，图 1-1（c）所示为电子密码锁，图 1-1（d）所示为数控可调稳压电源。

（a）多功能控制器

（b）可置数正反向计时显示报警器

（c）电子密码锁

（d）数控可调稳压电源

图 1-1　常见的数字电子产品

 读一读

模拟电路与数字电路

模拟电路是传输或处理模拟信号的电路，如电压变换器、功率放大器等。模拟信号是指在时间上连续变化的信号。正弦波信号、语音信号就是典型的模拟信号。图 1-2 所示为其信号波形。对模拟电路而言，更加注重的是处理信号的细节，如电压、电流、增益的具体值的大小，失真度的大小，波形的形状，幅频特性等。

数字电路是处理、传输、存储、控制、加工、算术运算、逻辑运算数字信号的电路。数字信号是指随时间断续变化的信号。一般来说，数字信号是在两个稳定状态之间阶跃式变化的信号，或者说数字信号是规范化了的矩形脉冲信号，如图 1-3 所示。对数字电路而言，更加注重的是处理输入端与输出端电平的高低状态变化。

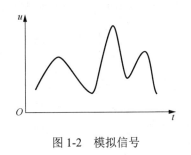

图 1-2　模拟信号

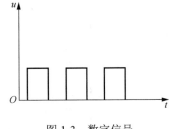

图 1-3　数字信号

模拟信号和数字信号之间可以互相转换，只要它们之间建立起一定的转换关系即可。例如，可以通过计算数字信号变化的次数来得到相应的模拟信号，而不需要知道数字信号每次变化的具体大小。如果把数字信号看成一种脉冲信号，只要计算脉冲的个数，或者研究脉冲之间的编排方式就可以了。

数字电路包括信号的传送、控制、记忆、计数、产生、整形等内容。数字电路在结构、分析方法、功能、特点等方面均不同于模拟电路。数字电路的基本单元是逻辑门电路，分析工具是逻辑代数，在功能上则着重强调电路输入与输出间的因果关系。

数字电路比较简单，抗干扰性强，精度高，便于集成，因而在无线电通信、自动控制系统、测量设备、电子计算机等领域获得了日益广泛的应用。

想一想

1）数字信号与模拟信号有什么区别？

2）数字电路的基本单元是_____电路，分析工具是_____，在功能上则着重强调电路输入与输出间的_____。

3）数字电路的特点是什么？

数字集成电路

1. 数字集成电路的分类与特点

数字集成电路的分类与特点如表 1-1 所示。

表 1-1　数字集成电路的分类与特点

类别	系列	应用	特点
双极型集成电路（如 TTL、ECL）	74 系列	这是早期的产品，现仍在使用，但正逐渐被淘汰	1. 不同系列同型号器件引脚排列完全兼容 2. 参数稳定，使用可靠 3. 噪声容限高达数百毫伏 4. 输入端一般有钳位二极管，减少了反射干扰的影响。输出电阻低，带容性负载能力强 5. 采用+5V 电源供电
	74H 系列	这是 74 系列的改进型，但电路的静态功耗较大，目前该系列产品使用得越来越少，逐渐被淘汰	
	74S 系列	这是 TTL 的高速型肖特基系列。在该系列中，采用了抗饱和肖特基二极管，速度较高，但品种较少	
	74LS 系列	这是当前 TTL 类型中的主要产品系列。品种和生产厂家都非常多。性能价格比比较高，目前在中、小规模电路中应用非常普遍	
	74ALS 系列	这是先进的低功耗肖特基系列。属于 74LS 系列的后继产品，在速度（典型值为 4ns）、功耗（典型值为 1mW）等方面都有较大的改进，但价格比较高	
	74AS 系列	这是 74S 系列的后继产品，尤其在速度方面（典型值为 1.5ns）有显著的提高，又称先进超高速肖特基系列	
单极型集成电路（如 CMOS）	标准型 4000B/4500B 系列	该系列产品的最大特点是工作电源电压范围宽（3～18V）、功耗最小、速度较低、品种多、价格低廉，是目前 CMOS 集成电路的主要应用产品	1. 具有非常低的静态功耗 2. 具有非常高的输入阻抗 3. 宽的电源电压范围。CMOS 集成电路标准 4000B/4500B 系列产品的电源电压为 3～18V 4. 扇出能力强 5. 抗干扰能力强 6. 逻辑摆幅大。CMOS 电路在空载时，输出高电平 V_{OH}>V_{DD}-0.05V，输出低电平 V_{OL}≤0.05V
	54/74HC 系列	该系列是高速 CMOS 标准逻辑电路系列，具有与 74LS 系列同等的工作速度和 CMOS 集成电路固有的低功耗及电源电压范围宽等特点。74HC×××是 74LS×××同号型的翻版，型号最后几位数字相同，表示电路的逻辑功能、引脚排列完全兼容，为用 74HC 替代 74LS 提供了方便	
	54/74AC 系列	该系列又称先进的 CMOS 集成电路，具有与 74AS 系列等同的工作速度和与 CMOS 集成电路固有的低功耗，以及电源电压范围宽等特点	

2. 数字集成电路的命名方法（GB 3430—1989）

器件的型号由 5 部分组成，每部分的含义如表 1-2 所示。

表 1-2　国标命名方法

第一部分		第二部分		第三部分		第四部分		第五部分	
用字母表示器件符合国家标准		用字母表示器件的类型		用阿拉伯数字表示器件的系列和品种代号		用字母表示器件的工作温度范围		用字母表示器件的封装类型	
符号	意义	符号	意义	符号	意义	符号	意义	符号	意义
C	中国制造	T	TTL 电路	（TTL 器件）		C	0~70℃	F	多层陶瓷扁平
		H	HTL 电路	54/74×××	国际通用系列	G	-20~+70℃	B	塑料扁平
		E	ECL 电路	54/74H×××	高速系列	L	-25~+85℃	H	黑瓷扁平
		C	CMOS 电路	54/74L×××	低功耗系列	E	-40~+85℃	D	多层陶瓷双列直插
		M	存储器	54/74S×××	肖特基系列	R	-55~+85℃	J	黑瓷双列直插
		μ	微机电路	54/74LS×××	低功耗肖特基系列	M	-55~+125℃	P	塑料双列直插
		F	线性放大电路	54/74AS×××	先进肖特基系列			S	塑料单列直插
		W	稳压器	54/74ALS×××	先进肖特基低功耗系列			T	金属圆壳
		D	音响电视电路	54/74F×××	高速系列			K	金属菱形
		B	非线性电路	（CMOS 器件）				C	陶瓷芯片载体（CCC）
		J	接口电路	54/74HC×××	高速 CMOS，输入、输出均为 CMOS 电平			E	塑料芯片载体（PLCC）
		AD	A/D 转换	54/74HCT×××	高速 CMOS，输入 TTL 电平，输出 CMOS 电平			G	网格针栅阵列
		DA	D/A 转换	54/74HCU×××	高速 CMOS，不带输出缓冲级			SOIC	小引线封装
		SC	通信专用电路	54/74AC×××	改进型高速 CMOS			PCC	塑料芯片载体封装
		SS	敏感电路	54/74ACT×××	改进型高速 CMOS，输入 TTL 电平，输出 CMOS 电平			LCC	陶瓷芯片载体封装
		SW	钟表电路						
		SJ	机电仪表电路						
		SF	复印机电路						

3．集成电路外引线的识别

使用集成电路前，必须认真查对、识别集成电路的引脚，确认电源、地、输入、输出、控制等端的引脚号，以免因接错而损坏器件。引脚排列的一般规律如下。

圆形集成电路：识别时，面向引脚正视，从定位销顺时针方向依次为1，2，3，…，如图1-4（a）所示。圆形多用于集成运放等电路。

扁平和双列直插型集成电路：识别时，将文字、符号标记正放（一般集成电路上有一圆点或有一缺口，将圆点或缺口置于左方），由顶部俯视，从左下脚起，按逆时针方向数，依次为1，2，3，…，如图1-4（b）所示。扁平型多用于数字集成电路。双列直插型广泛用于模拟和数字集成电路。

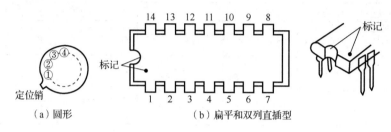

图1-4　集成电路外引线的识别

4. 常用数字集成芯片的识别与主要性能参数

（1）TTL数字集成芯片

1）推荐工作条件。

电源电压 V_{CC} 为+5V；工作环境温度：54系列为-55～+125℃，74系列为0～70℃。

2）极限参数。

电源电压为7V；输入电压 u_i：54系列为5.5V，74LS系列为7V。

输入高电平电流 I_{iH} 为20μA；输入低电平电流 I_{iL} 为-0.4mA。

最高工作频率为50MHz；每门传输延时为8ns。

储存温度为-60～+150℃。

3）常用74LS×××系列集成芯片的型号与功能如表1-3所示。

表1-3　常用74LS×××系列集成芯片的型号与功能

型号	功能	型号	功能
74LS160/162	同步十进制计数器	74LS139/155/156	双2线-4线译码器
74LS168/190/192	同步十进制加/减计数器	74LS48/49/247/248	BCD7段译码器
74LS161/163	同步4位二进制计数器	74LS151	8线-1线数据选择器
74LS169/191/193	同步4位二进制加/减计数器	74LS153/253/353	双4线-1线数据选择器
74LS196/290	二-五混合进制计数器	74LS150	16线-1线数据选择器
74LS177/197/293	4位二进制计数器	74LS74	双D触发器
74LS393	双4位二进制计数器	74LS112/114/113/73	双JK主从触发器
74LS154	4线-16线译码器	74LS381/181	4位算术逻辑单元
74LS42	4线-10线译码器	74LS04	六反相器
74LS138	3线-8线译码器	74LS03	四2输入与非门（OC门）

（2）CMOS 数字集成电路标准系列——4000 系列

1）推荐工作条件。

电源电压范围：A 型为 3～15V，B 型为 3～18V。

工作温度：陶瓷封装为-55～+125℃，塑料封装为-40～+85℃。

2）极限参数。

电源电压 V_{DD} 为-0.5～+20V；输入电压 u_i 为-0.5～V_{DD}+0.5V。

输入电流 I_i 为 10mA；允许功耗 P_d 为 200mW。

储存温度 T_d：-65～+150℃。

3）常用 4000 系列集成芯片的型号与功能如表 1-4 所示。

表 1-4　常用 4000 系列集成芯片的型号与功能

型号	功能	型号	功能
4008B	4 位二进制并行进位全加器	4049UB	六反相缓冲/变换器
4009UB	六反相缓冲/变换器	4060B	14 位二进制计数/分配器
40011B/UB	四 2 输入与非门	4066B	四双向模拟开关
4012B/UB	双四输入与非门	4071B	四 2 输入或门
4013B	双 D 触发器	4076B	4 位 D 寄存器
4017B	十进制计数/分配器	4081B	四 2 输入与门
4023B/UB	三 3 输入与非门	4098B	双、单稳态触发器
4026B	十进制计数器/七段译码器	40110	十进制加/减计数器/七段译码器
4027B	双 JK 触发器	40147	10 线-4 线编码器
4046B	锁相环	4033B	十进制计数器/七段译码器
40160/162	可预置 BCD 计数器	40192	可预置 BCD 加/减计数器
40161/163	可预置 4 位二进制计数器	40193	可预置 4 位二进制加/减计数器
40174	六 D 触发器	40194/195	4 位并入/串入-并出/串出移位寄存器
40175	四 D 触发器	40104B	4 位双向移位寄存器

（3）CMOS 数字集成电路扩展系列——4500 系列

1）推荐工作条件。

电源电压范围为 3～18V。工作温度：陶瓷封装为-55～+125℃，塑料封装为-44～+85℃。

2）4500 系列的极限参数。

电源电压 V_{DD} 为-0.5～+18V；输入电压 u_i 为-0.5～V_{DD}+0.5V。

输入电流 I_i 为 10mA；允许功耗为 180mW。

储存温度范围为-65～+150℃。

3）常用 4500 系列集成芯片的型号与功能如表 1-5 所示。

表 1-5 常用 4500 系列集成芯片的型号与功能

型号	功能	型号	功能
4502B	三态六反相缓冲器	4528B	双、单稳态触发器
4510B	可预置 BCD 加/减计数器	4532B	8 位优先编码器
4511B/4513B	锁存/七段译码/驱动器	4543B/4544B	BCD 锁存/七段译码/驱动器
4512B	三态 8 通道数据选择器	4581B	4 位算术逻辑单元
4516B	可预置 4 位二进制加/减计数器	4585B	4 位数值比较器
4518B	双 BCD 同步加法计数器	4590	独立 4 位锁存器
4526B	可预置 4 位二进制 1/N 计数器	4599B	8 位可寻址锁存器

（4）CMOS 数字集成电路高速系列——74HC（AC）00 系列

1）74HC（AC）00 系列推荐工作条件。

电源电压范围为 2～6V；工作温度：陶瓷封装为-55～+125℃；塑料封装为-40～+85℃。

2）74HC（AC）00 系列的极限参数。

电源电压 V_{DD} 为-0.5～+7V；输入电压 u_i 为-0.5～V_{DD}+0.5V。

输出电压 U_o 为-0.5～V_{DD}+0.5V；输出电流 I_o 为 25mA。

允许功耗 P_d 为 500mW；储存温度为-65～+150℃。

3）常用 54/74HC（AC）00 系列芯片的型号与功能如表 1-6 所示。

表 1-6 常用 54/74HC（AC）00 系列芯片的型号与功能

型号	功能	型号	功能
74HC00/AC00	四 2 输入与非门	74HC74/AC74	双 D 触发器
74HC04/AC04	六反相器	74HC75/77	4 位双稳态锁存器
74HC10	三 3 输入与非门	74HC76	双 JK 触发器
74HC20	双 4 输入与非门	74HC86	四 2 输入异或门
74HC21	双 4 输入与门	74HC90	二进制加五进制计数器
74HC30	8 输入与非门	74HC95	4 位左/右移位寄存器
74HC48	BCD-七段译码器	74HC107/109	双 JK 触发器
74HC353	双 4-1 多路转换开关	74HC154	4 线-16 线译码器
74HC160/162	同步十进制计数器	74HC161/163	4 位 BCD 码同步计数器
74HC190/192	同步十进制加/减计数器	74HC191/193	同步二进制加/减计数器

注：在 54/74HC（AC）00 系列中，54 系列是军用产品，74 系列是民用产品。两者的不同点只是特性参数有差异，两者的引脚位置和功能完全相同。

5. 关于用 HC（AC）CMOS 直接替代 TTL 的问题

1）由 TTL 组成的系统全部用高速 CMOS 替换是完全可以的。但若是部分由高速 CMOS 替换，则必须考虑它们之间的逻辑电平匹配问题。由于 TTL 的高电平输出电压较低（2.4～2.7V），而高速 CMOS 要求的高电平输入电压为 3.15V，因此必须设法提高 TTL 的高电平输出电压才能匹配。方法是：在 TTL 输出端加接 1 个连接电源的上拉电阻。如果 TTL 本身是 OC 门，则已有上拉电阻，这时就不需再接上拉电阻了。

2）应注意的问题是，TTL 电路输入端难免出现输入端悬空的情况，TTL 电路的输入端悬空相当于接高电平，而 CMOS 电路的输入端悬空可能是高电平，也可能是低电平。由于 CMOS 的输入阻抗高，输入端悬空带来的干扰很大，这将引起电路的功耗增大和逻辑混乱。因此，对于 CMOS 电路，不用的输入端必须接 V_{DD} 端或接地；以免引起电路损坏。

想一想

1）CT74LS08 是_____类型的数字集成电路，CC4069 是_____类型的数字集成电路。

2）用 HC（AC）CMOS 直接替代 TTL 时，应注意哪些方面的问题？

做一做

认识如图 1-5 所示的数字集成电路。标注集成电路的引脚顺序，并说明其功能、类型及工作条件。

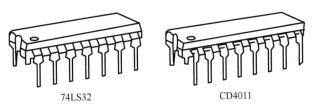

74LS32　　　　　　CD4011

图 1-5　数字集成电路

议一议

数字集成电路与模拟集成电路在命名、使用、识别等方面有什么异同？

评一评

填写表 1-7。

表 1-7　任务检测与评估

	检测项目	评分标准	分值	学生自评	教师评估
知识内容	数字电路与模拟电路的区别	掌握模拟电路与数字电路的区别及工作特点	10		
	数字集成电路的分类及特点	掌握数字集成电路的分类及特点	15		
	数字集成电路的工作条件	掌握各种类型数字集成电路的工作条件	20		
	数字集成电路的命名	掌握数字集成电路的命名方法	10		
操作技能	数字集成电路的识别	能通过标志识别数字集成电路的类型	15		
	数字集成电路的工作条件	能熟练运用数字集成电路的工作条件，正确使用数字集成电路	20		
	安全操作	安全用电，按章操作，遵守实训室管理制度	5		
	现场管理	按 6S 企业管理体系要求进行现场管理	5		

任务二　常用 TTL 门与 CMOS 门电路测试

任务目标

- 能掌握基本逻辑门的功能。
- 能测试 TTL 基本门电路的逻辑功能并能对数据进行分析。
- 能测试 CMOS 基本门电路的逻辑功能并能对数据进行分析。

任务教学方式

教学步骤	时间安排	教学方式
阅读教材	课余	学生自学、查资料、相互讨论
知识点讲授	8 学时	利用浅显的实例来分析讲解基本逻辑运算及基本逻辑门的功能，并分组讨论实际生活中的一些基本逻辑实例，以加深对基本逻辑功能的理解
任务操作	4 学时	通过仿真试验和面包板搭建电路的形式来验证基本逻辑门的逻辑功能
评估检测	与课堂同时进行	教师与学生共同完成任务的检测与评估，并能对出现的问题进行分析与处理

读一读

关于逻辑代数

逻辑代数是分析和研究数字逻辑电路的基本工具。逻辑代数与普通代数相似之处在于它们都是用字母表示变量，用代数式描述客观事物间的关系。但不同的是，逻辑代数是描述客观事物间的逻辑关系，逻辑函数表达式中的逻辑变量的取值和逻辑函数值都只有两个取值，即 0 和 1，因此又把它称为双值逻辑代数。这两个值不具有数量大小的意义，仅表示客观事物的"条件"和"结果"的两种相反的状态，如开关的闭合与断开、电位的高与低、真与假、好与坏、对与错等。若一种状态用"1"表示，与之对应的状态就用"0"表示。为了与数制中的 1 和 0 相区别，用数字符号"0"和"1"表示相互对立的逻辑状态，称为逻辑 0 和逻辑 1。常见的对立逻辑状态如表 1-8 所示。

表 1-8　常见的对立逻辑状态示例

一种状态	高电位	有脉冲	闭合	真	上	是	……	1
另一种状态	低电位	无脉冲	断开	假	下	非	……	0

根据"1""0"代表逻辑状态含义的不同，有正、负逻辑之分。例如，认定"1"表示事件发生，"0"表示事件不发生，则形成正逻辑系统，反之则形成负逻辑系统。

数字信号是一种二值信号，用两个电平（高电平和低电平）分别来表示两个逻辑值（逻辑 1 和逻辑 0）。根据高、低电平与逻辑 1、0 的对应关系，数字信号有两种逻辑体制：

正逻辑体制规定——高电平为逻辑 1，低电平为逻辑 0；

负逻辑体制规定——低电平为逻辑 1，高电平为逻辑 0。

如果采用正逻辑体制的规定，则数字电平信号如图 1-6 所示。

图 1-6　正逻辑体制下的
数字电平信号波形

同一逻辑电路既可用正逻辑表示，也可用负逻辑表示。在本书中，只要未做特别说明，均采用正逻辑表示。

1 个逻辑变量有 2（即 2^1）种取值组合，即 0 和 1；2 个逻辑变量有 4（即 2^2）种组合，即 00、01、10、11；3 个逻辑变量有 8（即 2^3）种取值组合，即 000、001、010、011、100、101、110、111；以此类推，n 个逻辑变量有 2^n 个取值组合。

逻辑代数有多种表示形式，常见的有逻辑表达式、真值表、逻辑图和时序图。

逻辑表达式：把输出逻辑变量表示成输入逻辑变量运算组合的函数式，称为逻辑函数表达式，简称逻辑表达式。

真值表：把输入逻辑变量的各种取值和相应函数值列在一起而组成的表格称为真值表。

逻辑图：在逻辑电路中，并不要求画出具体电路，而是采用一个特定的符号表示基本单元电路，这种用来表示基本单元电路的符号称为逻辑符号。用逻辑符号表示的逻辑电路的电原理图，称为逻辑图。

时序图：把一个逻辑电路的输入变量的波形和输出变量的波形，依时间顺序画出来的图称为时序图，又称波形图。

想一想

1）双值逻辑代数中的"1"和"0"与数制中的"1"和"0"的区别是_____。

2）1 个逻辑变量有 2 种取值组合，5 个逻辑变量应有_____种取值组合。如有 n 个逻辑变量，则应有_____种取值组合。

3）逻辑函数有多种表示形式，常见的有_____、_____、_____和_____。

读一读

在实际生活中遇到的逻辑问题是多种多样的，但无论问题是复杂还是简单，它们都可以用"与""或""非" 3 种基本的逻辑运算概括出来。通常把反映"条件"和"结果"之间的关系称为逻辑关系。如果以电路的输入信号反映"条件"，以输出信号反映"结果"，此时电路输入、输出之间也就存在确定的逻辑关系。数字电路就是实现特定逻辑关系的电路，因此，数字电路又称为逻辑电路。逻辑电路的基本单元是逻辑门，它们反映了基本的逻辑关系。相应的逻辑门为与门、或门及非门。

与逻辑及与门

与逻辑指只有当决定某一事件的全部条件都具备之后，该事件才发生，否则事件则不发生的一种因果关系。

与逻辑举例：如图 1-7（a）所示，S_1、S_2 是两个串联开关，分别对应输入逻辑变量 A、B；L 是灯，对应输出逻辑变量 Y。用开关控制灯亮和灯灭的逻辑关系如图 1-7（b）所示。

设 1 表示开关闭合或灯亮，0 表示开关不闭合或灯不亮，则得真值表如图 1-7（c）所示。

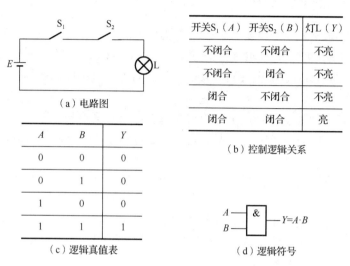

（a）电路图

开关S_1（A）	开关S_2（B）	灯L（Y）
不闭合	不闭合	不亮
不闭合	闭合	不亮
闭合	不闭合	不亮
闭合	闭合	亮

（b）控制逻辑关系

A	B	Y
0	0	0
0	1	0
1	0	0
1	1	1

（c）逻辑真值表

（d）逻辑符号

图 1-7 与逻辑运算

若用逻辑表达式来描述，则可写为

$$Y = A \cdot B \quad \text{或} \quad Y = A \times B$$

式中的"•"表示逻辑乘，在不需特别强调的地方常将"•"省掉，写成 $Y=AB$。逻辑乘又称与运算，读作"A 与 B"。在逻辑运算中，与逻辑称为逻辑乘。

在数字电路中能实现与运算的电路称为与门电路，其逻辑符号如图 1-7（d）所示。与运算可以推广到多变量：$Y = A \cdot B \cdot C \cdot \cdots$。

与门的波形如图 1-8 所示。

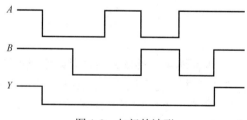

图 1-8 与门的波形

由此可见，与门的逻辑功能是，输入全部为高电平时，输出才是高电平，否则为低电平。与运算的运算口诀为：输入有 0，输出为 0；输入全 1，输出为 1。

逻辑乘的基本运算规则如下。

$0 \cdot 0 = 0$	$0 \cdot 1 = 0$	$1 \cdot 0 = 0$	$1 \cdot 1 = 1$
$0 \cdot A = 0$	$1 \cdot A = A$	$A \cdot A = A$	

想一想

1）3 输入的与门电路中，输出为 1 的情况有几种？

2）逻辑乘运算与算术乘法运算有什么区别？

3）逻辑乘法的运算规则是什么？

看一看

认识四 2 输入与门器件 CT74LS08。

1）观察四 2 输入与门器件 CT74LS08 的外形，说出其有多少个引脚，引脚顺序应如何识读。

2）根据图 1-9 所示的 CT74LS08 外引线排列，正确区分 4 个与门的输入端与输出端。

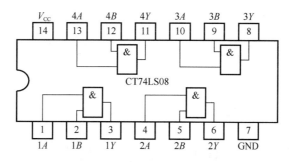

图 1-9　CT74LS08 外引线排列

做一做

与门的逻辑功能测试

1. 实训目的

1）进一步了解 CT74LS08 的内部结构和引脚功能。

2）熟悉 CT74LS08 与门的逻辑功能，并能对其功能进行测试。

2. 所需器材

万用表 1 只、CT74LS08 芯片 1 块、指示灯 1 只、单刀双掷开关 2 只。

3. 测试内容

选用四 2 输入与门器件 CT74LS08，其外引线排列如图 1-9 所示，电源电压为 +5V。实验时使用其中一个与门来测试 TTL 与门的逻辑功能。与门的输入端 A、B 分别接到两个开关 S_1、S_2 上，输出端 Y 的电平用万用表进行测量。

实训步骤如下。

1）绘出与门逻辑功能测试电路，如图 1-10 所示。

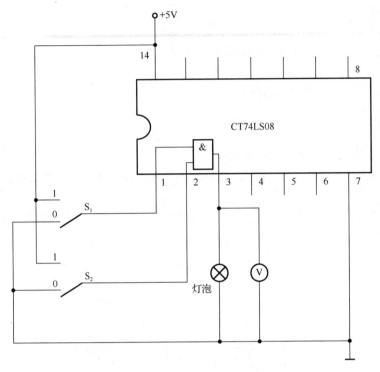

图 1-10　与门逻辑功能测试电路

2）如图 1-11 所示，在面包板上搭建与逻辑功能的测试图。

3）开关 S_1、S_2 的电平位置分别按表 1-9 所示要求设置，并将每次输出端的测试结果记录在表 1-9 中。

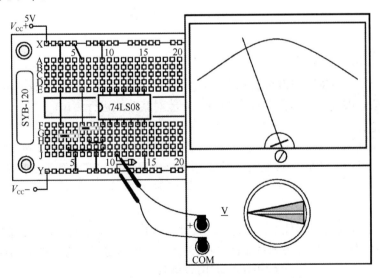

图 1-11　面包板上搭建的与逻辑功能测试图

表1-9　2输入端与门逻辑关系

S₁	S₂	输出			代入 $Y=A \cdot B$	是否符合 与逻辑关系
		灯泡是否亮	电平/V	逻辑0或逻辑1		
0	0					
0	1					
1	0					
1	1					

议一议

分析表 1-9 所示的输入、输出之间的逻辑关系，与门的逻辑功能可以概括为_____。

读一读

或逻辑及或门

或逻辑指决定某一事件的几个条件中，当只有一个或一个以上条件具备时，该事件就发生，只有当所有条件均不具备时，事件则不发生的一种因果关系。

或逻辑举例：如图 1-12（a）所示，开关 S₁、S₂分别对应输入逻辑变量 A、B；灯 L 对应输出逻辑变量 Y，用开关控制灯亮与灭的逻辑关系如图 1-12（b）所示，逻辑真值表如图 1-12（c）所示。若用逻辑表达式来描述，则可写为

$$Y = A + B$$

读作"A 或 B"。在逻辑运算中，或逻辑称为逻辑加。

在数字电路中能实现或运算的电路称为或门电路，其逻辑符号如图 1-12（d）所示。或运算也可以推广到多变量：$Y=A+B+C+\cdots$。

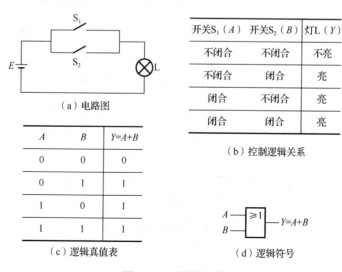

（a）电路图

开关S₁（A）	开关S₂（B）	灯L（Y）
不闭合	不闭合	不亮
不闭合	闭合	亮
闭合	不闭合	亮
闭合	闭合	亮

（b）控制逻辑关系

A	B	Y=A+B
0	0	0
0	1	1
1	0	1
1	1	1

（c）逻辑真值表

（d）逻辑符号

图1-12　或逻辑运算

或门的波形如图 1-13 所示。

图 1-13　或门的波形

由此可见，或门的逻辑功能是，输入有一个或一个以上为高电平时，输出就是高电平；输入全为低电平时，输出才是低电平。

或运算的运算口诀为：输入有 1，输出为 1；输入全 0，输出为 0。

逻辑加的运算规则如下。

0+0=0	0+1=1	1+0=1	1+1=1
0+A=A	1+A=1	A+A=A	

 想一想

1）3 输入的或门电路中，输出为 1 的情况有几种？

2）逻辑加运算与算术加法运算有什么区别？

3）逻辑加法的运算规则是什么？

看一看

认识四 2 输入或门器件 CT74LS32。

1）观察四 2 输入或门器件 CT74LS32 的外形，说出其有多少个引脚，引脚顺序应如何识读。

2）根据图 1-14 所示的 CT74LS32 外引线排列，正确区分 4 个或门的输入端与输出端。

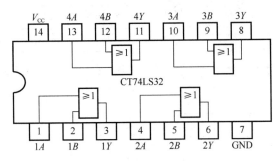

图 1-14　CT74LS32 外引线排列

或门的逻辑功能测试

1. 实训目的

1）进一步了解 CT74LS32 的内部结构和引脚功能。

2）熟悉 CT74LS32 或门的逻辑功能，并能对其功能进行测试。

2. 所需器材

万用表 1 只、CT74LS32 芯片 1 块、指示灯 1 只、单刀双掷开关 2 只。

3. 测试内容

选用四 2 输入或门器件 CT74LS32，其外引线排列如图 1-14 所示，电源电压为+5V。实验时使用其中一个或门，测试 TTL 或门的逻辑功能。或门的输入端 A、B 分别接到两个开关 S_1、S_2 上，输出端 Y 的电平用万用表测量。

实验步骤如下。

1）绘出或门逻辑功能测试电路，如图 1-15 所示。

2）按图 1-16 所示在面包板上搭建或逻辑功能测试图。

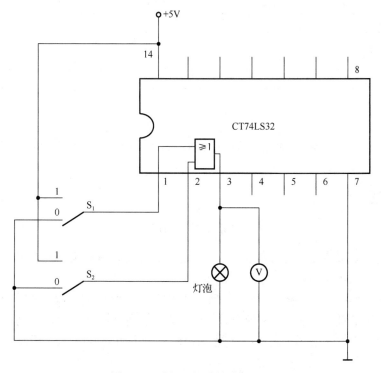

图 1-15　或门逻辑功能测试电路

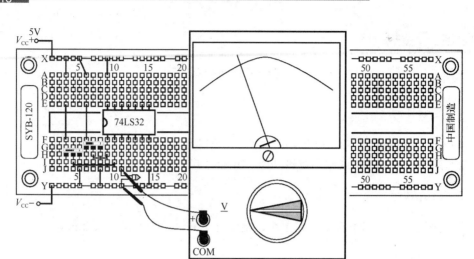

图 1-16　面包板上搭建的或逻辑功能测试图

3）图 1-15 中的开关 S_1、S_2 的状态分别按表 1-10 所示要求设置，并将每次输出端的测试结果记录在表 1-10 中。

表 1-10　2 输入端或门逻辑关系测试记录

S_1	S_2	输出			代入 $Y=A+B$	是否符合或逻辑关系
		灯泡是否亮	电平/V	逻辑 0 或逻辑 1		
0	0					
0	1					
1	0					
1	1					

议一议

分析表 1-10 所示的输入、输出之间的逻辑关系，或门的逻辑功能可以概括为_____。

读一读

非逻辑及非门

非逻辑指某事情发生与否仅取决于一个条件，而且是对该条件的否定，即条件具备时事情不发生，条件不具备时事情才发生。

非逻辑举例：例如，图 1-17（a）所示的电路，开关 S 对应输入逻辑变量 A，灯 L 对应输出逻辑变量 Y。当开关 S 闭合时，灯不亮；而当 A 不闭合时，灯亮。用开关控制灯亮与灭的逻辑关系如图 1-17（b）所示，逻辑真值表如图 1-17（c）所示，逻辑符号如图 1-17（d）所示。

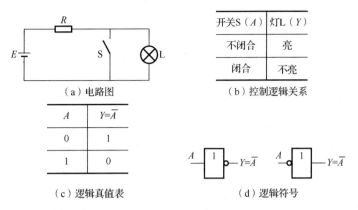

开关S（A）	灯L（Y）
不闭合	亮
闭合	不亮

（a）电路图 （b）控制逻辑关系

A	Y=$\overline{A}$
0	1
1	0

（c）逻辑真值表

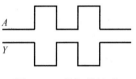

（d）逻辑符号

图 1-17 非逻辑运算

若用逻辑表达式来描述，则可写为 $Y=\overline{A}$。读作"A 非"或"非 A"。在逻辑代数中，非逻辑称为"求反"。

在数字电路中能实现非运算的电路称为非门电路，其逻辑符号如图 1-17（d）所示。其波形如图 1-18 所示。

由此可见，非门的逻辑功能为使输出状态与输入状态相反，通常又称为反相器。规则为 $\overline{0}=1$，$\overline{1}=0$。

图 1-18 非门的波形

 想一想

1）$\overline{\overline{A}}$ = _____。

2）非逻辑的运算规则是 _____。

3）$\overline{AB}$ 与 $\overline{A}\overline{B}$ 一样吗？为什么？

看一看

认识 TTL 六反相器器件 CT74LS04。

1）观察六非门器件 CT74LS04 外形，说出其有多少个引脚，引脚顺序应如何识读。

2）根据图 1-19 所示的 CT74LS04 外引线排列，正确区分 6 个非门的输入端与输出端。

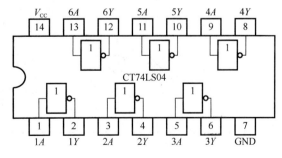

图 1-19 CT74LS04 外引线排列

做一做

非门的逻辑功能测试

1. 实训目的

1）进一步了解 CT74LS04 的内部结构和引脚功能。

2）熟悉 CT74LS04 非门的逻辑功能，并能对其功能进行测试。

2. 所需器材

万用表 1 只、74LS04 芯片 1 块、指示灯 1 只、单刀双掷开关 1 只。

3. 测试内容

选用六非门器件 CT74LS04，其外引线排列如图 1-19 所示，电源电压为+5V。实验时使用其中一个非门，测试 TTL 非门的逻辑功能。非门的输入端 A 接到一个开关 S 上，输出端 Y 的电平用万用表进行测量。

实现步骤如下。

1）绘出非门逻辑功能测试电路，如图 1-20 所示。

2）按图 1-21 所示，在面包板上搭建非逻辑功能的测试图。

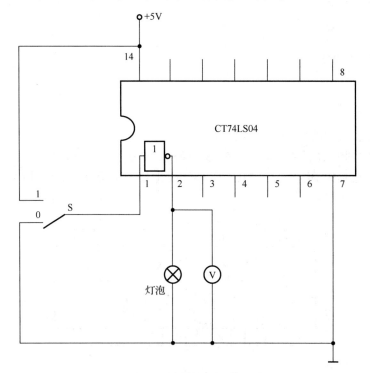

图 1-20   非门逻辑功能测试电路

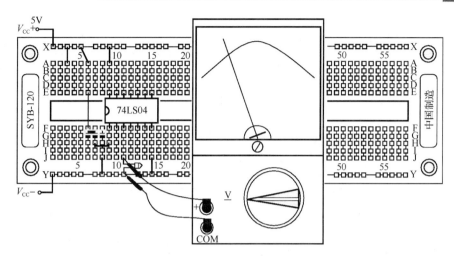

图 1-21　面包板上搭建的非逻辑功能测试图

3）开关 S_1 的电平位置分别按表 1-11 所示要求设置，并将每次测试的输出端结果记录在表 1-11 中。

表 1-11　非门逻辑关系

S_1	输出			代入 $Y = \overline{A}$	是否符合非逻辑关系
	灯泡是否亮	电平/V	逻辑 0 或逻辑 1		
0					
1					

议一议

分析表 1-11 所示的输入与输出之间的逻辑关系，非门的逻辑功能可以概括为_____。

读一读

复 合 逻 辑

通过前面知识点的学习，我们已经知道，逻辑代数中有 3 种基本的逻辑运算。事实上人们总是希望用较少的器件来实现较多的逻辑功能，这时就必须用到复合逻辑。

经常用到的复合逻辑有 5 种，它们是"与非""或非""与或非""异或""同或"。表 1-12 列出了它们的逻辑表达式、逻辑符号和逻辑功能。

表 1-12　常用 5 种复合逻辑

逻辑名称	逻辑表达式	逻辑符号	逻辑功能
"与非"逻辑	$Y = \overline{AB}$	A —、B — 接 & 端，输出 Y	有 0 出 1，全 1 出 0

续表

逻辑名称	逻辑表达式	逻辑符号	逻辑功能
"或非"逻辑	$Y = \overline{A + B}$	$A \ge 1\ Y$ B	有 1 出 0，全 0 出 1
"与或非"逻辑	$Y = \overline{AB + CD + EF}$	A,B,C,D,E,F & ≥ 1 Y	任一组输入全为 1 时输出为 0，每一组输入为 0 时输出为 1
"异或"逻辑	$Y = A\overline{B} + \overline{A}B$ $= A \oplus B$	$A = 1\ Y$ B	输入二变量相异时输出为"1"，相同时输出为"0"（简述为"不同为 1，相同为 0"）
"同或"逻辑	$Y = \overline{A} \cdot \overline{B} + AB$ $= A \odot B$ $= \overline{A \oplus B}$	$A = 1\ Y$ B	输入二变量相同时输出为"1"，相异时输出为"0"（简述为"不同为 0，相同为 1"）

想一想

1）与非逻辑运算和与门逻辑运算有什么不同？

2）或非逻辑运算和或门逻辑运算有什么不同？

3）同或和异或的逻辑关系是什么？

看一看

1）认识四 2 输入与非门器件 CT74LS00。

① 观察四 2 输入与非门器件 CT74LS00 的外形，说出其有多少个引脚，引脚顺序如何识读。

② 根据图 1-22 所示的 CT74LS00 外引线排列，正确区分 4 个与非门的输入端与输出端。

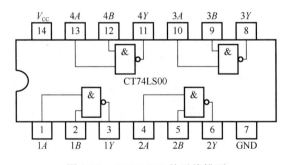

图 1-22　CT74LS00 外引线排列

2）认识三 3 输入与非门器件 CT74LS10。

① 观察三 3 输入与非门器件 CT74LS10 的外形，说出其有多少个引脚，引脚顺序如何识读。

② 根据图 1-23 所示的 CT74LS10 外引线排列，正确区分 3 个与非门的输入端与输出端。

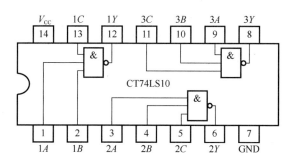

图 1-23　CT74LS10 外引线排列

3）认识二 4 输入与非门器件 CT74LS20。

① 观察二 4 输入 TTL 与非门器件 CT74LS20 的外形，说出其有多少个引脚，引脚顺序如何识读。

② 根据图 1-24 所示的 CT74LS20 外引线排列，正确区分两个与非门的输入端与输出端。

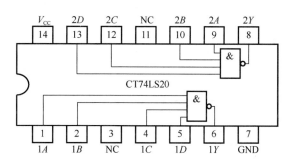

图 1-24　CT74LS20 外引线排列

与非门的逻辑功能测试

1．实训目的

1）进一步了解 CT74LS10 的内部结构和引脚功能。

2）熟悉 CT74LS10 与非门的逻辑功能，并能对其功能进行测试。

2．所需器材

万用表 1 只、CT74LS10 芯片 1 块、指示灯 1 只、单刀双掷开关 3 只。

3．测试内容

TTL 与非门逻辑功能测试：选用 3 输入与非门 CT74LS10，其外引线排列如图 1-23 所示，电源电压为 5V，测试 TTL 与非门的逻辑功能。接线如图 1-25 所示。与非门的输入端

A、B、C分别接到 3 个开关 S_1、S_2、S_3 上，输出端 Y 的电平接万用表测量。根据真值表给定输入 A、B、C 的逻辑电平，观察万用表显示的结果，并将输出 Y 的结果填入表 1-13 中。

实验步骤如下。

1）绘出 CT74LS10 逻辑功能测试电路图，如图 1-25 所示。

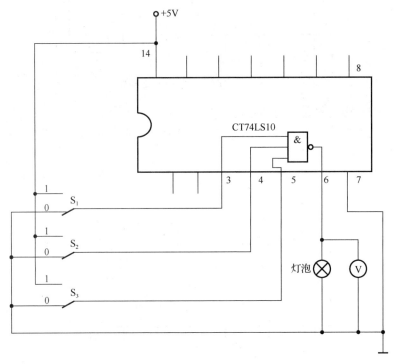

图 1-25　CT74LS10 逻辑功能测试电路

2）按图 1-26 所示，在面包板上搭建 CT74LS10 逻辑功能的测试图。

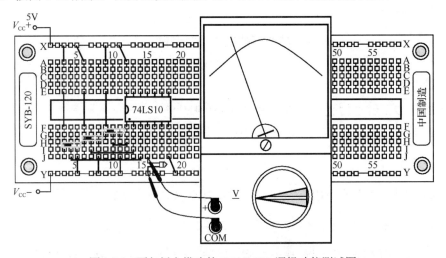

图 1-26　面包板上搭建的 CT74LS10 逻辑功能测试图

3）开关 S_1、S_2、S_3 的电平位置分别按表 1-13 所示要求设置，并将每次测试的输出端结果记录在表 1-13 中。

表 1-13　3 输入与非门真值表

S_1	S_2	S_3	输出			代入 $Y = \overline{ABC}$	是否符合与非逻辑关系
			灯泡是否亮	电平/V	逻辑 0 或逻辑 1		
0	0	0					
0	0	1					
0	1	0					
0	1	1					
1	0	0					
1	0	1					
1	1	0					
1	1	1					

分析表 1-13 所示的输入、输出之间的逻辑关系，总结出与非门的逻辑功能是_____。

比较 CMOS 门电路与 TTL 电路

CMOS 门电路具有功耗低、抗干扰能力强、电源电压范围宽、逻辑摆幅大等优点，因而在大规模集成电路中有更广泛的应用，已成为数字集成电路的发展方向。

TTL 电路和 CMOS 电路在使用常识上有很多不同之处，必须严格遵守。

1）TTL 与非门对电源电压的稳定性要求较严格，只允许在 5V 上有±10%的波动。电源电压超过 5.5V 易使器件损坏；低于 4.5V 又易导致器件的逻辑功能不正常。

2）TTL 与门、与非门不用的输入端允许直接悬空（但最好接高电平），不能接低电平。TTL 或门、或非门不用的输入端不允许直接悬空，必须接低电平。

3）TTL 电路的输出端不允许直接接电源电压或接地，也不能并联使用（除 OC 门外）。

4）CMOS 电路的电源电压允许在较大范围内变化，例如 3～18V 电压均可，一般取中间值为宜。

5）CMOS 与门、与非门不用的输入端不能悬空，应按逻辑功能的要求接 V_{DD} 端或高电平。CMOS 或门、或非门不用的输入端不能悬空，应按逻辑功能的要求接 V_{SS} 端或低电平。

6）组装、调试 CMOS 电路时，电烙铁、仪表、工作台均应良好接地，同时要防止操作人员的静电干扰损坏 CMOS 电路。

7）CMOS 电路的输入端都设有二极管保护电路，导电时其电流容限一般为 1mA，在可能出现较大的瞬态输入电流时，应串接限流电阻。若电源电压为 10V，则限流电阻取 10kΩ 即可。电源电压切记不能把极性接反，否则保护二极管很快就会因过电流而损坏。

8）CMOS 电路的输出端既不能直接与电源 V_{DD} 端相接，也不能直接与接地点 V_{SS} 端相接，否则输出级的 MOS 管会因过电流而损坏。

或门和或非门在使用时相比与门和与非门在使用时有什么不同？

1）认识 CMOS 四 2 输入与非门器件 CD4011 的外形及外引线排列。

① 观察 CMOS 四 2 输入与非门器件 CD4011 的外形，说出其有多少个引脚，引脚顺序应如何识读。

② 根据图 1-27 所示的 CD4011 外引线排列图，正确区分 4 个与非门的输入端与输出端。

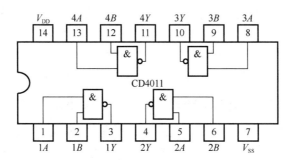

图 1-27　CD4011 外引线排列

2）认识 CMOS 六反相器 CC4069。CC4069 是一种 CMOS 集成电路，内部含有 6 个反相器，它们的输入分别用 $1A\sim6A$ 表示，输出分别用 $1Y\sim6Y$ 表示，逻辑表达式为 $Y=\overline{A}$。外引线排列如图 1-28 所示。

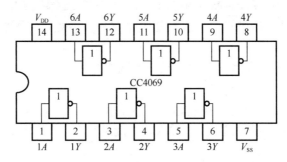

图 1-28　CC4069 外引线排列

3）认识四 2 输入异或门 CC4070。CC4070 也是一种 CMOS 集成电路，内部含有四个 2 输入端异或门，输入分别用 1*A*、1*B*～4*A*、4*B* 表示，输出分别用 1*Y*～4*Y* 表示。外引线排列如图 1-29 所示。

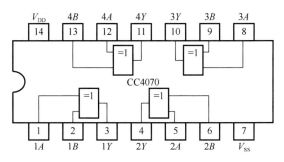

图 1-29　CC4070 外引线排列

CMOS 与非门的逻辑功能测试

1．实训目的

1）进一步了解 CC4011 的内部结构和引脚功能。
2）熟悉 CC4011 与非门的逻辑功能，并能对其功能进行测试。

2．所需器材

万用表 1 只、CC4011 芯片 1 块、指示灯 1 只、单刀双掷开关 2 只。

3．测试内容

选用四 2 输入与非门器件 CC4011，其外引线排列如图 1-27 所示，电源电压为+10V。实验时使用其中一个与非门测试 CMOS 与非门的逻辑功能。与非门的输入端 *A*、*B* 分别接到开关 S$_1$、S$_2$ 上，输出端 *Y* 的电平用万用表进行测量。
实验步骤如下。
1）绘出 CC4011 逻辑测试电路，如图 1-30 所示。

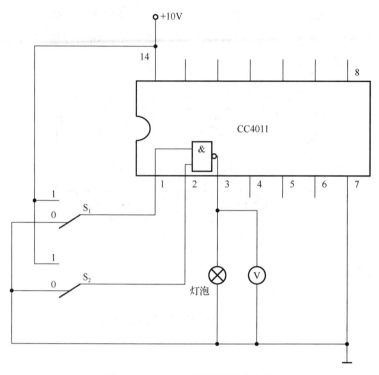

图 1-30　CC4011 的逻辑测试电路

2）按图 1-31 所示，在面包板上搭建 CC4011 的逻辑功能测试图。

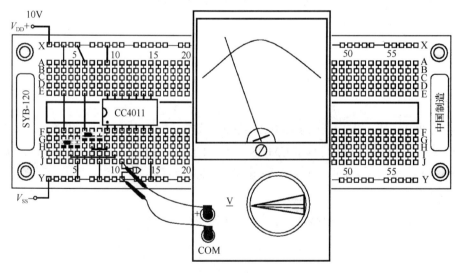

图 1-31　面包板上搭建的 CC4011 逻辑功能测试图

3）开关 S_1、S_2 的电平位置分别按表 1-14 所示要求设置，并将每次输出端的测试结果记录在表 1-14 中。

表 1-14　四与非门真值表

S_1	S_2	输出			代入 $Y=\overline{AB}$	是否符合与非逻辑关系
		灯泡是否亮	电平/V	逻辑 0 或逻辑 1		
0	0					
0	1					
1	0					
1	1					

议一议

CMOS 数字集成电路的逻辑功能测试与 TTL 数字集成电路的逻辑功能测试有什么不同？应注意什么？

知识拓展

数字集成电路的主要参数

数字集成电路的主要参数如下（以非门、与非门为例）。

1）保证输出标准低电平（0.3V）时，允许的最小输入高电平值称为开门电平 U_{ON}（大于 1.4V）。

2）保证输出标准高电平（3.6V）时，允许的最大输入低电平值称为关门电平 U_{OFF}（小于 1.0V）。

3）电压传输特性曲线是指反映输出电压 u_o 与输入电压 u_i 关系的曲线。

4）在保证输出高电平电压不低于额定值 90%的条件下所容许叠加在输入低电平电压 U_{IL} 上的最大噪声（或干扰）电压，称为低电平噪声容限电压，用 U_{NL} 表示，即

$$U_{NL}=U_{OFF}-U_{IL}$$

5）在保证输出低电平电压的条件下所容许叠加在输入高电平电压 U_{IH} 上（极性和输入信号相反）的最大噪声电压，称为高电平噪声容限电压，用 U_{NH} 表示，即

$$U_{NH}=U_{IH}-U_{ON}$$

6）以同一型号的门电路作为负载时，一个门电路能够驱动同类门电路的最大数目称为扇出系数，用 N_o 表示。

想一想

1）比较 TTL 电路和 CMOS 电路的特点。

2）查阅数字集成电路手册，或上网查询 TTL 电路资料，并利用实验检测 TTL 门电路 74LS05、74LS02、74LS12 的逻辑功能。

3）查阅数字集成电路手册，或上网查询 CMOS 电路 CC4012、CC4081、CC4069、CC4002 的逻辑功能，并利用实验检测它们的逻辑功能。

做一做

与、或、非门的功能测试

1. 仿真目的

1）熟悉 NI Multisim 14.0 的基本界面和基本使用方法。

2）以门电路的功能和测试方法为例，掌握数字电路仿真的操作技术及数字仪器的使用。

2. 仿真内容及步骤

1）熟悉 NI Multisim 14.0 的各个界面及其使用方法。

2）启动 NI Multisim 14.0 软件，建立电路文件。

① 单击 Misc Digital 图标，从它们的器件列表中选出与门、或门及非门。

② 单击 ~~~~Basic 图标，从它们的器件列表中选出 SPDT 开关。

③ 单击指示器件库图标，拽取 PROBE 逻辑探头。

④ 单击 ┤├Sources 图标，拽取 V_{CC} 与 GROUND。

3）测试 2 输入与门的逻辑功能及真值表的实验电路如图 1-32（a）、（b）所示。

4）测试 2 输入或门的逻辑功能及真值表的实验电路如图 1-33（a）、（b）所示。

5）测试非门的逻辑功能及真值表的实验电路如图 1-34（a）、（b）所示。

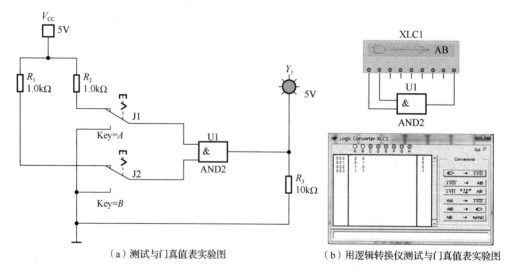

（a）测试与门真值表实验图   （b）用逻辑转换仪测试与门真值表实验图

图 1-32　测试 2 输入与门的逻辑功能及真值表的实验电路

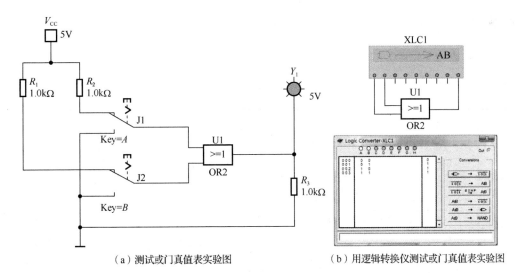

（a）测试或门真值表实验图   （b）用逻辑转换仪测试或门真值表实验图

图 1-33   测试 2 输入或门的逻辑功能及真值表的实验电路

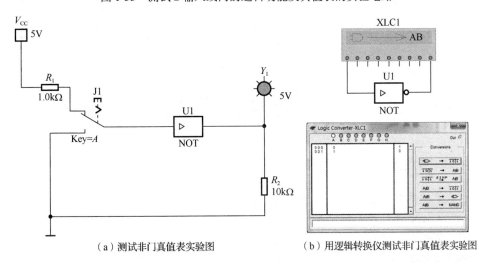

（a）测试非门真值表实验图   （b）用逻辑转换仪测试非门真值表实验图

图 1-34   测试非门的逻辑功能及真值表的实验电路

3. 仿真报告要求

1）简单叙述本次实验中 EWB 软件操作的主要步骤。

2）谈一谈用 EWB 设计仿真数字电路的体会。

3）验证与、或、非逻辑门电路的逻辑功能。

 议一议

逻辑转换仪的功能是什么？

评一评

填写表 1-15。

表1-15 任务检测与评估

	检测项目	评分标准	分值	学生自评	教师评估
知识内容	数字逻辑函数的表示方法	能用各种方法表示逻辑函数	5		
	与逻辑运算法则及与逻辑门	掌握与逻辑的基本运算及与逻辑门的功能	10		
	或逻辑运算法则及或逻辑门	掌握或逻辑的基本运算及或逻辑门的功能	10		
	非逻辑运算法则及非逻辑门	掌握非逻辑的基本运算及非逻辑门的功能	10		
	其他逻辑运算法则及其他逻辑门	掌握其他逻辑的基本运算及其他逻辑门的功能	10		
操作技能	与逻辑门的逻辑功能测试	掌握与逻辑门的逻辑功能测试方法	10		
	或逻辑门的逻辑功能测试	掌握或逻辑门的逻辑功能测试方法	10		
	非逻辑门的逻辑功能测试	掌握非逻辑门的逻辑功能测试方法	10		
	CMOS 逻辑门的逻辑功能测试	掌握 CMOS 逻辑门的逻辑功能测试方法	15		
	安全操作	安全用电，按章操作，遵守实训室管理制度	5		
	现场管理	按 6S 企业管理体系要求进行现场管理	5		

任务三 多功能控制器的制作与调试

任务目标

- 掌握多功能控制器的工作原理。
- 掌握多功能控制器的制作与调试方法。
- 了解数字集成电路的使用方法。

任务教学方式

教学步骤	时间安排	教学方式
阅读教材	课余	学生自学、查资料、相互讨论
知识点讲授	4 学时	利用实物演示多功能控制器控制灯的功能，然后分解讲解多功能控制器的电路组成及工作原理
任务操作	4 学时	在实训场地分组进行制作和调试多功能控制器
评估检测	与课堂同时进行	教师与学生共同完成任务的检测与评估，并能对出现的问题进行分析与处理

读一读

多功能控制器原理（以控制走廊灯为例）

当代社会提倡节能，在这里就介绍一个利用多功能控制器控制走廊灯的例子。白天

或光线较强的场合下，即使有较大的声响也控制灯泡不亮；晚上或光线较暗时遇到声响（如说话声、脚步声等）后灯自动点亮，然后经 30s（时间可以设定）自动熄灭。如果使用者在光线较亮时，仍然需要照亮，或者是不希望发声音影响他人时，只需触摸一下开关，也可以点亮灯。同时该电路还实现了，当人由一个明亮的地方开门进入走廊时，人眼无法适应较暗的环境而无法看清时，利用一个磁控开关使得灯自动点亮，这种设计就更人性化。该装置适用于居家及办公场所的楼梯、走廊等只需短时照明的地方。

1. 电路组成

从功能描述中我们知道该多功能控制器控制走廊灯的信号有多种，如声音、光、触摸和磁控等，来控制开关的"开启"，若干时间后延时开关"自动关闭"。因此，整个电路的功能就是将声音信号、光信号、人体的触摸信号及磁控信号处理后变为开关量，利用基本门电路实现相应的逻辑关系控制灯的开关动作。明确了电路的信号流程方向后，即可依据主要元器件将电路划分为若干个单元，由此可画出如图 1-35 所示的框图。它主要由话筒拾音及放大电路、光敏控制电路、驱动电路、人体触摸电路、基本门控电路、磁控开关、单稳态延时电路、继电器驱动电路等几部分组成。下面逐一给予介绍。

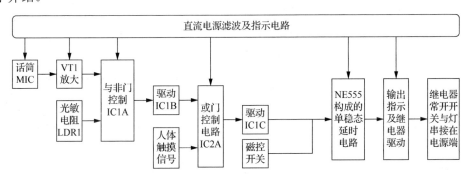

图 1-35　多功能控制器控制灯的原理框图

2. 多功能控制器控制灯的工作原理

多功能控制器控制灯的工作原理如图 1-36 所示。

（1）R_1、MIC 组成话筒拾音和放大电路

话筒上端得到音频信号，通过 C_1 耦合到 VT1 组成的放大电路，VT1、R_2、R_3、C_2 组成的放大电路作为话筒放大电路。元件的参数：MIC 为高灵敏度驻极体话筒。其电路如图 1-37 所示。

（2）音频驱动电路

如图 1-38 所示，音频驱动电路由 IC1A、IC1B 组成，由于只考虑声音的有无，不需考虑声音的失真，所以 IC1A 与 IC1B 采用直接耦合方式连接。

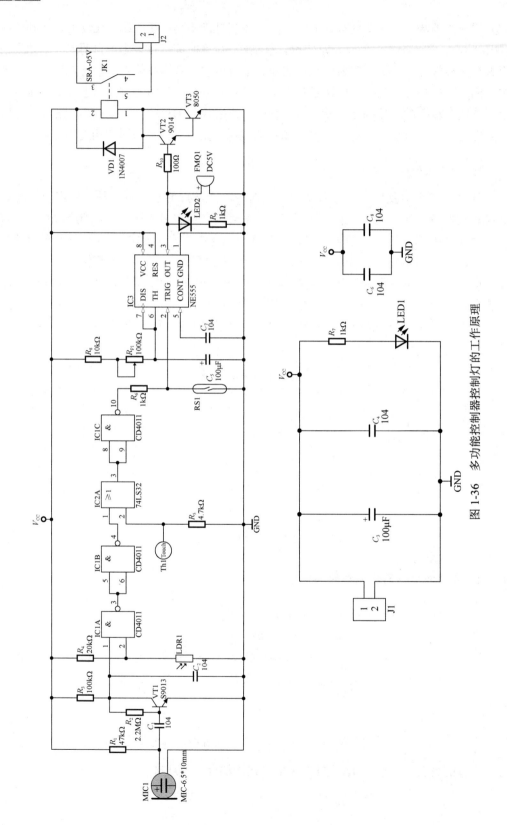

图 1-36 多功能控制器控制灯的工作原理

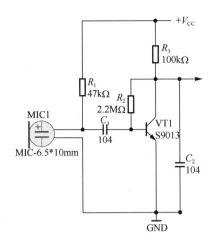

图 1-37 话筒拾音、放大电路

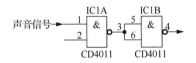

图 1-38 音频驱动电路

（3）光敏控制电路

如图 1-39 所示，光敏电阻 LDR1 与 R_4 构成串联分压电路，用光敏电阻接地（LDR1 有光照时为 5kΩ，无光照时为 752kΩ）。在白天时光敏电阻的阻值小，因而在与非门 IC1A 的一个输入端为低电平，而音频信号被送到 IC1A 的另一个输入端。由与非门的特性可知，音频信号将被屏蔽而无法往后输送，因此白天时灯不亮；在晚上，LDR1 达到 752kΩ 以上，因而在与非门 IC1A 的 2 脚为高电平，音频信号不受影响，灯受声音控制。

（4）人体触摸信号处理电路

如图 1-40 所示，人体触摸信号处理电路由 R_5、74LS32 组成，74LS32 内有四个 2 输入或门，由或门逻辑运算可知，74LS32 的输入 1 脚与 2 脚只要有一个为高电平，则 3 脚均输出高电平，因此，只要人体触摸一次触摸端，相当于给 2 脚注入了一次高电平，74LS32 的 3 脚将输出一个高电平，使得 CD4011 的 10 脚将输出一个低电平。

图 1-39 光敏控制电路   图 1-40 人体触摸信号处理电路

（5）磁控开关电路

如图 1-41 所示，磁控开关电路由 R_6、干簧管 RS1 串联而成。干簧管也称舌簧管或磁簧开关，是一种磁敏的特殊开关。干簧管通常由两个软磁性材料做成，两片端点处重叠的可磁化的簧片密封于一玻璃管中，两簧片分隔的距离仅几微米，玻璃管中装填有高纯度的惰性气体，在尚未操作时，两片簧片并未接触。外加的磁场使两片簧片端点位置附近产生不同的极性，结果两片不同极性的簧片将互相吸引并闭合。因此将它安装在门旁，当开门时经过一块磁铁，干簧管闭合，使得输出为低电平。

（6）NE555构成的单稳态延时电路

如图1-42所示，这个电路是由NE555构成的单稳态延时电路。数字电路输出的状态只有两种，一种是高电平状态，一种是低电平状态。而所谓的单稳态电路是指电路的输出只有一个稳定的状态，另一个是不稳定状态。这个电路的具体工作原理我们将在后续的项目中具体讲解，在这里我们只需要了解其功能即可。该电路在NE555的2脚为高电平时，3脚始终输出为低电平，它是一个稳定的状态；当2脚给一个瞬间低电平时，3脚将输出高电平，但这个高电平是不稳定的状态，它持续一段时间后，将会自动回到低电平的稳定状态，持续的时间由R_8和R_{P1}对C_5的充电时间决定，即$T=(R_8+R_{P1})C_5$。

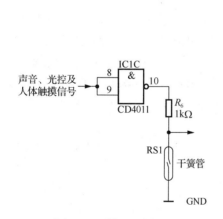

图1-41　磁控开关电路

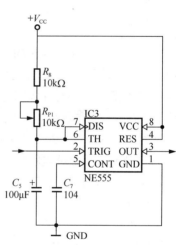

图1-42　单稳态延时电路

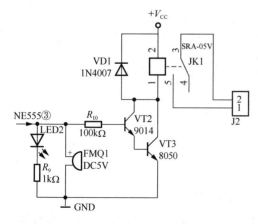

图1-43　输出指示及继电器驱动电路

（7）输出指示及继电器驱动电路

如图1-43所示，当NE555的输出3脚为高电平时，LED2将会点亮，同时VT2、VT3导通，继电器的线圈有电流通过，使得继电器常开开关闭合，走廊灯点亮。VD1为续流二极管，当NE555的3脚输出变为低电平时，继电器线圈中产生较大的感应电动势，它将与电源电压叠加在VT2、VT3的集电极上，从而使得VT2、VT3有可能被高压击穿而损坏，此时如果有VD1存在，VD1将会导通，会把感应电动势短路，从而保护了VT2和VT3。

综上所述，多功能控制器控制灯的原理如下。

在白天时，光敏电阻 LDR1 阻值很小，它与 R_4 串联分压，使得集成芯片 IC1（CD4011）的 2 脚输入低电平，电路封锁了声音通道，使得声音脉冲不能通过，因此 IC1 的 3 脚为高电平，使得其 4 脚为低电平。如果此时没有人体触摸信号注入，IC2（74LS32）的 2 脚为低电平，74LS32 为或门电路，所以它的 3 脚将输出为低电平，经 IC1 与非门后 10 脚输出为高电平，这时单稳态延时电路处于稳定的低电平输出，NE555 的 3 脚为低电平，VT2、VT3 截止，继电器处于断开状态，走廊灯是熄灭状态；如果有人触摸开关，则在 IC2 的 2 脚注入了一个信号，2 脚将有一个高电平，此时它的 3 脚也会输出一个高电平，经 IC1 与非门后 10 脚输出为低电平，此时 NE555 构成的单稳态延时电路输出为不稳定的高电平，其输出 3 脚为高电平，指示灯 LED2 点亮，VT2、VT3 导通，继电器吸合，走廊灯点亮；经过一段时间后，单稳态电路自动回到低电平稳态，3 脚自动变为低电平，VT2、VT3 截止，继电器断开，灯将熄灭。

在黑夜时，光敏电阻因无光线照射呈高阻态，使得输入端 IC1 的 2 脚变为高电平，为声音通道开通创造了条件。当没有声音时，晶体管 VT1 工作在饱和状态，集电极输出低电平，使得 IC1 的 1 脚为低电平，经与非门之后 3 脚处于高电平，走廊灯处于熄灭状态；当有声音输入时，晶体管由饱和状态进入放大状态，集电极由低电平转成高电平，使得 IC1 的 1 脚为高电平，而 2 脚也为高电平，经与非门之后其 3 脚将变为低电平，再经过一个与非门后 4 脚将为高电平，该高电平经 IC2 或门后，其输出 3 脚将是高电平，在经过 IC1 的一个与非门后，10 脚输出低电平，此时 NE555 构成的单稳态延时电路输出为不稳定的高电平，其输出 3 脚为高电平，指示灯 LED2 点亮，VT2、VT3 导通，继电器吸合，走廊灯点亮；经过一段时间后，单稳态电路自动回到低电平稳态，3 脚自动变为低电平，VT2、VT3 截止，继电器断开，灯将熄灭。

如果人为将磁开关 RS1 闭合，这时 NE555 单稳态延时电路的 2 脚直接变为低电平，电路直接输出一个不稳定的高电平，点亮走廊灯。

由此分析可知，触摸信号与磁控开关是不受声光影响的，是可以直接点亮走廊灯的。

3. 元器件的选择

IC1 选用 CMOS 数字集成电路 CD4011，它里面含有 4 个独立的与非门电路。内部结构如图 1-27 所示，V_{SS} 是电源的负极，V_{DD} 是电源的正极。IC2 选用 TTL 数字集成电路 74LS32，其里面含有 4 个独立的或门电路。内部结构如图 1-14 所示。

驻极体话筒选用的是一般收录机用的小话筒，它的结构及原理图如图 1-44 所示。它的测量方法是：用 $R{\times}100$ 挡，将红表笔接外壳的 S、黑表笔接 D，这时用口对着驻极体吹气，若表针有摆动，则说明该驻极体完好，摆动越大灵敏度越高。光敏电阻选用的是 625A 型，有光照射时电阻为 5kΩ 左右，无光照射时电阻值大于 752kΩ，说明该元件是完好的。

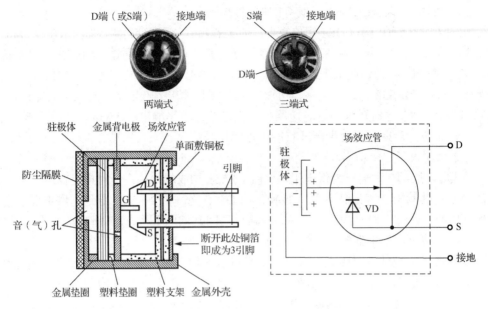

图 1-44　驻极体话筒的结构及原理图

1）电灯要点亮，IC1A 的输入端 2 的电平应该为什么电平？

2）图 1-36 电路中的四与非门可以用四与门代替吗？你认为电路还有可以改动的地方吗？

多功能控制器控制走廊灯的电路仿真

1.　仿真目的

1）通过仿真进一步检验基本逻辑门的逻辑功能。

2）通过仿真了解基本门电路的具体应用。

3）通过仿真理解多功能控制器控制走廊灯的电路设计思路。

2.　仿真步骤及操作

参照图 1-45 在 NI Multisim 14.0 仿真软件环境下创建多功能控制器控制走廊灯电路。

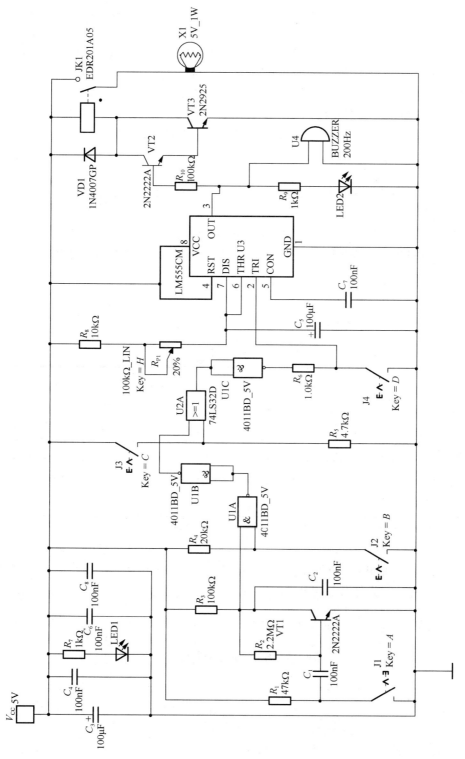

图 1-45　多功能控制器控制走廊灯仿真电路

注意：由于驻极体话筒、光敏电阻、触摸开关和磁控开关无法在 NI Multisim 14.0 仿真软件中实现仿真，因此，在如图 1-45 所示的仿真电路中，采用了开关 J1 替代了 MIC1，J2 替代了光敏电阻 LDR1，J3 替代了触摸信号 TH1，J4 替代了磁控开关 RS1。

1）仿真时先将开关 J2 闭合，模拟白天时外界光线较亮，再将开关 J1 闭合，模拟有声音信号输入（此时 J3、J4 均处于断开状态），观察 LED2、继电器 JK1 及灯 X1 的变化。

2）将开关 J2 断开，模拟黑暗时外界光线较弱，再将 J1 闭合，模拟声音信号输入（此时 J3、J4 均处于断开状态），观察 LED2、继电器 JK1 及灯 X1 的变化。

3）将开关 J3 闭合，模拟人体触摸信号注入（J4 处于断开状态），观察 LED2、继电器 JK1 及灯 X1 的变化。

4）将开关 J3 断开，模拟无人体触摸信号注入（J4 处于断开状态），观察 LED2、继电器 JK1 及灯 X1 的变化。

5）将开关 J4 闭合，模拟磁控开关吸合，观察 LED2、继电器 JK1 及灯 X1 的变化。

6）将开关 J4 断开，模拟磁控开关断开，观察 LED2、继电器 JK1 及灯 X1 的变化。

3. 仿真结果及分析

按照仿真步骤完成表 1-16。

表 1-16 仿真结果

序号	仿真内容	仿真结果		
		LED2	JK1	X1
1	J2 闭合，J1、J3、J4 断开			
2	J1、J2 闭合，J3、J4 断开			
3	J1、J2 不定，J3 闭合，J4 断开			
4	J1、J2 不定，J3、J4 断开			
5	J1、J2、J3 不定，J4 闭合			
6	J1、J2、J3 不定，J4 断开			

议一议

1）J1、J2 的开关闭合与断开是否影响 J3、J4 开关的结果？为什么？
2）人体触摸信号为什么是高电平信号？

做一做

制作多功能控制器控制灯

1. 制作目的

1）通过制作了解多功能控制器控制灯的原理。
2）通过制作掌握基本门电路的基本功能。
3）通过制作，重温工艺文件的编制和工艺的制作流程。

2. 所需器材

元器件清单如表 1-17 所示。

表 1-17　元器件清单

元器件位号	元器件参数	元器件名称	元器件封装	元器件符号	数量
C1，C2，C4，C6，C7，C8	104	无极性贴片电容	C 0805_L	C	6
C3，C5	100μF	贴片电解电容	CM D（6.3*5.4）	C-CAP	2
VD1	1N4007	整流二极管	SMA	1N4007	1
FMQ1	DC5V	蜂鸣器	BEEP 6.5×12×8.5	BEEP	1
IC1	CD4011	四 2 输入与非门	SOP14_M	CD4011	1
IC2	74LS32	四 2 输入或门	SOP14_M	74LS32	1
IC3	NE555	单路时基芯片	SOP8_N	NE555_1	1
J1，J2	HDR-1X2	2P 接插件	KF301-5.0-2P	Header 2	2
JK1	SRA-05V	5V 继电器	012-1ZW_BK	SRD-S-105D	1
LDR1	5528	光敏电阻	RG5528	IDR	1
LED1，LED2	红色	贴片 LED	LED 0805G	LED-SMD	2
MIC1	MIC-6.5*10mm	电容麦克风	MIC-6*5.5mm	MIC2	1
VT1（Q1）	S9013	低频放大-NPN 型	SOT23-3N	9013-SMD	1
VT2（Q2）	9014	低频放大-NPN 型	SOT23-3N	9014-SMD	1
VT3（Q3）	8050	低频放大-NPN 型	SOT23-3N	8050-SMD	1
R_1	47kΩ	贴片电阻	R 0805_L	R	1
R_2	2.2MΩ	贴片电阻	R 0805_L	R	1
R_3	100kΩ	贴片电阻	R 0805_L	R	1
R_4	20kΩ	贴片电阻	R 0805_L	R	1
R_5	4.7kΩ	贴片电阻	R 0805_L	R	1
R_6，R_7，R_9	1kΩ	贴片电阻	R 0805_L	R	3
R_8	10kΩ	贴片电阻	R 0805_L	R	1
R_{10}	100kΩ	贴片电阻	R 0805_L	R	1
R_{P1}	100kΩ	插件单联电位器	RM065	RP-ID	1
RS1	GPS-16A	常开型干簧管	GPS-24A	Reed Switch	1
SP1,SP2,SP3,SP4	M3 铜柱	铜柱	M3 125×200	铜柱小焊盘	4
Th1	Touch 10×10mm	触控焊盘	Touch-8×8mm	Touch-1P	1

3. 操作步骤

（1）安装制作

准备好全套元器件后，按表 1-17 所示的元器件清单清点元器件，并用万用表测量一下各元器件的质量，做到心中有数。

可以用 Altium Designer 10 设计印制电路板（printed-circuit board，PCB），如图 1-46 所示。这里采用的贴片器件与过孔元件混合的双面板设计。焊接时注意先焊接贴片元件，然后由低到高依次安装。

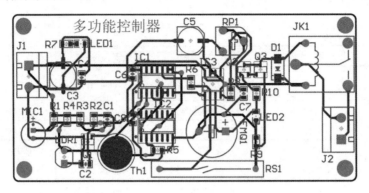

图 1-46　PCB 的元器件排布

焊接有极性的元器件时，如焊接电解电容、话筒、发光二极管、晶体管等元器件时千万不要装反，否则电路不能正常工作，甚至烧毁元器件。

（2）调试

1）调试前，先将焊好的电路板对照印制电路图认真核对一遍，不要有错焊、漏焊、短路、元器件相碰等现象发生。

2）通电前，一定先确定电源电压为 5V，再进行其他部分的调试。

3）调试声控放大部分：现将光敏电阻 LRD1 用黑胶布遮挡，通电后先用一器具轻轻敲击驻极体话筒，灯泡应发光，然后延时自灭。接着击掌，灯泡应亮 1 次，延时自灭。

4）调节光控部分：将光敏电阻 LRD1 上的黑胶布取下，使受光面受到光照，接通电源，测量 IC1 的 2 脚电压应接近零，这时不管如何击掌或敲击驻极体话筒，灯不发光为正常。然后挡住光线，使光敏电阻不受光照，击掌一下，灯泡即亮，延时后自灭，表示光控部分正常。适当选择 R_4，可改变光控灵敏度，这可根据所处环境而定。

5）延时的长短由 R_8、R_{P1} 和 C_5 决定，可以改变 R_{P1} 的值改变延时时间。

6）用手触摸人体触摸片，观察灯是否能亮。

7）用一块磁铁接近磁控开关 RS1，观察灯是否亮。

（3）调试注意事项

1）检查好元器件，确保无损坏，避免调试检查困难。

2）检查晶体管的管脚是否接对。

3）确保光敏电阻、驻极体话筒的灵敏度（光敏电阻可用光敏二极管代替）。

4）给电路通电时先别插集成电路芯片，先检查集成电路芯片的供电是否正常；当焊接 CD4011 时，应将电烙铁的插头拔掉，利用余热焊接，以防静电将 CD4011 损坏。焊装完毕并确认无误后即可通电调试。

（4）3D 设计图

多功能控制器的 3D 图如图 1-47 所示。

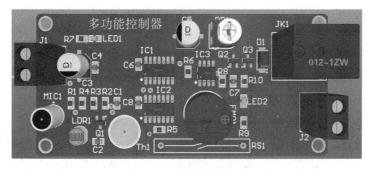

图 1-47　多功能控制器的 3D 图

（5）实际产品图

实际多功能控制器产品图如图 1-48 所示。

图 1-48　实际多功能控制器产品图

 议一议

如何将多功能控制器改装成家用的报警器呢？

评一评

填写表 1-18。

表 1-18　任务检测与评估

	检测项目	评分标准	分值	学生自评	教师评估
知识内容	多功能控制器的工作原理	能分析多功能控制器控制走廊灯的工作原理	25		
	元器件的筛选	能正确筛选元器件	15		
操作技能	编制工艺文件	能编制工艺文件	10		
	元器件的测量与识别	能对元器件进行测量与识别	10		
	PCB 的焊接	能利用工艺文件完成多功能控制器控制走廊灯的制作与调试	30		
	安全操作	安全用电，按章操作，遵守实训室管理制度	5		
	现场管理	按 6S 企业管理体系要求进行现场管理	5		

数字电路制作与调试规范及常见故障检查方法

1. 布线原则

首先，应便于检查、排除故障和更换器件。

在数字电路制作过程中，由错误布线引起的故障常占很大比例。布线错误不仅会引起电路故障，严重时甚至会损坏元器件，因此，注意布线的合理性和科学性是十分必要的。正确的布线原则大致有以下几点。

1）接插集成电路芯片时，先校准两排引脚，使之与实验底板上的插孔对应，轻轻用力将芯片插上，然后在确定引脚与插孔完全吻合后，再稍用力将其插紧，以免集成电路的引脚弯曲、折断或者接触不良。

2）不允许将集成电路芯片方向插反，一般集成电路芯片的方向是缺口（或标记）朝左，引脚序号从左下方的第一个引脚开始，按逆时针方向依次递增至左上方的第一个引脚。

3）导线应粗细适当，一般选取直径为 0.6～0.8mm 的单股导线，最好采用各种色线以区别不同用途，如电源线用红色，地线用黑色。

4）布线应有秩序地进行，随意乱接容易造成漏接、错接，较好的方法是先接好固定电平点，如电源线、地线、门电路闲置输入端、触发器异步置位复位端等，再按信号源的顺序从输入到输出依次布线。

5）联机应避免过长，避免从集成器件上方跨接，避免过多的重叠交错，以利于布线、更换元器件，以及故障检查和排除。

6）当电路的规模较大时，应注意集成元器件的合理布局，以便得到最佳布线。布线时，顺便对单个集成器件进行功能测试。这是一种良好的习惯，实际上这样做不会增加布线工作量。

7）应当指出，布线和调试工作是不能截然分开的，往往需要交替进行，对于元器件很多的大型电路，可将总电路按其功能划分为若干相对独立的部分，逐个布线、调试（分调），然后将各部分连接起来（联调）。

2. 故障检查

电路不能完成预定的逻辑功能时，就称电路有故障，产生故障的原因大致可以归纳为以下 4 个方面：

1）操作不当，如布线错误等。

2）设计不当，如电路出现险象等。

3）元器件使用不当或功能不正常。

4）仪器（主要指数字电路实验箱）和集成器件本身出现故障。

因此，上述 4 个方面应作为检查故障的主要线索。以下介绍几种常见的故障检查方法。

（1）查线法

由于大部分故障是由布线错误引起的，因此在发生故障时，检查电路联机情况为排除故障的有效方法。应着重注意有无漏线、错线，导线与插孔接触是否可靠，集成电路芯片是否插牢，集成电路芯片是否插反等。

（2）观察法

用万用表直接测量各集成电路芯片的电源端是否加上电源电压；输入信号、时钟脉冲等是否加到实验电路上，观察输出端有无反应。重复测试观察故障现象，然后对某一故障状态，用万用表测试各输入/输出端的直流电平，从而判断出是否为插座板、集成电路芯片引脚连接线等原因造成的故障。

（3）信号注入法

在电路的每一级输入端加上特定信号，观察该级输出响应，从而确定该级是否有故障，必要时可以切断周围联机，避免相互影响。

（4）信号寻迹法

在电路的输入端加上特定信号，按照信号流向逐级检查是否有响应和是否正确，必要时可多次输入不同信号。

（5）替换法

对于多输入端器件，如有多余端，则可调换另一输入端试用，必要时可更换器件，以检查器件功能不正常所引起的故障。

（6）动态逐线跟踪检查法

对于时序电路，可输入时钟信号，按信号流向依次检查各级波形，直到找出故障点为止。

（7）断开回馈线检查法

对于含有回馈线的闭合电路，应该设法断开回馈线进行检查，或进行状态预置后再进行检查。

以上检查故障的方法，是在仪器工作正常的前提下进行的，如果电路功能测不出来，则应首先检查供电情况。若电源电压已加上，便可把有关输出端直接接到 0-1 显示器上检查；若逻辑开关无输出，或单次 CP 无输出，则是开关接触不好或是集成器件的内部电路损坏了。

需要强调指出，经验对于故障检查是大有帮助的，但只要充分预习，掌握基本理论和实验原理，也不难用逻辑思维的方法较好地判断和排除故障。

项 目 小 结

1）数字电路处理的是在时间上断续的信号，模拟电路处理的是在时间上连续变化的信号。

2）数字集成电路的分类及命名。

3）几类数字集成电路的基本工作条件及代换要求。

4）基本逻辑运算的规则、逻辑门电路的符号、逻辑功能的测试及运用。

5）运用 NI Multisim 14.0 对与门、或门、非门进行仿真实验。

思考与练习

一、选择题

1. 下列信号中，（　　）是数字信号。
   - A．交流电压
   - B．开关状态
   - C．温度信号
   - D．无线电载波

2. 正逻辑是指（　　）。
   - A．高电平用"1"表示，低电平用"0"表示
   - B．高电平用"0"表示，低电平用"1"表示
   - C．高电平用"1"表示，低电平用"1"表示
   - D．高电平用"0"表示，低电平用"0"表示

3. 具有2个输入端的或门，当输入均为高电平3V时，正确的是（　　）。
   - A．$V_L=V_A+V_B=3V+3V=6V$
   - B．$V_L=A+B=1+1=2V$
   - C．$L=A+B=1+1=2$
   - D．$L=A+B=1+1=1$

4. 在逻辑运算中，没有的运算是（　　）。
   - A．逻辑加
   - B．逻辑减
   - C．逻辑与
   - D．逻辑乘

5. 晶体管的开关状态指的是晶体管（　　）。
   - A．只工作在截止区
   - B．只工作在放大区
   - C．主要工作在截止区和饱和区
   - D．工作在放大区和饱和区

6. 下列逻辑代数运算错误的是（　　）。
   - A．$A+A=A$
   - B．$A \cdot \overline{A}=0$
   - C．$A \cdot A=1$
   - D．$A+\overline{A}=1$

7. 下列逻辑代数运算错误的是（　　）。
   - A．$A \cdot 0=0$
   - B．$A+1=A$
   - C．$A \cdot 1=A$
   - D．$A+0=A$

8. 下列4种门电路中，抗干扰能力最强的是（　　）。
   - A．TTL门
   - B．ECL门
   - C．NMOS门
   - D．CMOS门

9. 数字信号为（　　）。
   - A．随时间连续变化的电信号
   - B．脉冲信号
   - C．直流信号

10. 模拟信号为（　　）。
    - A．随时间连续变化的电信号
    - B．随时间不连续变化的电信号
    - C．持续时间短暂的脉冲信号

11. 由开关组成的逻辑电路如图1-49所示，设开关接通为"1"，断开为"0"，电灯亮为"1"，电灯暗为"0"，则该电路为（　　）。

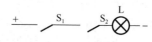

图1-49　选择题11

A."与"门 B."或"门 C."非"门

12. 以下逻辑符号中，能实现 $F=\overline{A}+\overline{B}$ 逻辑功能的是（ ）。

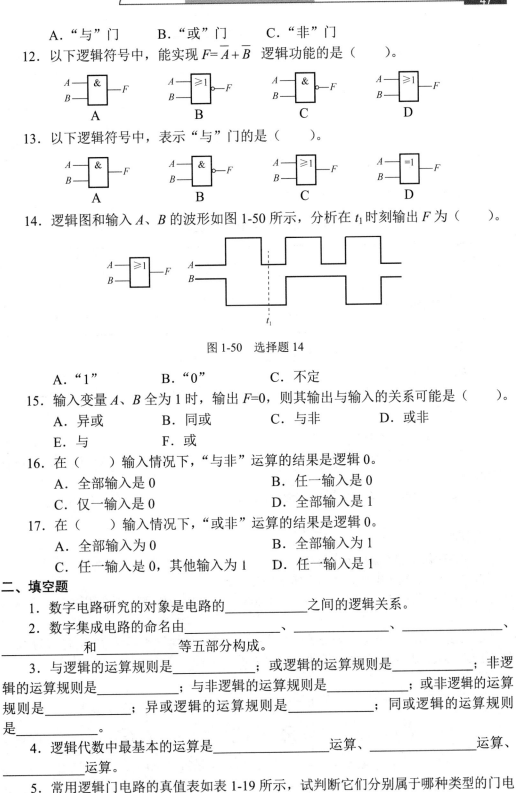

13. 以下逻辑符号中，表示"与"门的是（ ）。

14. 逻辑图和输入 A、B 的波形如图 1-50 所示，分析在 t_1 时刻输出 F 为（ ）。

图 1-50 选择题 14

A."1" B."0" C. 不定

15. 输入变量 A、B 全为 1 时，输出 $F=0$，则其输出与输入的关系可能是（ ）。

A. 异或 B. 同或 C. 与非 D. 或非

E. 与 F. 或

16. 在（ ）输入情况下，"与非"运算的结果是逻辑 0。

A. 全部输入是 0   B. 任一输入是 0

C. 仅一输入是 0   D. 全部输入是 1

17. 在（ ）输入情况下，"或非"运算的结果是逻辑 0。

A. 全部输入为 0   B. 全部输入为 1

C. 任一输入是 0，其他输入为 1   D. 任一输入是 1

二、填空题

1. 数字电路研究的对象是电路的_____之间的逻辑关系。

2. 数字集成电路的命名由_____、_____、_____、_____和_____等五部分构成。

3. 与逻辑的运算规则是_____；或逻辑的运算规则是_____；非逻辑的运算规则是_____；与非逻辑的运算规则是_____；或非逻辑的运算规则是_____；异或逻辑的运算规则是_____；同或逻辑的运算规则是_____。

4. 逻辑代数中最基本的运算是_____运算、_____运算、_____运算。

5. 常用逻辑门电路的真值表如表 1-19 所示，试判断它们分别属于哪种类型的门电路，即 F_1、F_2、F_3、F_4 和 F_5 分别属于何种常用逻辑门。

表 1-19　常用逻辑门电路真值表

A	B	F_1	F_2	F_3	F_4	F_5
0	0	0	1	0	0	1
0	1	1	1	0	1	0
1	0	1	1	0	1	0
1	1	0	0	1	1	0

F_1＿＿＿＿＿＿＿；F_2＿＿＿＿＿＿＿；F_3＿＿＿＿＿＿＿；F_4＿＿＿＿＿＿＿；
F_5＿＿＿＿＿＿＿。

6. 请写出表 1-20 中逻辑函数的数值。

表 1-20　填写逻辑函数的数值

A	B	$Y_1 = \overline{A \cdot B}$	$Y_2 = \overline{A}\,\overline{B} + AB$
0	0		
0	1		
1	0		
1	1		

7. 连续异或 1985 个 1 的结果是＿＿＿＿＿＿＿。

三、判断题

1. 逻辑运算 $L=A+B$ 的含义是：L 等于 A 与 B 的和，而当 $A=1$，$B=1$ 时，$L=A+B=1+1=2$。
（　　）

2. 若 $A \cdot B \cdot C = A \cdot D \cdot C$，则 $B=D$。（　　）

3. 逻辑运算是 0 和 1 逻辑代码的运算，二进制运算也是 0、1 数码的运算。这两种运算实际是一样的。（　　）

4. "同或"逻辑关系是输入变量取值相同时输出为 1，取值不同时输出为零。
（　　）

四、简答题

1. 数字集成电路是怎样分类的？

2. 各类数字集成电路的基本工作条件是什么？

3. 查找相关资料，说明 74LS21、CC4072 集成电路的类型、功能及其工作的基本条件。

4. 电路如图 1-51 所示，若开关闭合为"1"，断开为"0"；灯亮为"1"，灯灭为"0"。试列出 F 和 A、B、C 关系的真值表，写出 F 的表达式。

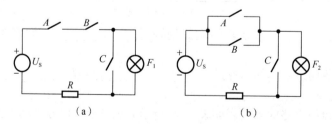

（a）　　　　　　　　　　　　　　　　（b）

图 1-51　简答题 4

项目二

可置数正反向计时显示报警器的制作

计时器在人类生活中有着重要而广泛的应用，在中国古时候就有沙漏作为计时工具。随着科技和社会的发展，人们对计时的准确性要求越来越高，应用领域也越来越广，如体育比赛、定时报警、游戏中的倒计时、交通信号灯的控制等。那么我们能否用数字电路技术来完成计时报警功能呢？回答是肯定的。本项目将利用组合逻辑门及相关电路设计一个可置数正反向计时显示报警器。该项目的功能如下。

1）使用者可以自己设置计时时间数，并显示相应的数值。我们设计的项目计时时间数是0~99，用户如要设计更大数字，只需将电路进行扩展即可。

2）电路设置了清零功能，当需要重新计时时，只需按下清零键即可重新计时。

3）电路设置了正反向计时功能，即加计时和减计时切换。到了计时数字将会报警。

4）电路还设置了暂停功能，实现了断点计时。

本项目将利用组合逻辑门完成该电路的设计。

知识目标

- 能了解数制与数码的种类及运算。
- 能对较复杂的组合逻辑电路进行功能分析。
- 会用门电路进行电路设计，实现相应的逻辑功能。
- 了解常用的组合逻辑电路功能。
- 能分析制作与调试可置数正反向计时显示报警器电路。

技能目标

- 按要求用常见的集成门电路实现较复杂逻辑功能。
- 能对常用组合逻辑集成电路进行测试。
- 用组合逻辑集成电路设计制作可置数正反向计时显示报警器电路。

任务一 用门电路制作简单逻辑电路

任务目标

- 掌握组合逻辑电路的分析方法。
- 掌握用基本门电路设计组合逻辑电路的方法。
- 掌握用代数法和卡诺图法化简逻辑函数的方法。
- 能用 74LS10 搭建一个能完成 3 人表决的电路。

任务教学方式

教学步骤	时间安排	教学方式
阅读教材	课余	学生自学、查资料、相互讨论
知识点讲授	12 学时	1. 利用实例分析来讲解基本逻辑电路的分析与设计方法，并用仿真软件来验证其正确性 2. 利用归类法来讲解代数法化简逻辑函数 3. 利用图示法来讲解卡诺图化简逻辑函数
任务操作	4 学时	1. 自行分析和设计一个组合逻辑电路并通过仿真来检验它的逻辑功能 2. 能用基本门电路设计 3 人表决器，用 NI Multisim 14.0 来仿真，并用 74LS10 搭建该电路
评估检测	与课堂同时进行	教师与学生共同完成任务的检测与评估，并能对出现的问题进行分析与处理

读一读

组合逻辑电路

1. 组合逻辑电路的概念

组合逻辑电路是通用数字集成电路的重要品种，它的用途很广泛。组合逻辑电路的定义是，有一个数字电路，在某一时刻，它的输出仅仅由该时刻的输入所决定。组合逻辑电路是由基本逻辑门构成的，它是逻辑电路的基础。组合逻辑电路的框图如图 2-1 所示。

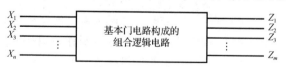

图 2-1 组合逻辑电路的框图

在 $t=a$ 时刻有输入 X_1，X_2，$\cdots$，X_n，那么在 $t=a$ 时刻就有输出 Z_1，Z_2，$\cdots$，Z_m，每个输出都是输入 X_1，X_2，$\cdots$，X_n 的一个组合逻辑函数。

$$Z_1=f_1\,(X_1，X_2，\cdots，X_n)$$
$$Z_2=f_2\,(X_1，X_2，\cdots，X_n)$$
$$\vdots$$
$$Z_m=f_m\,(X_1，X_2，\cdots，X_n)$$

从以上概念可以知道，组合逻辑电路的特点就是即刻输入，即刻输出。

任何组合逻辑电路都可由表达式、真值表、逻辑图和卡诺图等 4 种方法中的任一种来表示其逻辑功能。

2．组合逻辑电路的分析

组合逻辑电路的分析是指已知逻辑图，求解电路的逻辑功能。分析组合逻辑电路的步骤大致如下。

1）根据逻辑电路，从输入到输出写出各级逻辑函数表达式，直到写出最后输出端与输入信号的逻辑函数表达式。

2）将各逻辑函数表达式化简和变换，以得到最简的表达式。

3）根据化简后的逻辑表达式列真值表。

4）根据真值表和化简后的逻辑表达式对逻辑电路进行分析，最后确定其功能。

组合逻辑电路的分析框图如图 2-2 所示。

图 2-2　组合逻辑电路的分析框图

1）组合逻辑电路的定义及特点是什么？

2）组合逻辑电路的分析方法是什么？

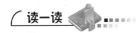

组合逻辑电路的设计流程

组合逻辑电路的设计是指已知对电路逻辑功能的要求，将逻辑电路设计出来。与分析过程相反，对于提出的实际逻辑问题，得到满足这一逻辑问题的逻辑电路。通常要求电路简单，所用器件的种类和基本逻辑门的数目尽可能少，所以还要化简逻辑函数，以获得最简逻辑表达式；有时还需要一定的变换，以便能用最少的门电路来组成逻辑电路，使电路结构紧凑，工作可靠且经济。电路的实现可以采用小规模集成电路、中规模组合集成器件或者可编程逻辑器件。因此逻辑函数的化简也要结合所选用的器件进行。

组合逻辑电路的设计步骤大致如下。

1）明确实际问题的逻辑功能。许多实际设计要求是用文字描述的，因此，需要确定实际问题的逻辑功能，并确定输入、输出变量数及表示符号。

2）根据对电路逻辑功能的要求，列出真值表。

3）由真值表写出逻辑表达式。

4）简化和变换逻辑表达式，使其变为最简或最合理的表达式。

5）画出逻辑电路图。

组合逻辑电路的设计流程如图 2-3 所示。

图 2-3　组合逻辑电路的设计流程

1）组合逻辑电路设计的定义是什么？
2）组合逻辑电路设计的步骤分为哪几步？

逻 辑 函 数

逻辑函数化简的意义：进行逻辑电路的分析时，可以使真值表更简单，分析逻辑功能时会更直观；进行逻辑电路设计时，根据逻辑问题归纳出来的逻辑函数式往往不是最简逻辑表达式，且有不同的形式，因而，实现这些逻辑函数就会有不同的逻辑电路，所以对逻辑函数进行化简和变换，可以得到最简的函数式和所需要的形式，从而设计出最简洁的逻辑电路。这对于节省元器件、优化生产工艺、降低成本和提高系统的可靠性、提高产品在市场上的竞争力是非常重要的。

1. 逻辑函数式的常见形式

一个逻辑函数的表达式不是唯一的，可以有多种形式，并且能互相变换。常见的逻辑函数式主要有 5 种形式，例如：

$$Y = (A + \overline{C})(C + D) \qquad 或与表达式$$
$$= AC + \overline{C}D \qquad 与或表达式$$
$$= \overline{\overline{AC + \overline{C}D}} = \overline{\overline{AC} \cdot \overline{\overline{C}D}} \qquad 与非与非表达式$$
$$= \overline{\overline{A} + \overline{C}} + \overline{\overline{C} + D} \qquad 或非或非表达式$$
$$= \overline{\overline{AC} \cdot \overline{\overline{C}D}} = \overline{(\overline{A} + \overline{C}) \cdot (C + \overline{D})} \qquad 或与非表达式$$

在上述多种表达式中，与或表达式是逻辑函数的最基本表达形式。因此，在化简逻辑函数时，通常是将逻辑式化简成最简与或表达式，然后根据需要变换成其他形式。

2. 最简与或表达式的标准

1）或项最少，即表达式中"+"最少。
2）每个与项中的变量数最少，即表达式中"·"最少。

1）常见的逻辑函数式有几种形式？
2）变换逻辑函数式有什么实际意义？

逻辑代数的基本公式

逻辑代数的基本公式如表 2-1 所示。
逻辑代数的基本公式包括 9 个定律，其中有的定律与普通代数相似，有的定律与普通代数不同，使用时切勿混淆。

表 2-1　逻辑代数的基本公式

名称	公式 1	公式 2
0—1 律	$A \cdot 1 = A$ $A \cdot 0 = 0$	$A + 0 = A$ $A + 1 = 1$
互补律	$A\overline{A} = 0$	$A + \overline{A} = 1$
重叠律	$AA = A$	$A + A = A$
交换律	$AB = BA$	$A + B = B + A$
结合律	$A(BC) = (AB)C$	$A + (B + C) = (A + B) + C$
分配律	$A(B + C) = AB + AC$	$A + BC = (A + B)(A + C)$
反演律	$\overline{AB} = \overline{A} + \overline{B}$	$\overline{A + B} = \overline{A}\,\overline{B}$
吸收律	$A(A + B) = A$ $A(\overline{A} + B) = AB$ $(A + B)(\overline{A} + C)(B + C) = (A + B)(\overline{A} + C)$	$A + AB = A$ $A + \overline{A}B = A + B$ $AB + \overline{A}C + BC = AB + \overline{A}C$
对合律	$\overline{\overline{A}} = A$	

表中较为复杂的公式可用其他更简单的公式来证明。

例 2-1　证明吸收律 $A + \overline{A}B = A + B$ 。

证明： $A + \overline{A}B = A(B + \overline{B}) + \overline{A}B = AB + A\overline{B} + \overline{A}B = AB + AB + A\overline{B} + \overline{A}B$
$$= A(B + \overline{B}) + B(A + \overline{A}) = A + B$$

表中的公式还可以用真值表来证明，即检验等式两边函数的真值表是否一致。

例 2-2　用真值表证明反演律 $\overline{AB} = \overline{A} + \overline{B}$ 和 $\overline{A + B} = \overline{A}\,\overline{B}$ 。

证明： 分别列出两公式等号两边函数的真值表即可得证，如表 2-2 和表 2-3 所示。

表 2-2　证明 $\overline{AB} = \overline{A} + \overline{B}$

A	B	$\overline{AB}$	$\overline{A} + \overline{B}$
0	0	1	1
0	1	1	1
1	0	1	1
1	1	0	0

表 2-3　证明 $\overline{A + B} = \overline{A}\,\overline{B}$

A	B	$\overline{A + B}$	$\overline{A}\,\overline{B}$
0	0	1	1
0	1	0	0
1	0	0	0
1	1	0	0

反演律又称摩根定律，是非常重要又非常有用的公式，它经常用于逻辑函数的变换，以下是它的两个变形公式，也是常用的。

$$AB = \overline{\overline{A} + \overline{B}} \qquad A + B = \overline{\overline{A} \cdot \overline{B}}$$

想一想

1）用真值表证明下列逻辑等式。

① $A(\overline{A}+B)=AB$

② $\overline{A+BC+D}=\overline{A}(\overline{B}+\overline{C})\overline{D}$

2）用公式证明下列逻辑等式。

① $A(A+B)=A$

② $AB+\overline{A}B+A\overline{B}=A+B$

3）将 $A\overline{B}+B\overline{C}+C\overline{A}$ 变换为与非与非表达式为_____。

4）将 $\overline{A}B+A\overline{B}$ 变换为与非与非表达式为_____。

读一读

代数法化简逻辑函数

用代数法化简逻辑函数，就是直接利用逻辑代数的基本公式和基本规则进行化简。代数法化简没有固定的步骤，常用的化简方法如表 2-4 所示。

表 2-4　常用的化简方法

化简方法	化简原理	例题
并项法	利用 $\overline{A}+A=1$ 的关系，消除一个变量	$\overline{A}C+AC=(\overline{A}+A)C=C$
吸收法	利用 $A+AB=A$ 的关系，消去多余的因子	$A\overline{B}+A\overline{B}CD(E+F)$ $=A\overline{B}[1+CD(E+F)]$ $=A\overline{B}$
消去法	运用 $A+\overline{A}B=A+B$ 消去多余因子	$AB+\overline{A}C+\overline{B}C=AB+(\overline{A}+\overline{B})C$ $=AB+\overline{AB}C=AB+C$
配项法	通过乘 $\overline{A}+A=1$ 或 $A+A=A$ 进行配项再化简	$A\overline{B}+\overline{A}\,\overline{C}+\overline{B}\,\overline{C}$ $=A\overline{B}+\overline{A}\,\overline{C}+\overline{B}\,\overline{C}(\overline{A}+A)$ $=A\overline{B}+\overline{A}\,\overline{C}+A\overline{B}\,\overline{C}+\overline{A}\,\overline{B}\,\overline{C}$ $=A\overline{B}(1+\overline{C})+\overline{A}\,\overline{C}(1+\overline{B})$ $=A\overline{B}+\overline{A}\,\overline{C}$
消项法	利用公式 $AB+\overline{A}C+BC=AB+\overline{A}C$	$\overline{A}C+\overline{A}BD+B\overline{C}$ $=\overline{A}C+B\overline{C}+\overline{A}BD=\overline{A}C+B\overline{C}$

在化简逻辑函数时，要灵活运用上述方法，才能将逻辑函数化为最简。下面再举几个例子。

例 2-3　化简逻辑函数 $L=A\overline{B}+A\overline{C}+A\overline{D}+ABCD$ 。

解：$L=A(\overline{B}+\overline{C}+\overline{D})+ABCD=A\overline{BCD}+ABCD=A(\overline{BCD}+BCD)=A$

例 2-4　化简逻辑函数 $L=AD+A\overline{D}+AB+\overline{A}C+BD+\overline{A}BEF+\overline{B}EF$ 。

解：$L=A+AB+\overline{A}C+BD+\overline{A}BEF+\overline{B}EF$　（利用 $A+\overline{A}=1$）

$=A+\overline{A}C+BD+\overline{B}EF$　（利用 $A+AB=A$）

$= A + C + BD + \overline{B}EF$　（利用 $A + \overline{A}B = A + B$ ）

例 2-5　化简逻辑函数 $L = A\overline{B} + B\overline{C} + \overline{B}C + \overline{A}B$ 。

解法 1： $L = A\overline{B} + B\overline{C} + \overline{B}C + \overline{A}B + A\overline{C}$　（增加冗余项 $A\overline{C}$ ）

$\qquad = A\overline{B} + \overline{B}C + \overline{A}B + A\overline{C}$　（消去 1 个冗余项 $B\overline{C}$ ）

$\qquad = \overline{B}C + \overline{A}B + A\overline{C}$　（再消去 1 个冗余项 $A\overline{B}$ ）

解法 2： $L = A\overline{B} + B\overline{C} + \overline{B}C + \overline{A}B + \overline{A}C$　（增加冗余项 $\overline{A}C$ ）

$\qquad = A\overline{B} + B\overline{C} + \overline{A}B + \overline{A}C$　（消去 1 个冗余项 $\overline{B}C$ ）

$\qquad = A\overline{B} + B\overline{C} + \overline{A}C$　（再消去 1 个冗余项 $\overline{A}B$ ）

由上例可知，逻辑函数的化简结果不是唯一的。

代数化简法的优点是不受变量数目的限制。缺点是：没有固定的步骤可循；需要熟练运用各种公式和定理；需要一定的技巧和经验；有时很难判定化简结果是否最简。

想一想

1）证明下列各逻辑函数等式：

① $A(\overline{A} + B) + B(B + C) + B = B$

② $AB + A\overline{B} + \overline{A}B + \overline{A}\ \overline{B} = 1$

③ $(A + B)(\overline{A} + C) = \overline{A}B + AC$

2）化简下列各逻辑函数式：

① $Y = AB(BC + A)$

② $Y = (A + B)A\overline{B}$

③ $Y = \overline{ABC}(B + \overline{C})$

④ $Y = A + ABC + A\overline{BC} + BC + \overline{BC}$

⑤ $Y = A\overline{B} + BD + DCE + \overline{A}D$

⑥ $Y = (A + B + C)(\overline{A} + \overline{B} + \overline{C})$

知识拓展

逻辑代数的重要规则

逻辑代数的 3 个重要规则如下。

1. 代入规则

对于任一个含有变量 A 的逻辑等式，可以将等式两边的所有变量 A 用同一个逻辑函数替代，替代后等式仍然成立。这个规则称为代入规则。

例 2-6　已知 $\overline{AB} = \overline{A} + \overline{B}$ ，试证明用 BC 替代 B 后，等式仍然成立。

证明： 左式 $= \overline{A \cdot (BC)} = \overline{A} + \overline{BC} = \overline{A} + \overline{B} + \overline{C}$

$\qquad$ 右式 $= \overline{A} + \overline{BC} = \overline{A} + \overline{B} + \overline{C}$

$\qquad$ 左式=右式

2. 反演规则

对任何一个逻辑函数式 Y，如果将式中所有的"·"换成"+"，"+"换成"·"，"0"换成"1"，"1"换成"0"，原变量换成反变量，反变量换成原变量，则得到原来逻辑函数 Y 的反函数 $\overline{Y}$。

例 2-7　已知逻辑函数 $Y = A\overline{B} + \overline{A}B$，试用反演规则求反函数 $\overline{Y}$。

解： 根据反演规则，可写出 $\overline{Y} = (\overline{A} + B) \cdot (A + \overline{B}) = \overline{A}\,\overline{B} + AB$

3. 对偶规则

对任何一个逻辑函数式 Y，如果将式中所有的"·"换成"+"，"+"换成"·"，"0"换成"1"，"1"换成"0"，所得新函数表达式叫作 Y 的对偶式，用 Y' 表示。

对偶规则的基本内容是：如果两个逻辑函数表达式相等，那么它们的对偶式也一定相等。

利用对偶规则可以帮助我们减少公式的记忆量。例如，表 2-1 中的公式 1 和公式 2 就互为对偶，只需记住一边的公式就可以了。因为利用对偶规则，不难得出另一边的公式。

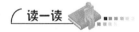
读一读

卡诺图化简法

在工程应用中有一种比代数法更简便、直观的化简逻辑函数的方法，它是一种图形法，是由美国工程师卡诺发明的，所以称为卡诺图化简法。

1. 最小项的定义与性质

（1）最小项的定义

在 n 个变量的逻辑函数中，包含全部变量的乘积项称为最小项。其中每个变量在该乘积项中可以以原变量的形式出现，也可以以反变量的形式出现，但只能出现一次。n 变量逻辑函数的全部最小项共有 2^n 个。例如，三变量逻辑函数 $L = F(A, B, C)$ 的最小项共有 $2^3 = 8$ 个，如表 2-5 所示。

表 2-5　三变量逻辑函数的最小项及编号

最小项	变量 A B C			编号
$\overline{A}\,\overline{B}\,\overline{C}$	0	0	0	m_0
$\overline{A}\,\overline{B}C$	0	0	1	m_1
$\overline{A}B\overline{C}$	0	1	0	m_2
$\overline{A}BC$	0	1	1	m_3
$A\overline{B}\,\overline{C}$	1	0	0	m_4
$A\overline{B}C$	1	0	1	m_5
$AB\overline{C}$	1	1	0	m_6
ABC	1	1	1	m_7

（2）最小项的基本性质

以三变量为例说明最小项的性质，列出三变量全部最小项的真值表，如表2-6所示。

表2-6 三变量全部最小项的真值表

变量 $A\ B\ C$	m_0 $\overline{A}\ \overline{B}\ \overline{C}$	m_1 $\overline{A}\ \overline{B}C$	m_2 $\overline{A}B\overline{C}$	m_3 $\overline{A}BC$	m_4 $A\overline{B}\ \overline{C}$	m_5 $A\overline{B}C$	m_6 $AB\overline{C}$	m_7 ABC
0 0 0	1	0	0	0	0	0	0	0
0 0 1	0	1	0	0	0	0	0	0
0 1 0	0	0	1	0	0	0	0	0
0 1 1	0	0	0	1	0	0	0	0
1 0 0	0	0	0	0	1	0	0	0
1 0 1	0	0	0	0	0	1	0	0
1 1 0	0	0	0	0	0	0	1	0
1 1 1	0	0	0	0	0	0	0	1

从表2-6中可以看出最小项具有以下几个性质：

1）对于任意一个最小项，只有一组变量取值使它的值为1，而其余各种变量取值均使它的值为0。

2）不同的最小项，使它的值为1的那组变量取值也不同。

3）对于变量的任一组取值，任意两个最小项的乘积为0。

4）对于变量的任一组取值，全体最小项的和为1。

2. 逻辑函数的最小项表达式

任何一个逻辑函数表达式都可以变换为一组最小项之和，称为最小项表达式。

例2-8 将逻辑函数 $L=AB+\overline{A}C$ 转换成最小项表达式。

解：该函数为三变量函数，而表达式中每项只含有两个变量，不是最小项。要变为最小项，就应补齐缺少的变量，办法为将各项乘以1，如 AB 项乘以 $C+\overline{C}$。

$$L=AB+\overline{A}C=AB(C+\overline{C})+\overline{A}C(B+\overline{B})=ABC+AB\overline{C}+\overline{A}BC+\overline{A}\ \overline{B}C$$

$$-m_7+m_6+m_3+m_1$$

为了简化，也可用最小项下标编号来表示最小项，故上式也可写为

$$L=\sum m(1,3,6,7)$$

要把非"与或表达式"的逻辑函数变换成最小项表达式，应先将其变成"与或表达式"再转换。式中有很长的非号时，先把非号去掉。

例2-9 将逻辑函数 $F=AB+\overline{\overline{AB}+\overline{A}\ \overline{B}+\overline{C}}$ 变换成最小项表达式。

解： $F=AB+\overline{\overline{AB}+\overline{A}\ \overline{B}+\overline{C}}$

$$=AB+\overline{\overline{AB}}\cdot\overline{\overline{A}\ \overline{B}}\cdot C=AB+(\overline{A}+\overline{B})(A+B)C=AB+\overline{A}BC+A\overline{B}C$$

$$=AB(C+\overline{C})+\overline{A}BC+A\overline{B}C=ABC+AB\overline{C}+\overline{A}BC+A\overline{B}C$$

$$=m_7+m_6+m_3+m_5=\sum m(3,5,6,7)$$

3. 卡诺图

（1）相邻最小项

如果两个最小项中只有一个变量不同，则称这两个最小项为逻辑相邻，简称相邻项。

如果两个相邻最小项出现在同一个逻辑函数中，可以合并为一项，同时消去互为反变量的那个量。例如

$$ABC + A\overline{B}C = AC(B + \overline{B}) = AC$$

可见，利用相邻项的合并可以进行逻辑函数化简。有没有办法能够更直观地看出各最小项之间的相邻性呢？答案是：有，这就是卡诺图。

卡诺图是用小方格来表示最小项，一个小方格代表一个最小项，然后将这些最小项按照相邻性排列起来，即用小方格几何位置上的相邻性来表示最小项逻辑上的相邻性。卡诺图实际上是真值表的一种变形，一个逻辑函数的真值表有多少行，卡诺图就有多少个小方格。所不同的是真值表中的最小项是按照二进制加法规律排列的，而卡诺图中的最小项则是按照相邻性排列的。

（2）卡诺图的结构

1）二变量卡诺图如图 2-4 所示。

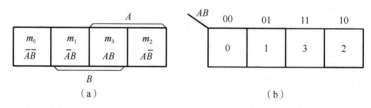

图 2-4　二变量卡诺图

2）三变量卡诺图如图 2-5 所示。

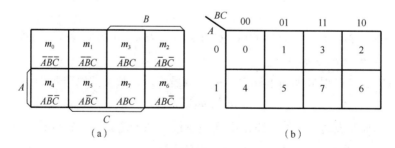

图 2-5　三变量卡诺图

3）四变量卡诺图如图 2-6 所示。

仔细观察可以发现，卡诺图具有很强的相邻性。

首先是直观相邻性，只要小方格在几何位置上相邻（不管上下左右），它代表的最小项在逻辑上就一定是相邻的；其次是对边相邻性，即与中心轴对称的左右两边和上下两边的小方格也具有相邻性。

图 2-6　四变量卡诺图

（a）　　　　　　　　　　　（b）

4. 用卡诺图表示逻辑函数

（1）从真值表到卡诺图

例 2-10　某逻辑函数的真值表如表 2-7 所示，用卡诺图表示该逻辑函数。

解：该函数为三变量，先画出三变量卡诺图，然后根据表 2-7 将 8 个最小项 L 的取值 0 或者 1 填入卡诺图中对应的 8 个小方格中即可，如图 2-7 所示。

表 2-7　真值表

A	B	C	L
0	0	0	0
0	0	1	0
0	1	0	0
0	1	1	1
1	0	0	0
1	0	1	1
1	1	0	1
1	1	1	1

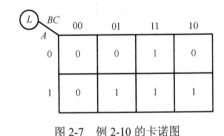

图 2-7　例 2-10 的卡诺图

（2）从逻辑表达式到卡诺图

1）如果逻辑表达式为最小项表达式，则只要将函数式中出现的最小项在卡诺图对应的小方格中填入 1，没出现的最小项则在卡诺图对应的小方格中填入 0。

例 2-11　用卡诺图表示逻辑函数 $F = \overline{A}\,\overline{B}\,\overline{C} + \overline{A}BC + AB\overline{C} + ABC$。

解：该函数为三变量，且为最小项表达式，写成简化形式为 $F = m_0 + m_3 + m_6 + m_7$，然后画出三变量卡诺图，将卡诺图中 m_0、m_3、m_6、m_7 对应的小方格填 1，其他小方格填 0。因此它的卡诺图如图 2-8 所示。

2）如果逻辑表达式不是最小项表达式，但为"与或表达式"，可将其先化成最小项表达式，再填入卡诺图。也可直接填入，直接填入的具体方法是：分别找出每一个与项所包含的所有小方格，全部填入 1。

例 2-12　用卡诺图表示逻辑函数 $G = A\overline{B} + B\overline{C}D$ 。

$$G = A\overline{B} + B\overline{C}D = A\overline{B}(C + \overline{C})(D + \overline{D}) + (A + \overline{A})B\overline{C}D$$

$$= A\overline{B}CD + A\overline{B}\,\overline{C}D + A\overline{B}C\overline{D} + A\overline{B}\,\overline{C}\,\overline{D} + AB\overline{C}D + \overline{A}B\overline{C}D$$

$$= m_5 + m_8 + m_9 + m_{10} + m_{11} + m_{13}$$

因此，它的卡诺图如图 2-9 所示。

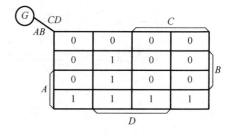

图 2-8　例 2-11 的卡诺图　　　　图 2-9　例 2-12 的卡诺图

3）如果逻辑表达式不是"与或表达式"，可先将其化成"与或表达式"，再填入卡诺图。

5. 逻辑函数的卡诺图化简法

（1）卡诺图化简逻辑函数的原理

1）2 个相邻的最小项结合（用一个包围圈表示），可以消去 1 个取值不同的变量而合并为 1 项，如图 2-10 所示。

2）4 个相邻的最小项结合（用一个包围圈表示），可以消去 2 个取值不同的变量而合并为 1 项，如图 2-11 所示。

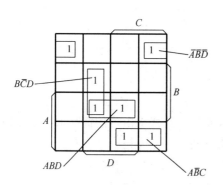
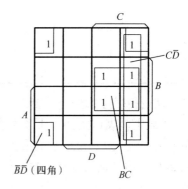

图 2-10　2 个相邻的最小项合并　　　　图 2-11　4 个相邻的最小项合并

3）8 个相邻的最小项结合（用一个包围圈表示），可以消去 3 个取值不同的变量而合并为 1 项，如图 2-12 所示。

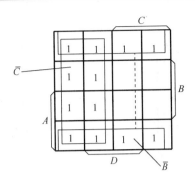

图 2-12   8 个相邻的最小项合并

总之，2^n 个相邻的最小项结合，可以消去 n 个取值不同的变量而合并为 1 项。

（2）用卡诺图合并最小项的原则

用卡诺图化简逻辑函数，就是在卡诺图中找相邻的最小项，即画圈。为了保证将逻辑函数化到最简，画圈时必须遵循以下原则：

1）圈要尽可能大，这样消去的变量就多。但每个圈内只能含有 2^n（$n=0,1,2,3,\cdots$）个相邻项。要特别注意对边相邻性和四角相邻性。

2）圈的个数尽量少，这样化简后的逻辑函数的或项就少。

3）卡诺图中所有取值为 1 的方格均要被圈过，即不能漏下取值为 1 的最小项。

4）取值为 1 的方格可以被重复圈在不同的包围圈中，但在新画的包围圈中至少要含有 1 个未被圈过的取值为 1 的方格，否则该包围圈是多余的。

（3）用卡诺图化简逻辑函数的步骤

1）画出逻辑函数的卡诺图。

2）合并相邻的最小项，即根据前述原则画圈。

3）写出化简后的表达式。每一个圈写一个最简与项，规则是：取值为 1 的变量用原变量表示，取值为 0 的变量用反变量表示，将这些变量相与；然后将所有与项进行逻辑加，即得最简与或表达式。

例 2-13   用卡诺图化简逻辑函数：

$$L = \sum m(0,2,3,4,6,7,10,11,13,14,15)$$

解： 第一步，由表达式画出卡诺图，如图 2-13 所示。

第二步，画包围圈合并最小项，得简化的与或表达式：

$$L = C + \overline{A}\,\overline{D} + ABD$$

注意： 图中的包围圈 $\overline{A}\,\overline{D}$ 是利用了对边相邻性。

例 2-14   用卡诺图化简逻辑函数：

$$F = AD + A\overline{B}\,\overline{D} + \overline{A}\,\overline{B}\,\overline{C}\,D + \overline{A}\,\overline{B}C\overline{D}$$

解： 第一步，由表达式画出卡诺图，如图 2-14 所示。

第二步，画包围圈合并最小项，得简化的与或表达式：

$$F = AD + \overline{B}\,\overline{D}$$

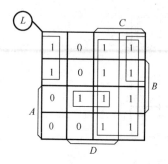

图 2-13　例 2-13 的卡诺图

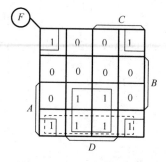

图 2-14　例 2-14 的卡诺图

注意：图中的虚线圈是多余的，应去掉；图中的包围圈 $\overline{B}\,\overline{D}$ 是利用了四角相邻性。

（4）卡诺图化简逻辑函数的另一种方法——圈 0 法

如果一个逻辑函数用卡诺图表示后，里面的 0 很少且相邻性很强，这时用圈 0 法更简便。但要注意，圈 0 后，应写出反函数 $\overline{L}$，再取非，从而得到原函数。

例 2-15　已知逻辑函数的卡诺图如图 2-15 所示，分别用"圈 0 法"和"圈 1 法"写出其最简与或式。

解：1）用圈 0 法画包围圈，如图 2-15（a）所示，得

$$\overline{L} = B\overline{C}\,\overline{D}$$

对 $\overline{L}$ 取非，得

$$L = \overline{B\overline{C}\,\overline{D}} = \overline{B} + C + D$$

2）用圈 1 法画包围圈，如图 2-15（b）所示，得

$$L = \overline{B} + C + D$$

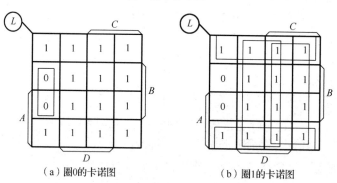

（a）圈0的卡诺图　　　　　（b）圈1的卡诺图

图 2-15　例 2-15 的卡诺图

6. 具有无关项的逻辑函数的化简

（1）无关项的定义

例 2-16　在十字路口有红、绿、黄三色交通信号灯，规定红灯亮时停，绿灯亮时行，黄灯亮时等一等，试分析行车与三色信号灯之间的逻辑关系。

解：设红、绿、黄灯分别用 A、B、C 表示，且灯亮为 1，灯灭为 0。车用 L 表示，车行 $L=1$，车停 $L=0$。列出该函数的真值表，如表 2-8 所示。

表 2-8　真值表

A	B	C	L
0	0	0	×
0	0	1	0
0	1	0	1
0	1	1	×
1	0	0	0
1	0	1	×
1	1	0	×
1	1	1	×

注：×表示该情况不会出现。

显而易见，在这个函数中，有 5 个最小项是不会出现的，如 $\overline{A}\,\overline{B}\,\overline{C}$（3 个灯都不亮）、$AB\overline{C}$（红灯、绿灯同时亮）等。因为一个正常的交通灯系统不可能出现这些情况，如果出现了，车可以行也可以停，即逻辑值任意。

无关项：在有些逻辑函数中，输入变量的某些取值组合不会出现，或者一旦出现，逻辑值可以是任意的。这样的取值组合所对应的最小项称为无关项、任意项或约束项，在卡诺图中用符号×来表示其逻辑值。

带有无关项的逻辑函数的最小项表达式为

$$L=\sum m\ (\quad)+\sum d\ (\quad)$$

如本例函数可写成

$$L=\sum m\ (2)+\sum d\ (0,3,5,6,7)$$

（2）具有无关项的逻辑函数的化简

化简具有无关项的逻辑函数时，要充分利用无关项可以当 0 也可以当 1 的特点，尽量扩大包围圈，使逻辑函数更简。

画出例 2-16 的卡诺图，如图 2-16 所示，如果不考虑无关项，包围圈只能包含一个最小项，如图 2-16（a）所示，写出表达式为 $L=\overline{A}B\overline{C}$。

如果把与它相邻的 3 个无关项当作 1，则包围圈可包含 4 个最小项，如图 2-16（b）所示，写出表达式为 $L=B$，其含义为：只要绿灯亮，车就行。

注意： 在考虑无关项时，哪些无关项当作 1，哪些无关项当作 0，要以"尽量扩大包围圈、减少包围圈的个数，使逻辑函数更简"为原则。

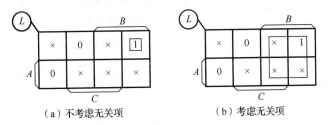

（a）不考虑无关项　　　　　　　　（b）考虑无关项

图 2-16　例 2-16 的卡诺图

卡诺图化简法的优点是简单、直观，有一定的化简步骤可循，不易出错，且容易化到最简。但是在逻辑变量超过 5 个时，就失去了简单、直观的优点，其实用意义大打折扣。

利用卡诺图化简下列函数：

1）$F = ABC + \overline{A}B + \overline{B}C$

2）$F = \sum m(0,2,4,5,6)$

3）$F = L = \sum m(0,7,9,11) + \sum d(3,5,15)$

做一做

1. 组合逻辑电路的分析

组合逻辑电路如图 2-17 所示，分析该电路的逻辑功能。

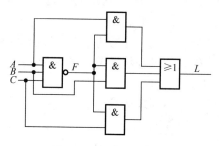

图 2-17　组合逻辑电路

解：1）由逻辑图逐级写出逻辑表达式。为了写表达式方便，借助中间变量 F：

$$F = \overline{ABC}$$

$$L = AF + BF + CF$$
$$= A\overline{ABC} + B\overline{ABC} + C\overline{ABC}$$

2）化简与变换。因为下一步要列真值表，所以要通过化简与变换，使表达式有利于列真值表，一般应变换成与-或式或最小项表达式。

$$L = \overline{ABC}(A + B + C) = \overline{\overline{ABC} + \overline{A+B+C}} = \overline{ABC + \overline{A}\,\overline{B}\,\overline{C}}$$

表 2-9　真值表

A	B	C	L
0	0	0	0
0	0	1	1
0	1	0	1
0	1	1	1
1	0	0	1
1	0	1	1
1	1	0	1
1	1	1	0

3）由表达式列出真值表，如表 2-9 所示。经过化简与变换的表达式为两个最小项之和的非，所以很容易列出真值表。

4）分析逻辑功能

由真值表可知，当 A、B、C 三个变量不一致时，电路输出为"1"，所以这个电路称为"不一致电路"。

上例中输出变量只有一个，对于多输出变量的组合逻辑电路，分析方法完全相同。

2. 运用 NI Multisim 14.0 仿真检验电路功能

（1）仿真目的

1）通过仿真来验证 3 个变量的一致性。

2）进一步熟悉仿真软件的使用。

（2）仿真步骤及操作

1）进入 NI Multisim 14.0 用户操作界面。

2）按图 2-18 所示电路从 NI Multisim 14.0 元器件库、仪器仪表库选取相应器件和仪器，连接电路。

① 单击 Misc Digital 图标，从它们的器件列表中选出与门、与非门。

② 单击～～～Basic 图标，从它们的器件列表中选出 SPDT 开关。

③ 单击指示器件库图标，拽取 PROBE 逻辑指示灯。

④ 单击—|├Sources 图标，拽取 V_{CC} 与 GROUND。

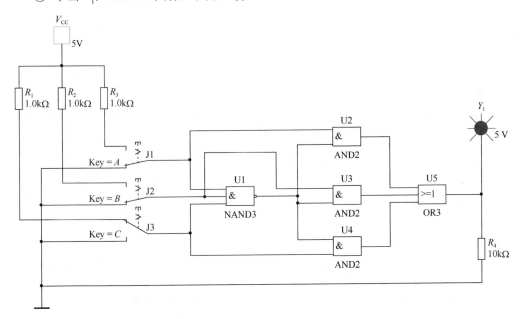

图 2-18　仿真电路

　　分别改变 A、B、C 开关的位置，从而改变输入信号，通过观察指示灯的变化来判断该电路的逻辑功能。

1. 组合逻辑电路的设计

设计一个 3 人表决电路，结果按"少数服从多数"的原则决定。

解：1）根据设计要求建立该逻辑函数的真值表。

设 3 人的意见为变量 A、B、C，表决结果为函数 L。对变量及函数进行如下状态赋值：对于变量 A、B、C，设同意为逻辑"1"，不同意为逻辑"0"。对于函数 L，设事情通过为逻辑"1"，事情没通过为逻辑"0"。列出真值表，如表 2-10 所示。

2）由真值表写出逻辑表达式：

$$L = \overline{A}BC + A\overline{B}C + AB\overline{C} + ABC$$

该逻辑式不是最简。

3）化简。由于卡诺图化简法较方便，故一般用卡诺图进行化简。将该逻辑函数填入卡诺图，如图 2-19 所示。合并最小项，得到最简与或表达式：$L = AB + BC + AC$。

代数法化简读者可自行完成。

表 2-10   真值表

A	B	C	L
0	0	0	0
0	0	1	0
0	1	0	0
0	1	1	1
1	0	0	0
1	0	1	1
1	1	0	1
1	1	1	1

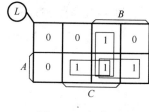

图 2-19 卡诺图

4）画出逻辑图。如果要求用与非门实现该逻辑电路，就应将表达式转换成与非-与非表达式：

$$L = AB + BC + AC = \overline{\overline{AB} \cdot \overline{BC} \cdot \overline{AC}}$$

画出与门、或门逻辑图，如图 2-20 所示。与非门逻辑图如图 2-21 所示。

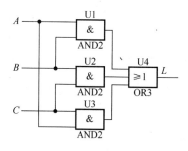

图 2-20 与门、或门逻辑图

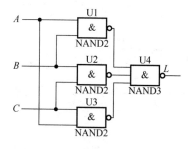

图 2-21 用与非门实现的逻辑图

2. 组合逻辑电路设计仿真

运用 NI Multisim 14.0 仿真检验电路功能。

（1）仿真目的

1）了解组合逻辑电路的设计方法。

2）用多种方式来完成同一种逻辑功能。

（2）仿真步骤及操作

1）用与门、或门仿真 3 人表决器，其仿真电路如图 2-22 所示。

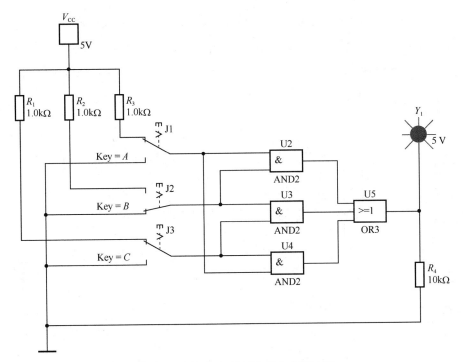

图 2-22　用与门、或门仿真 3 人表决器

2）用与非门仿真 3 人表决器，其仿真电路如图 2-23 所示。

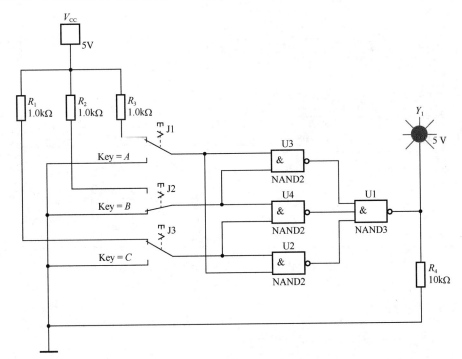

图 2-23　用与非门仿真 3 人表决器

3. 利用面包板和两块三 3 输入与非门 CT74LS10 搭建 3 人表决器

1）接线图如图 2-24 所示。

2）面包板的接线图如图 2-25 所示。

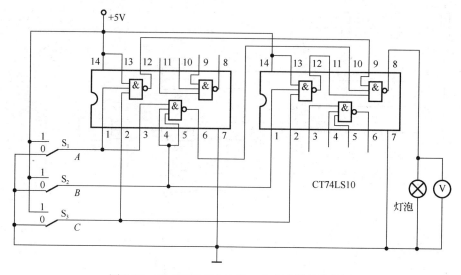

图 2-24　用 CT74LS10 实现 3 人表决器的接线图

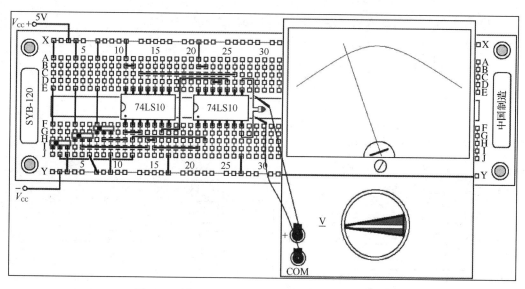

图 2-25　用 CT74LS10 实现 3 人表决器的面包板图

 议一议

1）与非门多余脚的处理方法有哪些？

2）3 人表决器还可以用哪些基本门设计？

评一评

填写表 2-11。

表 2-11 任务检测与评估

	检测项目	评分标准	分值	学生自评	教师评估
知识内容	组合逻辑电路的分析	掌握较复杂的组合逻辑电路分析方法	10		
	组合逻辑电路的设计	掌握用基本门电路设计组合逻辑电路的方法	15		
	代数法化简逻辑函数	掌握用代数法化简逻辑函数的方法	15		
	卡诺图化简逻辑函数	掌握用卡诺图化简逻辑函数的方法	15		
操作技能	能分析组合逻辑电路的逻辑功能	掌握组合逻辑电路的分析方法,并能用 NI Multisim 14.0 检验其功能	10		
	能用基本门电路设计组合逻辑电路	掌握用基本门电路设计 3 人表决器的方法,并能用 74LS10 搭建该电路	25		
	安全操作	安全用电,按章操作,遵守实训室管理制度	5		
	现场管理	按 6S 企业管理体系要求进行现场管理	5		

知识拓展

前面在分析和设计组合逻辑电路时,都没有考虑门电路延迟时间对电路的影响。实际上,由于延迟时间的存在,当一个输入信号经过多条路径传送后又重新会合到某个门上,由于不同路径上门的级数不同,或者门电路延迟时间的差异,导致到达会合点的时间有先有后,从而产生瞬间的错误输出。这一现象称为竞争冒险。

1. 产生竞争冒险的原因

图 2-26(a)所示的电路,逻辑表达式为 $L=A\overline{A}$,理想情况下,输出应恒等于 0。但是由于 G_1 门的延迟时间 t_{pd},$\overline{A}$ 下降沿到达 G_2 门的时间比 A 信号上升沿晚 t_{pd},因此,使 G_2 门输出端出现了一个正向窄脉冲,如图 2-26(b)所示,通常称之为"1 冒险"。

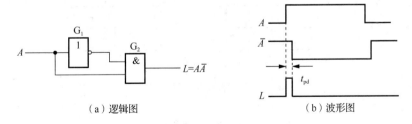

（a）逻辑图   （b）波形图

图 2-26 产生 1 冒险

同理,在图 2-27(a)所示的电路中,由于 G_1 门的延迟时间 t_{pd},会使 G_2 输出端出现一个负向窄脉冲,如图 2-27(b)所示,通常称之为"0 冒险"。

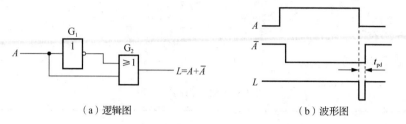

（a）逻辑图   （b）波形图

图 2-27　产生 0 冒险

0 冒险和 1 冒险统称冒险，是一种干扰脉冲，有可能引起后级电路的错误动作。产生冒险的原因是由于一个门（如 G_2）的两个互补的输入信号分别经过两条路径传输，由于延迟时间不同，从而到达的时间不同。这种现象称为竞争。

2. 冒险现象的识别

判断组合逻辑电路是否存在竞争冒险的方法有以下几种。

（1）代数法

经分析得知，若输出逻辑函数式在一定条件下最终能化简为 $L = A + \overline{A}$ 或 $L = A\overline{A}$ 的形式，则可能有竞争冒险出现。

例如，有两逻辑函数 $L_1 = AB + \overline{A}C$，$L_2 = (A + B)(\overline{B} + C)$。显然，函数 L_1 在 $B = C = 1$ 时，$L_1 = A + \overline{A}$，因此，按此逻辑函数实现的逻辑电路会出现竞争冒险现象。同理，$A = C = 0$ 时，$L_2 = B\overline{B}$，所以此函数也会出现竞争冒险现象。

（2）卡诺图法

若在逻辑函数的卡诺图中，为使逻辑函数最简而画的包围圈中有两个包围圈相切而不交接，则在相邻处也可能有竞争冒险现象出现。

将上述逻辑函数 L_1 和 L_2 用卡诺图表示，如图 2-28 所示。L_1 是最简与或式，两包围圈在 A 和 $\overline{A}$ 处相切；L_2 是或与式（画 0 的包围圈再取反），两包围圈在 B 和 $\overline{B}$ 处相切。由于 L_1 和 L_2 都存在竞争冒险，说明卡诺图包围圈相切但不相交时，可能发生竞争冒险现象。

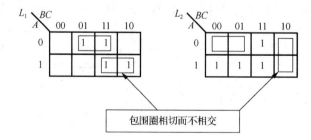

图 2-28　包围圈相切不相交的情况

（3）电路测试法和计算机仿真法

用电路测试来观察是否有竞争冒险，这是最直接、最有效的方法。

用计算机仿真也是一种可行的方法。目前有多种计算机电路仿真软件，将设计好的逻辑电路通过仿真软件进行测试，观察输出有无竞争冒险。

3. 冒险现象的消除方法

当组合逻辑电路存在冒险现象时，可以采取以下方法来消除冒险现象。

（1）加冗余项

在上面的例题中，L_1 存在冒险现象。如在其逻辑表达式中增加乘积项 BC，使其变为 $L_1 = AB + \overline{A}C + BC$，则在原来产生冒险的条件 $B = C = 1$ 时，$L = 1$，不会产生冒险。这个函数增加了乘积项 BC 后，已不是"最简"，故这种乘积项称为冗余项。

（2）变换逻辑式，消去互补变量

例如，逻辑式 $L_2 = (A + B)(\overline{B} + C)$ 存在冒险现象。若将其变换为 $L_2 = A\overline{B} + AC + BC$，则在原来产生冒险的条件 $A = C = 0$ 时，$L_2 = 0$，不会产生冒险。

（3）增加选通信号

在电路中增加一个选通脉冲。在信号状态转换的时间内，把可能产生毛刺输出的门封锁住，或者等电路状态稳定后打开输出门，避免毛刺的生成。例如图 2-29 中，选通（ST）或禁止（INH）信号加到输出门，输入 A、B 稳定后，选通信号 ST 高电平有效，门电路输出 A 与 B。在禁止信号 INH 低电平有效时（选通信号无效），输出门被封锁，输出 0。

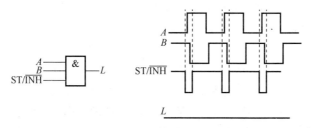

图 2-29 用选通或禁止脉冲消除冒险

（4）增加输出滤波电容

由于竞争冒险产生的干扰脉冲的宽度一般很窄，在可能产生冒险的门电路输出端并接一个滤波电容（一般为 4～20pF），利用电容两端的电压不能突变的特性，使输出波形上升沿和下降沿都变得比较缓慢，从而起到消除冒险现象的作用。

任务二 编码器的逻辑功能测试

任务目标

- 掌握数制与码制的种类，以及各数制间的转换、码制之间的转换。
- 掌握编码器的功能，能描述优先编码器的编码特点。
- 对照功能真值表测试 74LS148 型 8 线-3 线优先编码器的逻辑功能。
- 对照功能真值表测试 74LS147 型 10 线-4 线优先编码器的逻辑功能。

任务教学方式

教学步骤	时间安排	教学方式
阅读教材	课余	学生自学、查资料、相互讨论
知识点讲授	10学时	1. 利用类推法来讲解数制与码制的种类及不同数制、码制之间的转换 2. 利用对比法来介绍74LS148和74LS147编码器的逻辑功能，并用课件来演示其逻辑功能
任务操作	2学时	用仿真软件仿真74LS148编码器的逻辑功能
评估检测	与课堂同时进行	教师与学生共同完成任务的检测与评估，并能对出现的问题进行分析与处理

 读一读

编 码 方 式

组合数字电路往往与各种数码打交道，例如，编码器就是一种典型的组合数字电路。编码就是将特定含义的输入信号（文字、数字、符号等）转换成二进制代码的过程。能实现编码操作的数字电路称为编码器。要了解编码器，首先要了解数制与码制。数制是指计数的制式，如二进制、十进制和十六进制等。码制是指不同的编码方式，如各种BCD码、循环码等。数制和码制不是完全对立的概念，实际上是"你中有我，我中有你"，各自有所侧重。

1. 数制

计数制是人们用以表示数的进位方式和计数的制度。在数字电路中用"0""1"或"0""1"的不同组合来表示数字信号，容易实现各种逻辑电路，它都正好与二进制相对应。二进制数的表示方法与我们习惯的十进制数有很大的不同，它们之间的比较及转换如表2-12所示。

表2-12 数制之间的比较

项目	十进制元数字（用字母 D 表示）	二进制元数字（用字母 B 表示）
定义	向高位数进位元的规则是"逢十进一"，给低位借位的规则是"借一当十"	向高位数进位元的规则是"逢二进一"，给低位借位的规则是"借一当二"
数码符号	0、1、2、3、4、5、6、7、8、9	0、1
加权系数数展开式	$(N)_{10} = a_{n-1} \times 10^{n-1} + a_{n-2} \times 10^{n-2} + \cdots + a_1 \times 10^1 + a_0 \times 10^0$ $+ a_{-1} \times 10^{-1} + a_{-2} \times 10^{-2} + \cdots + a_{-m} \times 10^{-m}$ 式中，N的下标10表示N为十进制数；a_i表示第i位的系数，它为0，1，$\cdots$，9中的某一个数	$(N)_2 = a_{n-1} \times 2^{n-1} + a_{n-2} \times 2^{n-2} + \cdots + a_1 \times 2^1 + a_0 \times 2^0$ $+ a_{-1} \times 2^{-1} + a_{-2} \times 2^{-2} + \cdots + a_{-m} \times 2^{-m}$ 式中，N的下标2表示N为二进制数；a_i表示第i位的系数，它为0和1中的某一个数
二进制数转换为十进制数	把二进制数首先写成展开式的形式，然后按十进制加法规则求和	
十进制数转换为二进制数	十进制数转换为二进制数，整数部分采用"除2取余，逆序排列"法。具体做法是：用2去除十进制数的整数部分，可以得到一个商和余数；再用2去除商，又会得到一个商和余数，如此进行，直到商为零为止；然后把先得到的余数作为二进制数的低位有效位，后得到的余数作为二进制数的高位有效位，依次排列起来。 十进制数转换为二进制数时小数部分采用"乘2取整，顺序排列"法。具体做法是：用2乘十进制数的小数部分，可以得到积，将积的整数部分取出，再用2乘余下的小数部分，又得到一个积，再将积的整数部分取出，如此进行，直到积中的小数部分为零，或者达到所要求的精度为止；然后把取出的整数部分按顺序排列起来，先取的整数作为二进制小数的高位有效位，后取的整数作为二进制小数的低位有效位	

说明：把表示某一数位上单位有效数字所代表的实际数值称为"位权"，简称"权"。十进制数的权是以 10 为底的幂。位置计数法的权，以小数点为参考点，整数部分的权离小数点越近，权越小；小数部分的权离小数点越近，权越大。十进制数 572.34 的权的大小顺序为 10^2、10^1、10^0、10^{-1}、10^{-2}。数位上的数码称为系数，如 5、7、2、3、4。权乘以系数称为加权系数。

例 2-17 把 $(110.11)_2$ 转换成十进制数。

解：

$$(110.11)_2 = 1 \times 2^2 + 1 \times 2^1 + 0 \times 2^0 + 1 \times 2^{-1} + 1 \times 2^{-2}$$
$$= 4 + 2 + 0 + 0.5 + 0.25 = (6.75)_{10}$$

例 2-18 把 $(173)_{10}$ 转换为二进制数。

解：

```
2 | 1 7 3  …… 余1   ┐
 2 |  8 6   …… 余0   │
  2 |  4 3  …… 余1   │
   2 |  2 1 …… 余1   │ 逆
    2 | 1 0 …… 余0   │ 序
     2 | 5  …… 余1   │ 排
      2 | 2 …… 余0   │ 列
       2 | 1 …… 余1  │
           0          ┘
```

则 $(173)_{10} = (10101101)_2$。

例 2-19 把 $(0.8125)_{10}$ 转换为二进制小数。

解：

```
        0.8125
      ×     2
      ————————
      1.6250  ……… 取整数：1   ┐
        0.6250                │
      ×     2                 │
      ————————                │
      1.2500  ……… 取整数：1   │ 顺
        0.25                  │ 序
      ×     2                 │ 排
      ————————                │ 列
      0.50    ……… 取整数：0   │
      ×     2                 │
      ————————                │
      1.0     ……… 取整数：1   ┘
```

则 $(0.8125)_{10} = (0.1101)_2$。

2. 码制

在数字电路中，往往用 0 和 1 组成的二进制数码表示数值的大小或者一些特定的信息。这种具有特定意义的二进制数码称为二进制代码，这些代码的编制过程称为编码。从编码的角度看，前面介绍的用各种进制来表示数的大小的方法也可以看作一种编码。当用二进制表示一个数的大小时，按上述方式表示的结果常常称为自然二进制代码。当然编码的形式还有很多，这里只介绍几种常用编码。

（1）BCD 码

BCD 码是二-十进制码的简称，它是用二进制代码来表示十进制的 10 个数符；采用 4 位二进制数进行编码，共有 16 个码组，原则上可以从中任选 10 个来代表十进制的 10 个数符，多余的 6 个码组称为禁用码，平时不允许使用。根据不同的选取方法，可以编制出很多种 BCD 码，如 8421 码、5421 码、2421 码和余 3 码。表 2-13 列出了这几种 BCD 码，其中的 8421BCD 码最为常用。

表 2-13　常用 BCD 编码表

十进制数	8421 码	5421 码	2421 码	余 3 码
0	0000	0000	0000	0011
1	0001	0001	0001	0100
2	0010	0010	0010	0101
3	0011	0011	0011	0110
4	0100	0100	0100	0111
5	0101	1000	1011	1000
6	0110	1001	1100	1001
7	0111	1010	1101	1010
8	1000	1011	1110	1011
9	1001	1100	1111	1100

从表 2-13 中可以看出，8421BCD 码和一个 4 位二进制数一样，从高位到低位的权依次为 8、4、2、1，故称为 8421BCD 码。它选取 0000～1001 这 10 种状态来表示十进制的 0～9。8421BCD 码实际上就是用按自然顺序的二进制数来表示所对应的十进制数字。因此，8421BCD 码最自然和简单，很容易记忆和识别，与十进制之间的转换也比较方便。

BCD 码用 4 位二进制代码表示的只是十进制数的 1 位。如果是多位十进制数，应先将每 1 位用 BCD 码表示，然后组合起来。

例 2-20　把十进制数 369.74 编成 8421BCD 码。

解：

$$
\begin{array}{ccccc}
3 & 6 & 9. & 7 & 4 \\
\downarrow & \downarrow & \downarrow & \downarrow & \downarrow \\
0011 & 0110 & 1001. & 0111 & 0100
\end{array}
$$

则$(369.74)_{10}=(0011\ \ 0110\ \ 1001.0111\ \ 0100)_{8421BCD}$。

（2）格雷码

两个相邻代码之间仅有一位数码不同的无权码称为格雷码。十进制数与格雷码的对应关系如表 2-14 所示。

表 2-14 十进制数与格雷码对照表

十进制数	0	1	2	3	4	5	6	7
格雷码	0000	0001	0011	0010	0110	0111	0101	0100
十进制数	8	9	10	11	12	13	14	15
格雷码	1100	1101	1111	1110	1010	1011	1001	1000

（3）ASCII 码

ASCII 码是美国信息交换标准代码（American standard code for information interchange）的简称，是目前国际上通用的一种字符码。计算机输出到打印机的字符码就采用 ASCII 码。ASCII 码采用 7 位二进制编码表示十进制符号、英文大小写字母、运算符、控制符及特殊符号。读者可根据需要查有关书籍和手册，这里不再讲述。

想一想

1）十进制数 5634.28 的加权系数展开式为_____。

2）二进制数 111.01 写成加权系数的形式为_____。

3）$(1010101.1011)_2 = ($ _____ $)_{10}$，$(173.8125)_{10} = ($ _____ $)_2$。

4）把下列十进制数用 8421BCD 码表示。

① $(2006)_{10}$ ② $(8421)_{10}$

5）把下列 8421BCD 码转换成十进制数。

① $(1000 \quad 1001 \quad 0011 \quad 0001)_{8421BCD}$

② $(0111 \quad 1000 \quad 0101 \quad 0010)_{8421BCD}$

知识拓展

几种数制间的互转

1. 八进制数

二进制数位数太多，书写不便，因此，引入八进制数作为二进制数与十进制数的中间过渡。

八进制数的数码是 0、1、2、3、4、5、6、7，权位为 8^n（n 为整数）。对于有 n 位整数、m 位小数的八进制数用加权系数展开式表示，可写为

$$(N)_8 = a_{n-1} \times 8^{n-1} + a_{n-2} \times 8^{n-2} + \cdots + a_1 \times 8^1 + a_0 \times 8^0 + a_{-1} \times 8^{-1} + a_{-2} \times 8^{-2} + \cdots + a_{-m} \times 8^{-m}$$

式中，a_i 表示第 i 位的系数，它为 0、1、2、3、4、5、6、7 中的某一个数。

八进制数一般用字母 O 表示。

2. 八进制数与其他进制数的转换

（1）八进制数与十进制数的相互转换

1）八进制数转换为十进制数的方法：任意给定一个八进制数，按权展开并按十进制进位原则相加计算其值，就可将八进制数转换为十进制数。

例 2-21　$(625.1)_8=($　　$)_{10}$。

解：
$$(625.1)_8 = 6 \times 8^2 + 2 \times 8^1 + 5 \times 8^0 + 1 \times 8^{-1}$$
$$= 384 + 16 + 5 + 0.125 = (405.125)_{10}$$

2）十进制数转换为八进制数的方法：类似于十进制数转换为二进制数的方法，十进制数的整数部分和小数部分分别采用"除 8 取余，逆序排列"和"乘 8 取整，顺序排列"的方法，即可将十进制数转换为八进制数。

（2）八进制数与二进制数的相互转换

3 位二进制数共有 8 个，它们对应的十进制数如表 2-15 所示。

表 2-15　3 位二进制数与其对应的十进制数

二进制数	000	001	010	011	100	101	110	111
十进制数	0	1	2	3	4	5	6	7

以上 8 个十进制数恰好是八进制中的 8 个数码。因而表 2-15 也表示了二进制数与八进制数的对应关系。根据这个关系，我们可看出 3 位二进制数进位与一位八进制进位同步，因而就可把八进制数的每一位转换成对应的 3 位二进制数，并保持原来的顺序，这就实现了八进制数到二进制数的转换。

例 2-22　将 $(625.1)_8$ 转换为二进制数。

解：

$$
\begin{array}{cccc}
6 & 2 & 5. & 1 \\
\downarrow & \downarrow & \downarrow & \downarrow \\
110 & 010 & 101. & 001
\end{array}
$$

则 $(625.1)_8 = (110010101.001)_2$。

在将二进制数转换为八进制数时，首先从二进制数的小数点开始，分别向左、向右依次把 3 个相邻的二进制数合成一组，若首、末两组不足 3 位，则分别在前、后添 0 补足。然后把每组二进制数按对应关系换写成八进制数，从而实现二进制数到八进制数的转换。

例 2-23　将 $(10110110011.0110011)_2$ 转换为八进制数。

解：依上述方法，并在该数首位之前补一个 0，末尾之后补两个 0，得到下列对应关系。

$$
\begin{array}{ccccccc}
\underline{010} & \underline{110} & \underline{110} & \underline{011} & .\,\underline{011} & \underline{001} & \underline{100} \\
\downarrow & \downarrow & \downarrow & \downarrow & \downarrow & \downarrow & \downarrow \\
2 & 6 & 6 & 3 & .\;3 & 1 & 4
\end{array}
$$

则 $(10110110011.0110011)_2=(2663.314)_8$。

想一想

$(135.44)_8=($　　$)_2$，$(1100110.0111001)_2=($　　$)_8$。

3. 十六进制数

十六进制数码是 0、1、2、3、4、5、6、7、8、9、A、B、C、D、E、F，权位为

16^n（n 为整数）。对于有 n 位整数、m 位小数的十六进制数，用加权系数展开式表示，可写为

$$(N)_{16} = a_{n-1} \times 16^{n-1} + a_{n-2} \times 16^{n-2} + \cdots + a_1 \times 16^1 + a_0 \times 16^0 + a_{-1} \times 16^{-1} + a_{-2} \times 16^{-2} + \cdots + a_{-m} \times 16^{-m}$$

式中，a_i 表示第 i 位的系数，它为 0、1、2、3、4、5、6、7、8、9、A、B、C、D、E、F 中的某一个数。

十六进制数一般用字母 H 表示。

4. 十六进制数与其他进制数的转换

（1）十六进制数与十进制数的相互转换

1）十六进制数转换为十进制数的方法：任意给定一个十六进制数，按权展开并按十进制进位原则相加计算其值，就可将十六进制数转换为十进制数。

2）十进制数转换为十六进制数的方法：类似于十进制数转换为二进制数的方法，对于十进制数的整数部分和小数部分分别采用"除 16 取余，逆序排列"和"乘 16 取整，顺序排列"的方法，即可将十进制数转换为十六进制数。

（2）十六进制数与二进制数的相互转换

4 位二进制数共有 16 个，它们对应的十六进制数如表 2-16 所示。

表 2-16　4 位二进制数与其对应的十六进制数

二进制数	0000	0001	0010	0011	0100	0101	0110	0111
十六进制数	0	1	2	3	4	5	6	7
二进制数	1000	1001	1010	1011	1100	1101	1110	1111
十六进制数	8	9	A	B	C	D	E	F

以上 16 个 4 位二进制数是对应的十六进制中的 16 个数码，因而表 2-16 也表示了二进制数与十六进制数的对应关系。根据这个关系可看出，4 位二进制数进位与 1 位十六进制数进位同步，因而就可把十六进制数的每 1 位转换成对应的 4 位二进制数，并保持原来的顺序，这就实现了十六进制数到二进制数的转换。

在将二进制数转换为十六进制数时，首先从二进制数的小数点开始，分别向左、向右依次把 4 个相邻的二进制数合成一组，若首、末两组不足 4 位，则分别在前、后添 0 补足。然后把每组二进制数按对应关系换写成十六进制数，从而实现二进制数到十六进制数的转换。

例 2-24　将 $(10110110011.0110011)_2$ 转换为十六进制数。

解：依上述方法，并在该数首位之前补一个 0，末尾之后补一个 0，得到下列对应关系：

$$\underline{0101}\ \underline{1011}\ \underline{0011}\ .\ \underline{0110}\ \underline{0110}$$
$$\downarrow\quad\downarrow\quad\downarrow\qquad\downarrow\quad\downarrow$$
$$5\quad B\quad 3\quad .\quad 6\quad 6$$

则 $(10110110011.0110011)_2 = (5B3.66)_{16}$。

为了便于对照，将十进制数、二进制数、八进制数和十六进制数的表示方法列于表 2-17 中。

表 2-17　常用计数制对照表

十进制数	二进制数	八进制数	十六进制数
0	0	0	0
1	1	1	1
2	10	2	2
3	11	3	3
4	100	4	4
5	101	5	5
6	110	6	6
7	111	7	7
8	1000	10	8
9	1001	11	9
10	1010	12	A
11	1011	13	B
12	1100	14	C
13	1101	15	D
14	1110	16	E
15	1111	17	F
16	10000	20	10
17	10001	21	11
18	10010	22	12
19	10011	23	13
20	10100	24	14
32	100000	40	20
50	110010	62	32
100	1100100	144	64
1000	1111101000	1750	3E8

$(5E8)_{16}=($　　　　$)_2$，$(100101110010101001.101)_2=($　　　　$)_{16}$。

编　码　器

实现编码功能的电路称为编码器。它的输入信号是反映不同信息的一组变量，输出是一组代码。按照输出代码种类的不同，编码器可分为二进制编码器和二-十进制编码器等。

将输入信息编成二进制代码的电路称为二进制编码器。由于 n 位二进制代码有 2^n

个取值组合，可以表示 2^n 种信息。所以，输出 n 位代码的二进制编码器，一般有 2^n 个输入信号端。例如，输出 3 位二进制代码，其输入信号端则有 8 个，也就是说它可对 8 种信息进行编码。这种二进制编码器又称为 8 线-3 线编码器。还有 4 线-2 线和 16 线-4 线的集成二进制编码器。二-十进制编码器是输入十进制数（10 个输入分别代表 0～9 这 10 个数）输出相应 BCD 码的 10 线-4 线编码器。

1. 二进制编码器

二进制编码器是对 2^n 个输入进行二进制编码的组合逻辑器件，按输出二进制的位数称为 n 位二进制编码器。4 线-2 线编码器有 4 个输入（I_0，I_1，I_2，I_3 分别表示 0～3 这 4 个数或 4 个事件），给定一个数（或出现某一事件）以该输入为 I 表示，编码器输出对应 2 位二进制代码（Y_1Y_0），其真值表如表 2-18 所示。根据真值表可得最小项表达式 $Y_0(I_0,I_1,I_2,I_3)=\sum m(1,4)$，$Y_1(I_0,I_1,I_2,I_3)=\sum m(1,2)$。进一步分析表 2-18，若限定输入中只能有一个为"1"，那么，除表 2-18 所列最小项和 m_0 外都是禁止项，则输出表达式可以用下式表示：

$$\begin{cases} Y_0 = I_1 + I_3 = \overline{\overline{I_1}\ \overline{I_3}} \\ Y_1 = I_2 + I_3 = \overline{\overline{I_2}\ \overline{I_3}} \end{cases}$$

由此输出函数表达式可得与非门组成的，如图 2-30 所示的 4 线-2 线编码器逻辑图。

表 2-18　二进制编码器真值表

输入				输出	
I_3	I_2	I_1	I_0	Y_1	Y_0
0	0	0	1	0	0
0	0	1	0	0	1
0	1	0	0	1	0
1	0	0	0	1	1

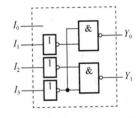

图 2-30　4 线-2 线编码器逻辑图

2. 优先编码器

由上述编码器真值表可以知道，4 个输入中只允许一个输入有信号（输入高电平）。若 I_1 和 I_2 同时为 1，则输出 Y_1Y_0 为 11，此二进制代码是 I_3 有输入时的输出编码。即此编码器在多个输入有效时会出现逻辑错误，这是其一。其二，在无输入时，即输入全 0 时，输出 Y_1Y_0 为 00，与 I_0 为 1 时相同。也就是说，当 $Y_1Y_0=00$ 时，输入端 I_0 并不一定有信号。

为了解决多个输入同时有效问题，可采用优先编码方式。优先编码指按输入信号优先权对输入编码，既可以大数优先，也可以小数优先。为了解决输出唯一性问题，可增加输出使能端 $\overline{EO}$，用以指示输出的有效性。优先编码器中，允许几个输入端同时有信号，电路只对其中优先级别最高的信号进行编码，而且使用方便，运行可靠，对输入信号又无特别要求，因此得到了广泛应用。

74LS148 是 TTL 型 8 线-3 线二进制优先编码器，双排直立封装 74LS148 的引脚分布如图 2-31 所示。对于输入与输出信号而言有高电平有效和低电平有效之分，实际应用中多采用低电平有效信号。74LS148 有 8 线输入 $\overline{I_0} \sim \overline{I_7}$ 及输入使能 $\overline{EI}$ 共 9 个输入端；共有 5 个输出端，其中，3 个编码输出 $\overline{A_2} \sim \overline{A_0}$，1 个输出编码有效标志 $\overline{GS}$ 和 1 个输出使能端 $\overline{EO}$，它们均以非变量出现，表示低电平有效。74LS148 真值表如表 2-19 所示。

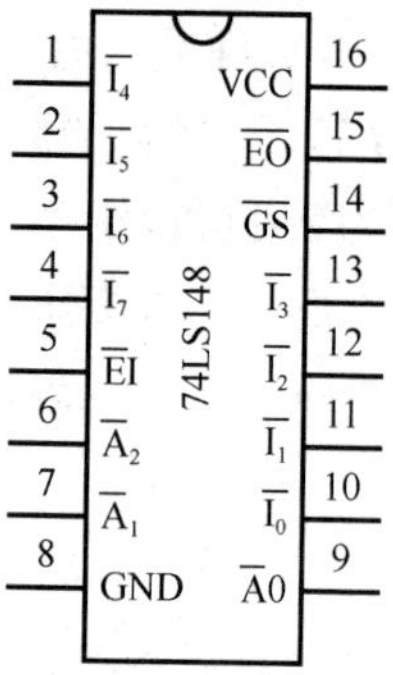

表 2-19　74LS148 真值表

输入									输出				
$\overline{EI}$	$\overline{I_0}$	$\overline{I_1}$	$\overline{I_2}$	$\overline{I_3}$	$\overline{I_4}$	$\overline{I_5}$	$\overline{I_6}$	$\overline{I_7}$	$\overline{A_2}$	$\overline{A_1}$	$\overline{A_0}$	$\overline{GS}$	$\overline{EO}$
1	×	×	×	×	×	×	×	×	1	1	1	1	1
0	1	1	1	1	1	1	1	1	1	1	1	1	0
0	0	1	1	1	1	1	1	1	1	1	1	0	1
0	×	0	1	1	1	1	1	1	1	1	0	0	1
0	×	×	0	1	1	1	1	1	1	0	1	0	1
0	×	×	×	0	1	1	1	1	1	0	0	0	1
0	×	×	×	×	0	1	1	1	0	1	1	0	1
0	×	×	×	×	×	0	1	1	0	1	0	0	1
0	×	×	×	×	×	×	0	1	0	0	1	0	1
0	×	×	×	×	×	×	×	0	0	0	0	0	1

注：×表示取任意值。

图 2-31　优先编码器 74LS148 的引脚分布图

　　由表 2-19 可以知道，输入使能信号 $\overline{EI}$ 为低电平有效，$\overline{EI}$ 为低电平时实现 8 线-3 线编码功能；$\overline{EI}$ 为高电平时，禁止输入，输出与输入无关，均为无效电平。输入信号 $\overline{I_0} \sim \overline{I_7}$ 也是低电平有效。在 $\overline{EI}=0$，输入中有信号（$\overline{I_0} \sim \overline{I_7}$ 中有 0 时），$\overline{GS}$ 输出低电平（低电平有效），表示此时输出是对输入有效编码；$\overline{EI}=0$ 及无输入信号（$\overline{I_0} \sim \overline{I_7}$ 中无 0）或禁止输入（$\overline{EI}=1$）时，$\overline{GS}$ 输出高电平，表示输出信号无效。当编码器处于编码状态（$\overline{EI}=0$）且输入无信号时，输出使能 $\overline{EO}$ 为低电平。$\overline{EO}$ 可作为下一编码器的 $\overline{EI}$ 输入，用于扩展编码位数。3 位二进制输出是以反码形式对输入信号的编码，或者说输出也是低电平有效的。

　　分析表 2-19 所示的真值表可以看出，当 $I_7=1$（即 $\overline{I_7}=0$）时，不管其他输入端有无信号，输出只对 $\overline{I_7}$ 编码，即 $\overline{A_2}\,\overline{A_1}\,\overline{A_0}=000$；当 $\overline{I_7}=1$、$\overline{I_6}=0$ 时，则输出只对 $\overline{I_6}$ 编码，即 $\overline{A_2}\,\overline{A_1}\,\overline{A_0}=001$。同样，我们可以得到对应其他输入信号的编码规律，$\overline{I_7} \sim \overline{I_0}$ 具有不同的编码优先权，$\overline{I_7}$ 优先权最高，$\overline{I_0}$ 优先权最低。该编码器对输入信号没有约束条件。

　　图 2-32 是用两片 74LS148 实现 16 线-4 线编码器的逻辑图。图中，高位编码器芯片 74LS148-2 的 $\overline{EO}$ 接低位编码器芯片 74LS148-1 的 $\overline{EI}$，即高位编码器的 $\overline{EO}$ 控制低位编码器的工作状态。图中高位编码器（$\overline{EI}$ 接地）始终处于编码状态，输入（$\overline{I_8} \sim \overline{I_{15}}$）有信号时，74LS148-2 的 $\overline{EO}$ 为 "1"，禁止 74LS148-1 工作，同时又作为高电平有效的 4 位二进制输出的最高位 A_3。

　　例如，$\overline{I_{15}}\,\overline{I_{14}}=10$，74LS148-2 编码输出 001，74LS148-1 禁止输出 111，经与非门

输出 $A_2 A_1 A_0 = 110$，考虑到 $\overline{EO} = 1$，合成输出 $A_3 A_2 A_1 A_0 = 1110$，即 14 的二进制代码。若 $\overline{I_{15}} \sim \overline{I_8} = 11111111$，$\overline{I_7} = 0$，74LS148-2 的 $\overline{EO} = 0$，74LS148-1 编码输出 000，合成输出 $A_3 A_2 A_1 A_0 = 0111$，即 7 的二进制代码。注意到集成电路有效输出时标志位为低电平，经与非门反相后变为高电平有效的标志信号 GS。

如果将图 2-32 中的与非门改为与门，则 $A_3 A_2 A_1 A_0$ 和 GS 又都成为低电平有效的信号。

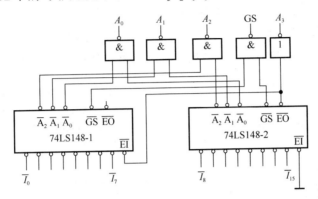

图 2-32 用两片 74LS148 实现 16 线-4 线编码器的逻辑图

3. 二-十进制编码器

二-十进制编码器对 0~9 的数字进行 8421BCD 编码，输入 $I_1 \sim I_9$ 分别代表数字 1~9，输出 1 位 BCD 码（$A_3 A_2 A_1 A_0$）。

74LS147 是 TTL 型二-十进制优先编码器，双排直立封装 74LS147 的引脚分布如图 2-33 所示。十进制优先编码器 74LS147 的真值表如表 2-20 所示，与 74LS148 相比较，74LS147 没有输入和输出使能端，也没有标志位（GS），实际应用时要附加电路来产生 GS。和 74LS148 一样，74LS147 的输入和输出信号也都是低电平有效的，输出为相应 8421BCD 码的反码。

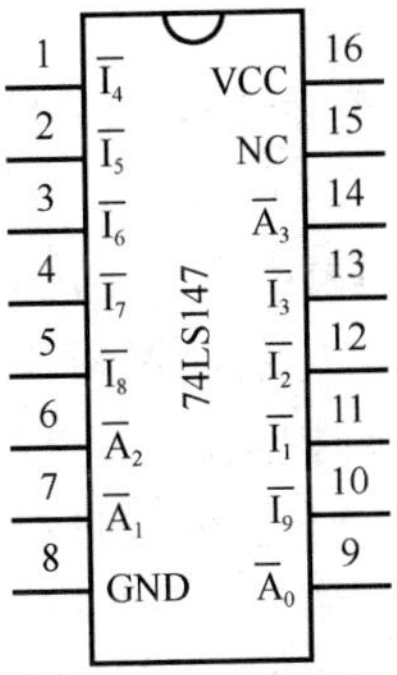

图 2-33 优先编码器 74LS147 的引脚分布

表 2-20 74LS147 真值表

输入									输出			
$\overline{I_1}$	$\overline{I_2}$	$\overline{I_3}$	$\overline{I_4}$	$\overline{I_5}$	$\overline{I_6}$	$\overline{I_7}$	$\overline{I_8}$	$\overline{I_9}$	$\overline{A_3}$	$\overline{A_2}$	$\overline{A_1}$	$\overline{A_0}$
1	1	1	1	1	1	1	1	1	1	1	1	1
0	1	1	1	1	1	1	1	1	1	1	1	0
×	0	1	1	1	1	1	1	1	1	1	0	1
×	×	0	1	1	1	1	1	1	1	1	0	0
×	×	×	0	1	1	1	1	1	1	0	1	1
×	×	×	×	0	1	1	1	1	1	0	1	0
×	×	×	×	×	0	1	1	1	1	0	0	1
×	×	×	×	×	×	0	1	1	1	0	0	0
×	×	×	×	×	×	×	0	1	0	1	1	1
×	×	×	×	×	×	×	×	0	0	1	1	0

注：×表示取任意值。

由表 2-20 可知，$\overline{I_9} \sim \overline{I_1}$ 具有不同的编码优先权，$\overline{I_9}$ 优先权最高，$\overline{I_1}$ 优先权最低。该编码器对输入信号没有约束条件。当 $\overline{I_9} \sim \overline{I_1}$ 无有效输入时，输出则为 0000。

想一想

1）假设优先编码器有 N 个输入信号和 n 个输出信号，则 $N =$ _____。

2）如图 2-34 所示，3 个输入信号中，A 的优先级最高，B 次之，C 最低，它们通过编码器分别由 F_A、F_B、F_C 输出。要求同一时间只有一个信号输出，若两个以上信号同时输入，则优先级高的被输出。试根据要求完成表 2-21。

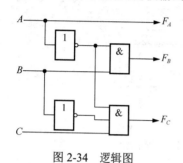

图 2-34　逻辑图

表 2-21　真值表

A	B	C	F_A	F_B	F_C
1	×	×			
0	1	×			
0	0	1			

注：×表示取任意值。

做一做

编码器逻辑功能的测试

1. 仿真目的

1）进一步了解优先编码器的功能。

2）通过 NI Multisim 14.0 仿真 8 线-3 线优先编码器的逻辑功能。

2. 仿真步骤及操作

（1）创建 8 线-3 线优先编码器实验电路

1）进入 NI Multisim 14.0 用户操作界面。

2）按图 2-35 所示电路从 NI Multisim 14.0 元器件库、仪器仪表库选取相应器件和仪器，连接电路。

① 从 TTL 元器件库中选择 74LS 系列，从弹出的窗口的器件列表中选取 74LS148。

② 单击虚拟仪器库图标，分别拖出函数信号发生器、字信号发生器和逻辑信号分析仪。其中，用函数信号发生器为逻辑信号分析仪提供外触发的时钟控制信号；用字信号发生器提供 8 位二进制数，作为 74LS148 的输入信号；用逻辑信号分析仪实时观察输出波形并进行电路逻辑功能分析。

③ 单击指示器件库图标，选取译码数码管来显示编码器的输出代码。该译码数码管自动地将 4 位二进制数代码转换为十六进制数显示出来。

3）对电路中的全部元器件按图 2-35 所示进行标识和设置。

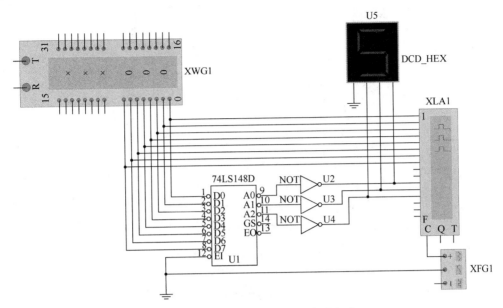

图 2-35　8 线-3 线优先编码器实验电路

① 函数信号发生器的设置。双击该仪器的标志图形，打开其参数设置面板，按图 2-36 所示完成各项设置。

② 字信号发生器的设置。双击该仪器的标志图形，打开其参数设置面板，按图 2-37 所示完成各项设置。

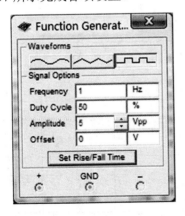

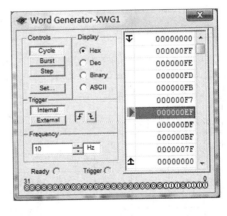

图 2-36　函数信号发生器参数设置面板　　　　图 2-37　字信号发生器参数设置面板

③ 逻辑信号分析仪的设置。双击该仪器的标志图形，打开其参数设置面板，按图 2-38 所示完成各项设置。

④ 将有关导线设置为适当颜色，以便观察波形。

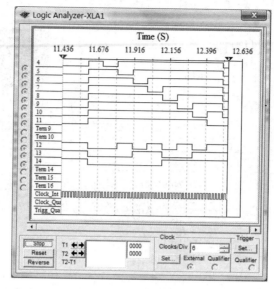

图 2-38　逻辑信号分析仪参数设置面板及波形显示

（2）运行电路

运行电路，完成电路逻辑功能分析，并观察波形。

单击工具栏右边的仿真启动按钮，运行电路。

1）设置字信号发生器为单步运行方式（单击字信号发生器面板上的 Step 按钮），实时观察输入信号及输出代码波形，验证表 2-22。

表 2-22　8 线-3 线优先编码器真值表

输入								输出		
$\overline{I_7}$	$\overline{I_6}$	$\overline{I_5}$	$\overline{I_4}$	$\overline{I_3}$	$\overline{I_2}$	$\overline{I_1}$	$\overline{I_0}$	$\overline{A_2}$	$\overline{A_1}$	$\overline{A_0}$
0	×	×	×	×	×	×	×	0	0	0
1	0	×	×	×	×	×	×	0	0	1
1	1	0	×	×	×	×	×	0	1	0
1	1	1	0	×	×	×	×	0	1	1
1	1	1	1	0	×	×	×	1	0	0
1	1	1	1	1	0	×	×	1	0	1
1	1	1	1	1	1	0	×	1	1	0
1	1	1	1	1	1	1	0	1	1	1

2）核对译码数码管显示的数值与输出代码是否一致。

注意：当字信号发生器输出的数字速率较高，逻辑信号分析仪显示图形过快闪动时，应检查时钟的频率是否为 1Hz 或再次予以确认。

（3）利用直观显示来验证 74LS148 的逻辑功能

1）在仿真系统中搭建如图 2-39 所示的电路。

2）检查电路无误后，进行仿真。分别按下 J1、J2、J3、J4、J5、J6、J7、J8 开关来实现编码的输入方式。观察数码管数值的变化。

3）从数码管数值的变化中分析出其真值表是否与其逻辑功能相符。

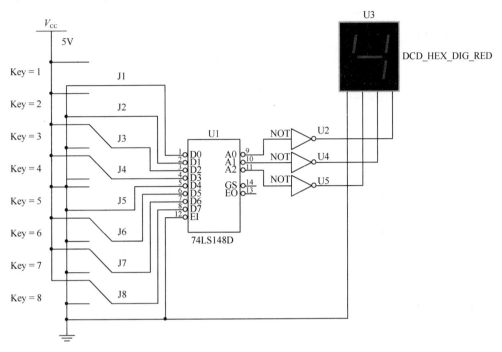

图 2-39 利用直观显示来验证 74LS148 的逻辑功能电路图

（4）74LS147 逻辑功能测试

利用仿真实验自行完成 74LS147 的逻辑功能测试。

 议一议

1）8 线-3 线优先编码器 74LS148 的优先权是如何设置的，结合真值表分析其逻辑关系。

2）译码数码管的引脚有 4 个，而输出代码仅有 3 位二进制数，多余的引脚应如何处理？为什么？

3）利用字信号发生器改变表 2-19 中的×为 1 或为 0 时，图 2-35 中的输出代码会随之变化吗？为什么？

4）通过仿真实验比较 74LS148 与 74LS147 的逻辑功能有哪些区别。

评一评

填写表 2-23。

表 2-23　任务检测与评估

	检测项目	评分标准	分值	学生自评	教师评估
知识内容	数制与码制的种类及不同数制、码制间的转换	能将不同数制的数值进行展开运算，掌握数之间的转换、码制之间的转换	20		
	编码器的工作原理	掌握编码器逻辑电路结构和电路分析方法	10		
	常用编码器的逻辑功能及拓展	掌握 74LS148 的逻辑功能及功能拓展	20		
操作技能	灵活运用 NI Multisim 14.0 进行仿真试验	熟练运用 NI Multisim 14.0 的数字仪器进行真值表、波形图的测试	15		
	74LS148 的逻辑功能测试	掌握 74LS148 的逻辑功能测试方法	25		
	安全操作	安全用电，按章操作，遵守实训室管理制度	5		
	现场管理	按 6S 企业管理体系要求进行现场管理	5		

任务三　译码器的逻辑功能测试

任务目标

- 能看懂译码器的逻辑功能真值表，能正确使用译码器电路。
- 能看懂显示译码器的逻辑功能真值表，正确测试 74LS48、CC4511（CD4511）的逻辑功能。
- 会使用 LED 七段数码显示器。
- 会用 74LS48 型译码器半导体数码管连接成译码显示电路。
- 会用 CC4511（CD4511）型译码器半导体数码管连接成译码显示电路。
- 能正确使用七段 BCD 码锁存、译码、驱动等电路。

任务教学方式

教学步骤	时间安排	教学方式
阅读教材	课余	学生自学、查资料、相互讨论
知识点讲授	8 学时	利用编码器分组讨论通用译码器的逻辑功能并用课件仿真其逻辑功能 利用仿真软件演示显示译码器的逻辑功能和应用
任务操作	2 学时	用仿真软件检验通用译码器的逻辑功能
	2 学时	用仿真软件检验显示译码器的逻辑功能
评估检测	与课堂同时进行	教师与学生共同完成任务的检测与评估，并能对出现的问题进行分析与处理

读一读

通用译码器

译码是编码的逆过程，所以，译码器的逻辑功能就是还原输入逻辑信号的逻辑原意，即把编码的特定含义"翻译"过来。

　　按功能划分,译码器有两大类:通用译码器和显示译码器。

　　这里通用译码器是指将输入的 n 位二进制码还原成 2^n 个输出信号,或将 1 位 BCD 码还原为 10 个输出信号的译码器,称为 2 线-4 线译码器、3 线-8 线译码器、4 线-10 线译码器等。

　　集成 3 线-8 线译码器 74LS138 除了 3 线到 8 线的基本译码输入、输出端外,为便于扩展成更多位的译码电路和实现数据分配功能,74LS138 还有 3 个输入使能端 G_1、$\overline{G_{2A}}$ 和 $\overline{G_{2B}}$。74LS138 真值表如表 2-24 所示,其引脚排列如图 2-40(a)所示。

　　图 2-40(b)所示逻辑符号中,输入、输出低电平有效用极性指示符表示,同时极性指示符又标明了信号方向。74LS138 的 3 个输入使能(又称选通 ST)信号之间是与逻辑关系,G_1 高电平有效,$\overline{G_{2A}}$ 和 $\overline{G_{2B}}$ 低电平有效。只有在所有使能端都为有效电平($G_1 \overline{G_{2A}}\,\overline{G_{2B}} = 100$)时,74LS138 才对输入进行译码,相应输出端为低电平,即输出信号为低电平有效。在 $G_1 \overline{G_{2A}}\,\overline{G_{2B}} \neq 100$ 时,译码器停止译码,输出无效电平(高电平)。

表 2-24　74LS138 真值表

输入					输出							
G_1	$\overline{G_{2A}} + \overline{G_{2B}}$	A_2	A_1	A_0	$\overline{Y_0}$	$\overline{Y_1}$	$\overline{Y_2}$	$\overline{Y_3}$	$\overline{Y_4}$	$\overline{Y_5}$	$\overline{Y_6}$	$\overline{Y_7}$
0	×	×	×	×	1	1	1	1	1	1	1	1
×	1	×	×	×	1	1	1	1	1	1	1	1
1	0	0	0	0	0	1	1	1	1	1	1	1
1	0	0	0	1	1	0	1	1	1	1	1	1
1	0	0	1	0	1	1	0	1	1	1	1	1
1	0	0	1	1	1	1	1	0	1	1	1	1
1	0	1	0	0	1	1	1	1	0	1	1	1
1	0	1	0	1	1	1	1	1	1	0	1	1
1	0	1	1	0	1	1	1	1	1	1	0	1
1	0	1	1	1	1	1	1	1	1	1	1	0

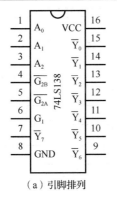
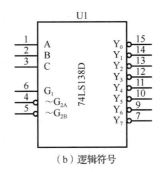

(a)引脚排列　　　　　　(b)逻辑符号

图 2-40　3 线-8 线译码器 74LS138

　　集成译码器通过给使能端施加恰当的控制信号,就可以扩展其输入位数。下面以

74LS138 为例，说明集成译码器扩展应用的方法。图 2-41 中，用两片 74LS138 实现 4 线-16 线的译码器。

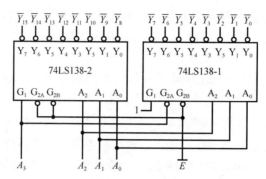

图 2-41　74LS138 扩展成 4 线-16 线译码器

在低位译码时，如 $A_3A_2A_1A_0 = 0101$，$A_3 = 0$ 且与 G_1 相连，因而 74LS138-2 不工作，只有 74LS138-1 工作，它译出 $\overline{Y}_5$。在高位译码时，如 $A_3A_2A_1A_0 = 1010$，$A_3 = 1$ 且与 74LS138-1 的 G_{2A} 相连，因而 74LS138-2 工作，只有 74LS138-1 不工作，它译出 $\overline{Y}_{10}$。

74LS42 是二-十进制译码器，输入为 8421BCD 码，有 10 个输出，又称 4 线-10 线译码器，输出低电平有效。74LS42 引脚排列和逻辑符号分别如图 2-42（a）、（b）所示，真值表如表 2-25 所示。

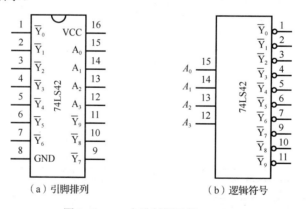

（a）引脚排列　　　　　（b）逻辑符号

图 2-42　二-十进制译码器 74LS42

表 2-25　74LS42 真值表

序号	输入				输出									
	A_3	A_2	A_1	A_0	$\overline{Y}_0$	$\overline{Y}_1$	$\overline{Y}_2$	$\overline{Y}_3$	$\overline{Y}_4$	$\overline{Y}_5$	$\overline{Y}_6$	$\overline{Y}_7$	$\overline{Y}_8$	$\overline{Y}_9$
0	0	0	0	0	0	1	1	1	1	1	1	1	1	1
1	0	0	0	1	1	0	1	1	1	1	1	1	1	1
2	0	0	1	0	1	1	0	1	1	1	1	1	1	1
3	0	0	1	1	1	1	1	0	1	1	1	1	1	1
4	0	1	0	0	1	1	1	1	0	1	1	1	1	1

续表

序号	输入				输出									
	A_3	A_2	A_1	A_0	$\overline{Y_0}$	$\overline{Y_1}$	$\overline{Y_2}$	$\overline{Y_3}$	$\overline{Y_4}$	$\overline{Y_5}$	$\overline{Y_6}$	$\overline{Y_7}$	$\overline{Y_8}$	$\overline{Y_9}$
5	0	1	0	1	1	1	1	1	1	0	1	1	1	1
6	0	1	1	0	1	1	1	1	1	1	0	1	1	1
7	0	1	1	1	1	1	1	1	1	1	1	0	1	1
8	1	0	0	0	1	1	1	1	1	1	1	1	0	1
9	1	0	0	1	1	1	1	1	1	1	1	1	1	0
伪码	1	0	1	0	1	1	1	1	1	1	1	1	1	1
	1	0	1	1	1	1	1	1	1	1	1	1	1	1
	1	1	0	0	1	1	1	1	1	1	1	1	1	1
	1	1	0	1	1	1	1	1	1	1	1	1	1	1
	1	1	1	0	1	1	1	1	1	1	1	1	1	1
	1	1	1	1	1	1	1	1	1	1	1	1	1	1

想一想

1）译码器的功能是什么？

2）用两片 74LS138 如何实现 4 线-16 线的译码器？

3）比较 74LS138 与 74LS42 的逻辑功能的区别，分析它们在实际应用中的区别。

做一做

译码器的逻辑功能测试

1. 仿真目的

1）进一步了解译码器的功能。

2）通过 NI Multisim 14.0 仿真译码器的逻辑功能。

2. 仿真步骤及操作

（1）创建 3 线-8 线译码器实验电路

1）进入 NI Multisim 14.0 用户操作界面。

2）按图 2-43 所示电路从 NI Multisim 14.0 元器件库、仪器仪表库选取相应器件和仪器，连接电路。

① 从 TTL 元器件库中选择 74LS 系列，从弹出的窗口的器件列表中选取 74LS138。

② 单击虚拟仪器库图标，分别拖出函数信号发生器、字信号发生器和逻辑信号分析仪。其中，用函数信号发生器为逻辑信号分析仪提供外触发的时钟控制信号；用字信号发生器提供 3 位二进制数，作为 74LS138 的输入信号；用逻辑信号分析仪实时观察输出波形并进行电路逻辑功能分析。

③ 单击指示器件库图标，选取译码数码管用来显示编码器的输出代码。该译码数

码管自动地将4位二进制数代码转换为十六进制数显示出来。

3）对电路中的全部元器件按图2-43所示进行标识和设置。

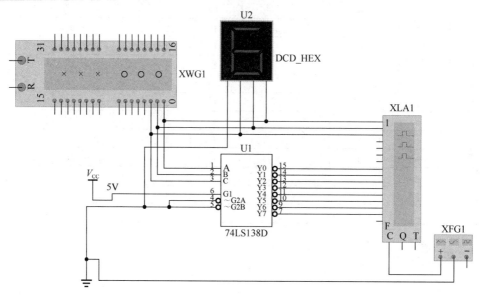

图 2-43   74LS138 的逻辑功能测试图

① 函数信号发生器的设置。双击该仪器的标志图形，打开其参数设置面板，按图 2-44 所示完成各项设置。

② 字信号发生器的设置。双击该仪器的标志图形，打开其参数设置面板，按图 2-45 所示完成各项设置。

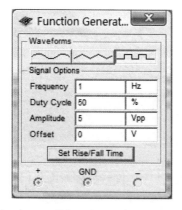

图 2-44   函数信号发生器参数设置面板

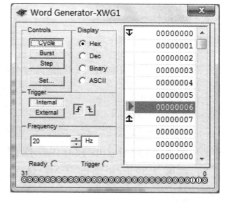

图 2-45   字信号发生器参数设置面板

③ 逻辑信号分析仪的设置。双击该仪器的标志图形，打开其参数设置面板，按图 2-46 所示完成各项设置。

④ 将有关导线设置为适当颜色，以便观察波形。

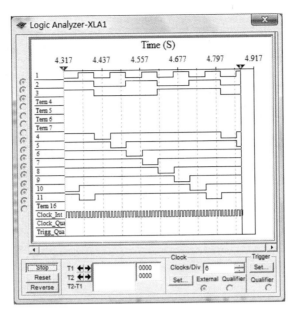

图 2-46 逻辑信号分析仪参数设置面板

（2）运行电路

运行电路，完成电路逻辑功能分析，并观察波形。

单击工具栏右边的仿真启动按钮，运行电路。

1）设置字信号发生器为单步运行方式（单击字信号发生器面板上的 Step 按钮），实时观察输入信号及输出代码波形，验证真值表。

2）核对译码数码管显示的数值与输出代码是否一致。

注意：

1）连接 74LS138 的接线端子时，合理布线，以使电路简捷清楚，并注意使能接线端子的处理。

2）当字信号发生器输出的数字速率较高，逻辑信号分析仪显示图形过快闪动时，应检查时钟的频率是否为 1Hz 或再次予以确认。

（3）利用直观显示来验证 74LS138 的逻辑功能

1）在仿真系统中搭建如图 2-47 所示的电路。

2）检查电路无误后，进行仿真。分别按下 C、B、A 开关来实现二进制数的 8 种组合，如 000、001、010、011、100、101、110、111 等。观察 X0、X1、X2、X3、X4、X5、X6、X7 等灯的亮暗变化情况。

3）从灯的亮暗变化中分析出其真值表是否与其逻辑功能相符。

（4）74LS42 逻辑功能测试

利用仿真软件自行完成 74LS42 的逻辑功能测试。

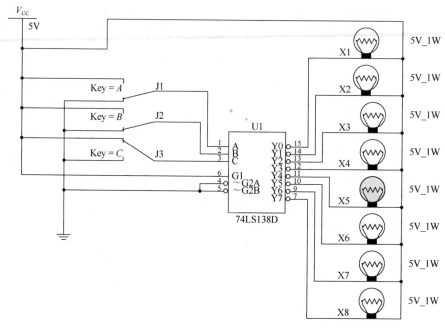

图 2-47　利用直观显示来验证 74LS138 的逻辑功能图

 议一议

1）3 线-8 线译码器 74LS138 的使能端是如何设置的？结合真值表分析其逻辑关系。

2）试分析译码器与编码器的关系。

3）比较 74LS138 与 74LS42 在仿真图设计上的区别。

 做一做

用 7 根火柴棒摆放出类似于计算器中显示的 0～9 十个数字，如图 2-48 所示。

图 2-48　火柴棒摆放数字图形

读一读

半导体数码管

与火柴棒摆放的数字图形相似，七段数码显示器（又称七段数码管或七段字符显示器）就是由七段能够独立发光的直线段排列成"日"字形来显示数字的。目前，常用字符显示器有发光二极管（LED）字符显示器和液态晶体（LCD）字符显示器。

七段半导体数码管（又称 LED 数码管）是由七段发光二极管按图 2-48 所示的结构拼合而成。图 2-49 是半导体数码管的外形图和等效电路。半导体数码管有共阳极和共

阴极两种类型。图 2-49（b）中，共阳极型半导体数码管中各发光二极管的阳极连接在一起，接高电平，$a\sim g$ 和 DP 各引脚中任一引脚为低电平时相应的发光段发光；共阴极型半导体数码管中各发光二极管的阴极连接在一起，接低电平，$a\sim g$ 和 DP 各引脚中任一引脚为高电平时相应的发光段发光（DP 为小数点）。

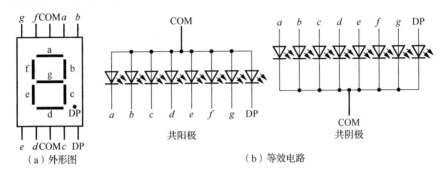

图 2-49　半导体数码管

一个 LED 数码管可用来显示一位 0～9 十进制数和一个小数点。小型数码管（0.5 英寸和 0.36 英寸，1 英寸=2.54cm）每段发光二极管的正向压降随显示光（通常为红、绿、黄、橙色）的颜色不同略有差别，通常为 2～2.5V，每个发光二极管的点亮电流在 5～10mA。

表 2-26 列出了 $a\sim g$ 发光段的 10 种发光组合情况，它们分别和十进制的 10 个数字相对应。表中 H 表示发光的线段，L 表示不发光的线段。

表 2-26　七段显示组合与数字对照表

数字	发光段							字形
	a	b	c	d	e	f	g	
0	H	H	H	H	H	H	L	
1	L	H	H	L	L	L	L	
2	H	H	L	H	H	L	H	
3	H	H	H	H	L	L	H	
4	L	H	H	L	L	H	H	
5	H	L	H	H	L	H	H	
6	L	L	H	H	H	H	H	
7	H	H	H	L	L	L	L	
8	H	H	H	H	H	H	H	
9	H	H	H	L	L	H	H	

半导体数码管的优点是工作电压较低（1.5～3V）、体积小、寿命长、工作可靠性高、响应速度快、亮度高、字形清晰。半导体数码管适合与集成电路直接配用，在微型计算机、数字化仪表和数字钟等电路中应用十分广泛。半导体数码管的主要缺点是工作电流大，每个字段的工作电流为 10mA 左右。

想一想

1）七段数码显示器由_____个发光直线段组成。当七段数码显示器显示数字 4 时，所对应的发光段是_____；当七段数码显示器显示数字 6 时，所对应的发光段是_____。

2）识别图 2-50 和图 2-51 所示 BS201（或 BS202）、BS211（或 BS212）两种型号的半导体数码管：

① 观察形状，记录型号。

② 画出 8 段 LED 数码管的外形图，分析并记录各发光段与各引脚之间的对应关系。

③ 找出 LED 数码管公共引脚端的位置。

④ 分析显示 0 到 9 十个数字的方法。

⑤ 判断哪一个是共阳极型 LED 数码管，哪一个共阴极型 LED 数码管。

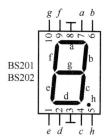
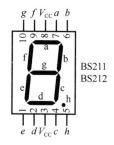

图 2-50　BS201 型 LED 数码管　　　图 2-51　BS211 型 LED 数码管

读一读

七段数码显示器是用 a～g 这 7 个发光线段组合来构成 10 个十进制数字。为此，就需要使用显示译码器将 BCD 代码（二-十进制编码）译成数码管所需要的七段代码（a、b、c、d、e、f、g），以便使数码管用十进制数字显示出 BCD 代码所表示的数值。

显示译码器是将 BCD 码译成驱动七段数码管所需代码的译码器。集成显示译码器有多种型号，有 TTL 集成显示译码器，也有 CMOS 集成显示译码器；有高电平输出有效的，也有低电平输出有效的；有推挽输出结构的，也有集电极开路输出结构的；有带输入锁存的，也有带计数器的。就七段显示译码器而言，它们的功能大同小异，主要区别在于输出有效电平。显示译码器的常见型号有 74LS47（共阳）、74LS48（共阴）、CC4511（共阴）等。七段显示译码器 74LS48 是输出高电平有效的译码器，其引脚排列和逻辑符号如图 2-52（a）、（b）所示，真值表如表 2-27 所示。

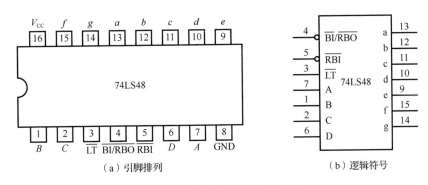

图 2-52　七段显示译码器 74LS48

表 2-27　七段显示译码器 74LS48 真值表

功能（输入）	输入					输入/输出	输出（Y）							显示字形
	$\overline{LT}$	$\overline{RBI}$	D	C	B	A	$\overline{BI}/\overline{RBO}$	a	b	c	d	e	f	g	
0	1	1	0	0	0	0	1	1	1	1	1	1	1	0	0
1	1	×	0	0	0	1	1	0	1	1	0	0	0	0	1
2	1	×	0	0	1	0	1	1	1	0	1	1	0	1	2
3	1	×	0	0	1	1	1	1	1	1	1	0	0	1	3
4	1	×	0	1	0	0	1	0	1	1	0	0	1	1	4
5	1	×	0	1	0	1	1	1	0	1	1	0	1	1	5
6	1	×	0	1	1	0	1	0	0	1	1	1	1	1	6
7	1	×	0	1	1	1	1	1	1	1	0	0	0	0	7
8	1	×	1	0	0	0	1	1	1	1	1	1	1	1	8
9	1	×	1	0	0	1	1	1	1	1	0	0	1	1	9
10	1	×	1	0	1	0	1	0	0	0	1	1	0	1	
11	1	×	1	0	1	1	1	0	0	1	1	0	0	1	
12	1	×	1	1	0	0	1	0	1	0	0	0	1	1	
13	1	×	1	1	0	1	1	1	0	0	1	0	1	1	
14	1	×	1	1	1	0	1	0	0	0	1	1	1	1	
15	1	×	1	1	1	1	1	0	0	0	0	0	0	0	暗
灭灯	×	×	×	×	×	×	0	0	0	0	0	0	0	0	暗
灭零	1	0	0	0	0	0	0	0	0	0	0	0	0	0	暗
试灯	1	×	×	×	×	×	1	1	1	1	1	1	1	1	8

注：×表示取任意值。

74LS48 除了有实现七段显示译码器基本功能的输入（DCBA）和输出（a~g）端外，还引入了灯测试输入端（$\overline{LT}$）和动态灭零输入端（$\overline{RBI}$），以及既有输入功能又有输出功能的消隐输入/动态灭零输出端（$\overline{BI}/\overline{RBO}$）。

由 74LS48 真值表可获知 74LS48 所具有的如下逻辑功能。

（1）七段译码功能（$\overline{LT}$=1，$\overline{RBI}$=1）

在灯测试输入端（$\overline{LT}$）和动态灭零输入端（$\overline{RBI}$）都接无效电平时，输入 DCBA 经 74LS48 译码,输出高电平有效的七段字符显示器的驱动信号,显示相应字符。除 DCBA=

0000 外，$\overline{\text{RBI}}$ 也可以接低电平，见表 2-27 中 1～16 行。

（2）消隐功能（$\overline{\text{BI}}$ =0）

此时 BI/RBO 端作为输入端，该端输入低电平信号时，表 2-27 倒数第 3 行，无论 $\overline{\text{LT}}$ 和 $\overline{\text{RBI}}$ 输入什么电平信号，不管输入 *DCBA* 为什么状态，输出全为"0"，七段显示器熄灭。该功能主要用于多显示器的动态显示。

（3）灯测试功能（$\overline{\text{LT}}$ =0）

此时 $\overline{\text{BI/RBO}}$ 端作为输出端，$\overline{\text{LT}}$ 端输入低电平信号时，表 2-27 最后一行，与 $\overline{\text{RBI}}$ 及 *DCBA* 输入无关，输出全为"1"，显示器 7 个字段都点亮。该功能用于七段显示器测试，判别是否有损坏的字段。

（4）动态灭零功能（$\overline{\text{LT}}$ =1，$\overline{\text{RBI}}$ =0）

此时 $\overline{\text{BI/RBO}}$ 端也作为输出端，$\overline{\text{LT}}$ 端输入高电平信号，$\overline{\text{RBI}}$ 端输入低电平信号，若此时 *DCBA* = 0000，表 2-27 倒数第 2 行，输出全为"0"，显示器熄灭，不显示这个零。*DCBA*≠0，则对显示无影响。该功能主要用于多个七段显示器同时显示时熄灭高位的零。

由上述逻辑功能分析可知，特殊控制端 $\overline{\text{BI/RBO}}$ 可以作为输入端，也可以作为输出端。

作为输入使用时，如果 $\overline{\text{BI}}$ =0，不管其他输入端为何值，*a*～*g* 均输出 0，显示器全灭。因此 $\overline{\text{BI}}$ 称为灭灯输入端。

作为输出端使用时，受控于 $\overline{\text{RBI}}$。当 $\overline{\text{RBI}}$ =0，输入为 0 的二进制码 0000 时，$\overline{\text{RBO}}$ =0，用以指示该片正处于灭零状态。所以，$\overline{\text{RBO}}$ 又称为灭零输出端。

将 $\overline{\text{BI/RBO}}$ 和 $\overline{\text{RBI}}$ 配合使用，可以实现多位数显示时的"无效零消隐"功能。

1）74LS48 的逻辑功能是什么？如何利用 74LS48 实现多位动态显示？

2）查阅相关资料找出 74LS47 与 74LS48 的区别。

显示译码器与数码管的应用

1. 显示译码器与数码管的选用

输出低电平有效的显示译码器应与共阳极数字显示器配合使用。
输出高电平有效的显示译码器应与共阴极数字显示器配合使用。

2. 显示译码器与数码管的连接

下面举例说明。

74LS47 和 74LS48 为显示译码器。74LS47 输出低电平有效，74LS48 输出高电平有效。

74LS47 的典型使用电路如图 2-53 所示，电阻 *R* 为限流电阻，*R* 的具体阻值视数码管的电流大小而定。

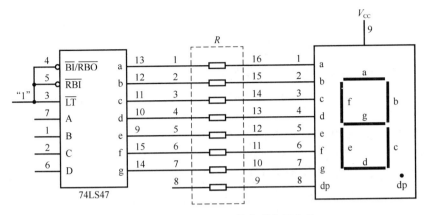

图 2-53　74LS47 译码器的典型使用电路

74LS48 译码器的典型使用电路如图 2-54 所示。共阴极数码管的译码电路 74LS48 内部有上拉电阻，故后接数码管时不需外接上拉电阻。由于数码管的点亮电流在 5～10mA，所以一般要外接限流电阻 R 保护数码管。

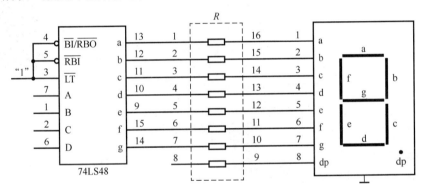

图 2-54　74LS48 译码器的典型使用电路

74LS47 与 74LS48 译码器在连接 LED 数码显示时有什么不同？

TTL 显示译码器的逻辑功能测试

1. 仿真目的

1）进一步了解显示译码器的功能。

2）通过仿真显示译码器的逻辑功能。

2．仿真步骤及操作

（1）创建 74LS48 数显译码器电路

1）进入 NI Multisim 14.0 用户操作界面。

2）按图 2-55 所示电路从 NI Multisim 14.0 元器件库、仪器仪表库选取相应器件和仪器，连接电路。

① 从 TTL 元器件库中选择 74LS 系列，从弹出的窗口的器件列表中选取 74LS48。

② 单击虚拟仪器库图标，分别拽出函数信号发生器、字信号发生器和逻辑信号分析仪。其中，用函数信号发生器为逻辑信号分析仪提供外触发的时钟控制信号；用字信号发生器提供 3 位二进制数，作为 74LS48 的输入信号；用逻辑信号分析仪实时观察输出波形并进行电路逻辑功能分析。

③ 单击指示器件库图标，拽取译码数码管用来显示编码器的输出代码。该译码数码管为共阴极数码管。

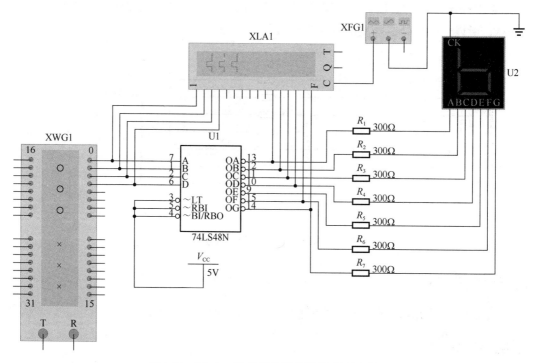

图 2-55　74LS48 数显译码器的逻辑功能测试图

3）对电路中的全部元器件按图 2-55 所示进行标识和设置。

① 函数信号发生器的设置。双击该仪器的标志图形，打开其参数设置面板，按图 2-56 所示完成各项设置。

② 字信号发生器的设置。双击该仪器的标志图形，打开其参数设置面板，按图 2-57 所示完成各项设置。

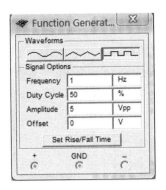

图 2-56　函数信号发生器参数设置面板

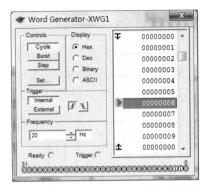

图 2-57　字信号发生器参数设置面板

③ 逻辑信号分析仪的设置。双击该仪器的标志图形，打开其参数设置面板，按图 2-58 所示完成各项设置。

④ 将有关导线设置为适当颜色，以便观察波形。

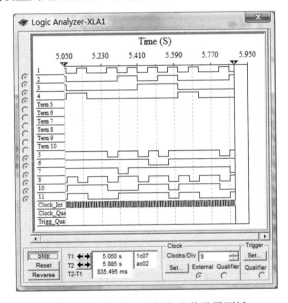

图 2-58　逻辑信号分析仪参数设置面板

（2）运行电路

运行电路，完成电路逻辑功能分析，并观察波形。

单击工具栏右边的仿真启动按钮，运行电路。

1）设置字信号发生器为单步运行方式（单击字信号发生器面板上的 Step 按钮），实时观察输入信号及输出代码波形，验证真值表。

2）核对译码数码管显示的数值与输出代码是否一致。

注意：当字信号发生器输出的数字速率较高，逻辑信号分析仪显示图形过快闪动时，应检查时钟的频率是否为 1Hz 或再次予以确认。

1）在多个七段显示器显示字符时，通常不希望显示高位的"0"，例如，4 位十进制显示时，数 12 应显示为"12"而不是"0012"，即要把高位的两个"0"消隐掉。具有此功能的译码显示电路如何实现？

2）如图 2-59 所示，分析此电路实现了什么功能。

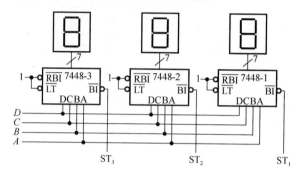

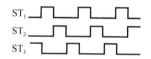

图 2-59　逻辑电路及其控制信号波形

CMOS 显示译码器

CC4511 是输出高电平有效的 CMOS 显示译码器，其输入为 8421BCD 码，图 2-60 所示为 4511 的外引线排列图。

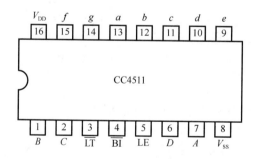

图 2-60　CC4511 外引线排列图

CC4511 引脚功能说明：

A、B、C、D ——BCD 码输入端。

a、b、c、d、e、f、g ——解码输出端，输出 1 有效，用来驱动共阴极 LED 数码管。

$\overline{\text{LT}}$——测试输入端，$\overline{\text{LT}}$=0 时，解码输出全为1。

$\overline{\text{BI}}$——消隐输入端，$\overline{\text{BI}}$=0 时，解码输出全为0。

LE——锁定端，LE=1 时，译码器处于锁定（保持）状态，译码输出保持在 LE=0 时的数值；当 LE=0 时为正常解码。

表 2-28 为 CC4511 的逻辑功能。CC4511 内接有上拉电阻，故只需在输出端与数码管笔段之间串入限流电阻即可工作。译码器还有拒伪码功能，当输入码超过 1001 时，输出全为 0，数码管熄灭。

表 2-28　CC4511 逻辑功能

输入							输出							
LE	$\overline{\text{BI}}$	$\overline{\text{LT}}$	D	C	B	A	a	b	c	d	e	f	g	显示字形
×	×	0	×	×	×	×	1	1	1	1	1	1	1	8
×	0	1	×	×	×	×	0	0	0	0	0	0	0	消隐
0	1	1	0	0	0	0	1	1	1	1	1	1	0	0
0	1	1	0	0	0	1	0	1	1	0	0	0	0	1
0	1	1	0	0	1	0	1	1	0	1	1	0	1	2
0	1	1	0	0	1	1	1	1	1	1	0	0	1	3
0	1	1	0	1	0	0	0	1	1	0	0	1	1	4
0	1	1	0	1	0	1	1	0	1	1	0	1	1	5
0	1	1	0	1	1	0	0	0	1	1	1	1	1	6
0	1	1	0	1	1	1	1	1	1	0	0	0	0	7
0	1	1	1	0	0	0	1	1	1	1	1	1	1	8
0	1	1	1	0	0	1	1	1	1	0	0	1	1	9
0	1	1	1	0	1	0	0	0	0	0	0	0	0	消隐
0	1	1	1	0	1	1	0	0	0	0	0	0	0	消隐
0	1	1	1	1	0	0	0	0	0	0	0	0	0	消隐
0	1	1	1	1	0	1	0	0	0	0	0	0	0	消隐
0	1	1	1	1	1	0	0	0	0	0	0	0	0	消隐
0	1	1	1	1	1	1	0	0	0	0	0	0	0	消隐
1	1	1	×	×	×	×	锁定在上一个 LE=0 时的数据							锁存

注：×表示取任意值。

CC4511 常用于驱动共阴极 LED 数码管，工作时一定要加限流电阻。由 CC4511 组成的基本数字显示电路如图 2-61 所示。图中 BS205 为共阴极 LED 数码管，电阻 R 用于限制 CC4511 的输出电流大小，它决定 LED 的工作电流大小，从而调节 LED 的发光亮度，R 值由下式决定：

$$R = \frac{U_{\text{OH}} - U_{\text{D}}}{I_{\text{D}}}$$

式中，U_{OH} 为 CC4511 输出的高电平（$\approx V_{\text{DD}}$）；U_{D} 为 LED 的正向工作电压（1.5～2.5V）；I_{D} 为 LED 的工作电流（5～10mA）。试计算出图 2-61 中 R 的大小。

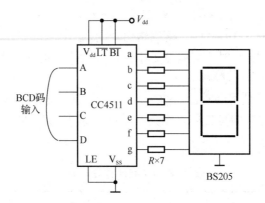

图 2-61　由 CC4511 组成的基本数字显示电路

 做一做

CMOS 显示译码器的逻辑功能测试

1．仿真目的

1）进一步了解 CMOS 显示译码器的功能。

2）通过 NI Multisim 14.0 仿真 CMOS 显示译码器的逻辑功能。

2．仿真步骤及操作

（1）创建 CD4511 数显译码器的逻辑功能测试实验电路

1）进入 NI Multisim 14.0 用户操作界面。

2）按图 2-62 所示电路从 NI Multisim 14.0 元器件库、仪器仪表库选取相应器件和仪器，连接电路。

① 单击 CMOS 集成电路库图标，选出 CMOS+5V 集成电路图形，从它们的器件列表中选出 CD4511。

② 在仪器库图标中分别选出函数信号发生器、字信号发生器和逻辑信号分析仪。其中，用函数信号发生器为逻辑信号分析仪提供外触发的时钟控制信号；用字信号发生器提供 4 位二进制数，作为 CD4511 的输入信号；用逻辑信号分析仪实时观察输出波形并进行电路逻辑功能分析。

③ 单击指示器件库图标，选取译码数码管用来显示编码器的输出代码。该译码数码管为共阴极数码管。

3）对电路中的全部元器件按图 2-62 所示进行标识和设置。

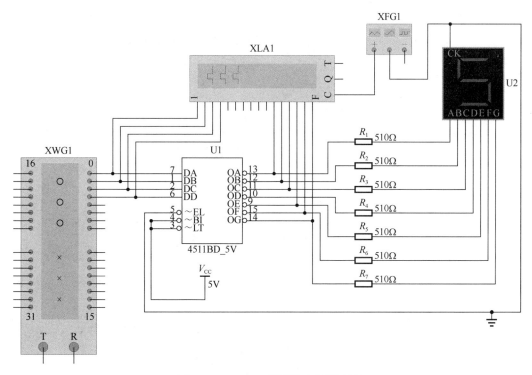

图 2-62　CD4511 的逻辑功能测试图

① 函数信号发生器的设置。双击该仪器的标志图形，打开其参数设置面板，按图 2-63 所示完成各项设置。

② 字信号发生器的设置。双击该仪器的标志图形，打开其参数设置面板，按图 2-64 所示完成各项设置。

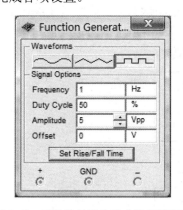

图 2-63　函数信号发生器参数设置面板

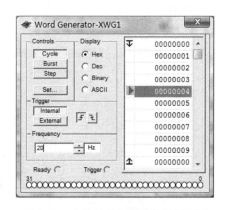

图 2-64　字信号发生器参数设置面板

③ 逻辑信号分析仪的设置。双击该仪器的标志图形，打开其参数设置面板，按图 2-65 所示完成各项设置。

④ 将有关导线设置为适当颜色，以便观察波形。

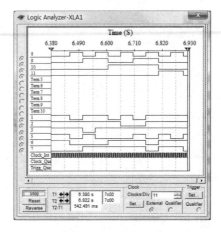

图 2-65　逻辑信号分析仪参数设置面板

（2）运行电路

运行电路，完成电路逻辑功能分析，并观察波形。

单击工具栏右边的仿真启动按钮，运行电路。

1）设置字信号发生器为单步运行方式（单击字信号发生器面板上的 Step 按钮），实时观察输入信号及输出代码波形，验证真值表。

2）核对译码数码管显示的数值与输出代码是否一致。

注意：当字信号发生器输出的数字速率较高，逻辑信号分析仪显示图形过快闪动时，应检查时钟的频率是否为 1Hz 或再次予以确认。

议一议

1）图 2-66 所示为译码显示电路的测试示意图，则根据图 2-66 画出图 2-67 所示的接线图，并搭建实验电路。拨动接线控制端和数据输入端所接电平开关，在 LE=0、$\overline{\text{LT}}=1$、$\overline{\text{BI}}=1$，输入 $DCBA$ 为 0000～1001 时，观察数码管所显示的字形。当输入数据超出范围，如 $DCBA$ 为 1101 或 1111 时，观察数码管会有什么变化。

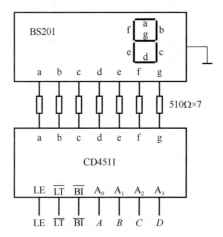

图 2-66　译码显示电路的测试示意图

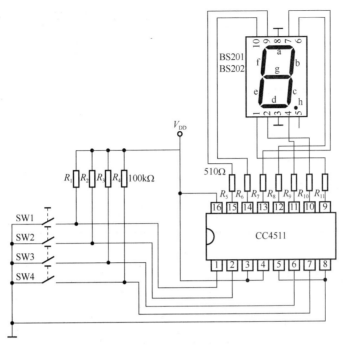

图 2-67　译码显示电路的测试接线图

2）在 3 个控制端（LE、$\overline{LT}$、$\overline{BI}$）中，一次只让一个控制端的输入有效，分别测试 3 个控制端（LE、$\overline{LT}$、$\overline{BI}$）的作用。参照表 2-28，根据实验结果判断 3 个控制端（LE、$\overline{LT}$、$\overline{BI}$）的电平分别为多少时才能正确体现译码器的锁定功能。

 知识拓展

液晶显示器

液晶显示器（liquid crystal display，LCD）是一种平板薄型显示器。液晶是一种既具有液体的流动性又具有光学特性的有机化合物。它的透明度和呈现的颜色受外加电场的影响，利用这一特点便可做成字符显示器。

在没有外加电场的情况下，液晶分子按一定方向整齐地排列着，如图 2-68（a）所示。这时液晶为透明状态，射入的光线大部分由反射电极反射回来，显示器呈白色。在电极上加上电压以后，液晶分子因电离而产生正离子，这些正离子在电场作用下运动并撞碰其他液晶分子，破坏了液晶分子的整齐排列，使液晶呈现混浊状态，如图 2-68（b）所示。这时射入的光线散射后仅有少量反射回来，故显示器呈暗灰色。这种现象称为动态散射效应。外加电场消失以后，液晶又恢复到整齐排列的状态。如果将七段透明的电极排列成 8 字形，那么只要选择不同的电极组合并加以正电压，便能显示出各种字符来。

液晶显示器的最大优点是功耗极小，每平方厘米的功耗在 1μW 以下。它的工作电压也很低，在 1V 以下仍能工作。因此，液晶显示器在电子表及各种小型、便携式仪器、仪表中得到了广泛的应用。但是，因为它本身不会发光，仅仅靠反射外界光线显示字形，所以亮度很差。此外，它的响应时间较短（在 10～200ms 范围），这就限制了它在快速系统中的应用。

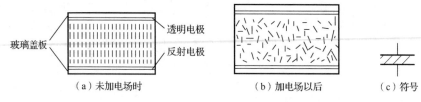

图 2-68　液晶显示器的结构及符号

填写表 2-29。

表 2-29　任务检测与评估

	检测项目	评分标准	分值	学生自评	教师评估
知识内容	通用译码器的逻辑功能分析	能对 74LS138 的逻辑功能进行分析	15		
	显示译码器的逻辑功能分析	能对 74LS48、CD4511 的逻辑功能进行分析	20		
	显示器件原理	掌握七段数字显示器的结构和工作原理	10		
操作技能	通用译码器的逻辑功能测试	掌握 74LS138 的逻辑功能测试方法	10		
	显示译码器的逻辑功能测试	掌握 74LS48、CD4511 的逻辑功能测试方法	25		
	显示译码器与显示器件的连接	掌握显示译码器与显示器件的连接方法	10		
	安全操作	安全用电，按章操作，遵守实训室管理制度	5		
	现场管理	按 6S 企业管理体系要求进行现场管理	5		

任务四　可置数正反向计时显示报警器的制作与调试

任务目标

- 掌握编码器与译码器的使用方法。
- 掌握编码器与译码器的逻辑功能及电路设计方法。
- 掌握可置数正反向计时显示报警器的原理。
- 掌握可置数正反向计时显示报警器电路仿真的方法。
- 掌握可置数正反向计时显示报警器的制作与调试方法。

任务教学方式

教学步骤	时间安排	教学方式
阅读教材	课余	学生自学、查资料、相互讨论
知识点讲授	4 学时	利用实物演示可置数正反向计时显示报警器的功能，然后讲解该电路的组成及工作原理
任务操作	4 学时	在实训场地分组进行制作和调试可置数正反向计时显示报警器
评估检测	与课堂同时进行	教师与学生共同完成任务的检测与评估，并能对出现的问题进行分析与处理

可置数正反向计时显示报警器的原理

在人们生活的许多领域都要用到定时器，如各种比赛和抢答游戏中的倒计时、信号灯等。这里介绍一个可以根据实际需要进行任意置数的正向计时和反向倒计时的显示报警器。该计时器可以正向计时，并可以显示实时的计时数值，当超过显示范围时将会报警；还可以设置某个具体的数值，进行倒计时，同时显示实时的倒计时数值，当时间到了即刻报警。同时我们还设计了暂停和连续功能，以及清零重计时功能。

1. 电路组成

从功能描述中可知该可置数正反向计时显示报警器的工作过程是：首先是选择正向计时还是反向计时。正向计时即加法计时，它可以是从零开始，也可以是从设置的某个数值开始进行累加，当加到溢出时则报警；反向计时即减法计时，它必须是先设置某个数值，从这个数值开始进行累减，当减至个位借位时则报警。在加减计时时，均会实时显示计时的数值。如果重新计时，先清零；如果中途需要暂停计时，该电路还设置了暂停计时功能。明确了电路的具体功能后，将电路划分为若干个单元，由此可画出如图 2-69 所示的框图。它主要由置数、编码电路，加、减计数电路，时间"秒"发生电路，显示译码电路，报警电路等几部分组成。因为我们设计的是 0～99 的计时，所以该电路由个位和十位对称的电路组成，如果想实现更大的计数，只需对应加百位即可。

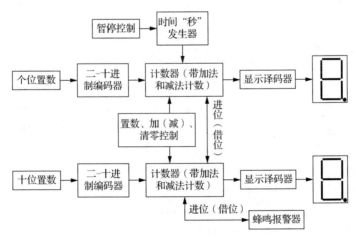

图 2-69　可置数正反向计时显示报警器原理框图

2. 原理

可置数正反向计时显示报警器的原理如图 2-70 所示。

由于个位与十位的置数、编码、计数、显示译码电路均相同，因此这里只介绍个位的电路，读者可自行分析十位的电路。

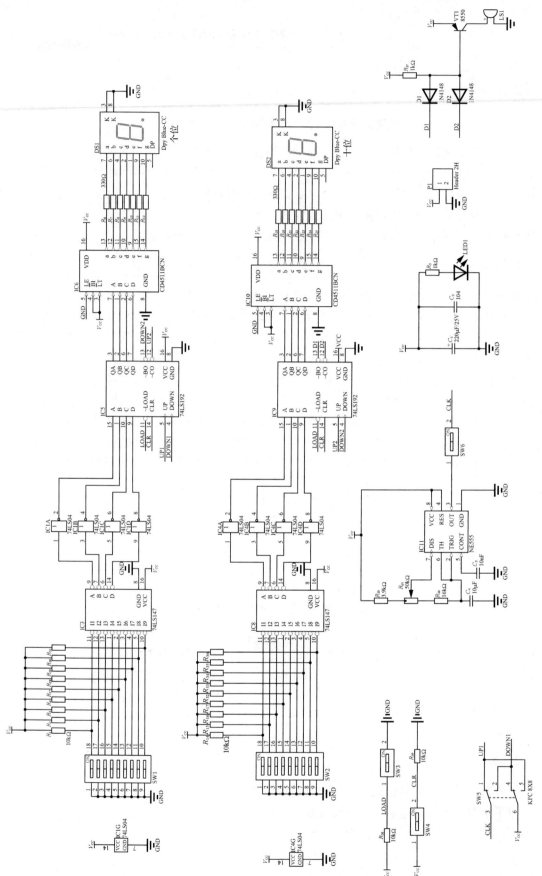

图 2-70 可置数正反向计时显示报警器的原理图

（1）置数、编码电路

因为是要对 0～9 的数字进行置数，所以编码也就是对 0～9 的十进制数进行编码，因此这里采用二-十进制优先编码器 74LS147，它的输入端是 0～9 的十进制数字，低电平有效，输出是 8421BCD 码。因此我们利用拨码开关设置数字，使得设置的数值为低电平，如要置数为 30，只要将十位上的拨码开关对应的 I_3 置为低电平，个位上的拨码开关 I_1～I_9 全部置为高电平即可，其输出就是 00110000。其电路图如图 2-71 所示。

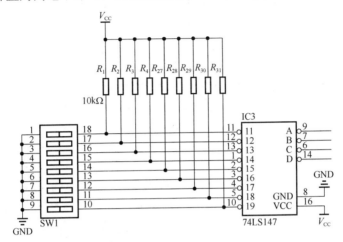

图 2-71　置数、编码电路

（2）时间"秒"发生电路

这个电路将在后续的项目中介绍，这里只需了解它是由 NE555 构成的无稳态电路，即产生一个方波信号，它的周期由 R_{20}、R_{P1}、R_{26}、C_4 决定，$T=0.7[R_{20}+R_{P1(上)}+2(R_{P1(下)}+R_{26})]C_4$。电路如图 2-72（a）所示。NE555 的 3 脚输出的波形如图 2-72（b）所示。其中 SW6 是一个开关，它控制的是方波的输出，用于"暂停"功能，当开关闭合时，输出方波信号；当开关断开时，不输出方波信号。

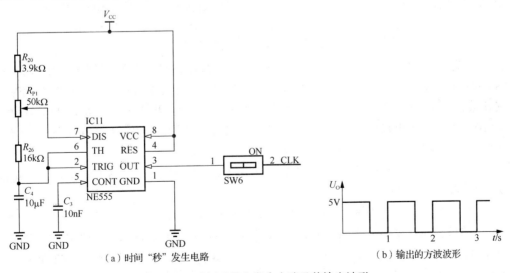

（a）时间"秒"发生电路　　　　　　　（b）输出的方波波形

图 2-72　时间"秒"发生电路及其输出波形

（3）加、减计数电路

这个电路涉及计数器电路，在本项目中只需了解其功能即可，详细的内容将在后续的项目中介绍。这个电路中的核心器件是 74LS192，它是同步十进制可逆计数器，具有双时钟输入，并具有清零和置数等功能。它的引脚如图 2-73 所示。

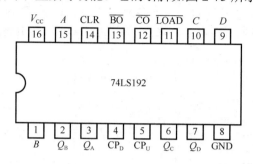

图 2-73　74LS192 引脚

它的逻辑功能如下。

1）15、1、10、9 脚为数值输入端 A、B、C、D。它为原码输入。

2）3、2、6、7 脚为数值输出端 Q_A、Q_B、Q_C、Q_D。它为原码输出。

3）14 脚 CLR 为清零端，当它为高电平时，输出端 Q_A、Q_B、Q_C、Q_D 为 0000。

4）11 脚 $\overline{LOAD}$ 为置数端，当它为低电平时，输入端 A、B、C、D 置的数值直接输出 Q_A、Q_B、Q_C、Q_D。若输入端 A、B、C、D 置的数值为 0101，那么输出端 Q_A、Q_B、Q_C、Q_D 置的数值也为 0101。

5）4 脚 CP_D 为减计数时的时钟输入端，5 脚 CP_U 为加计数时的时钟输入端。正常使用时，这两个引脚必须联合使用，即如果做减计数，5 脚 CP_U 必须接高电平，4 脚 CP_D 必须接时钟信号；如果做加计数，4 脚 CP_D 必须接高电平，5 脚 CP_U 必须接时钟信号。

6）13 脚 $\overline{BO}$ 为借位输出端，当作减计数，需要向高位借位时，13 脚则输出低电平；12 脚 $\overline{CO}$ 为进位输出端，当作加计数，需要向高位进位时，12 脚则输出低电平。

7）16 脚为电源端 V_{CC}，8 脚为 GND 接地端。

加、减计数电路如图 2-74 所示。它的工作原理如下。

1）选择加、减计数。个位加、减计数通过 SW5 开关进行切换，当 74LS192 的 5 脚 CP_U 接高电平，4 脚 CP_D 接时钟信号时，电路个位进行减计数（图 2-74 中 SW5 此时是减计数位置）。十位的加、减计数则通过个位的输出进位和借位端确定，当有借位时 74LS192 的 13 脚 $\overline{BO}$ 输出一个低电平，而 12 脚 $\overline{CO}$ 始终为高电平，使得十位的 74LS192 计数器也处于减计数功能。相反则是加计数。

2）清零。按下 SW4 键，74LS192 的 14 脚 CLR 置高电平，此时其输出端 Q_A、Q_B、Q_C、Q_D 将输出 0000。

3）置数。按下 SW3 键，74LS192 的 11 脚 $\overline{LOAD}$ 置低电平，此时其输入端 A、B、C、D 的值将直接赋值给输出端 Q_A、Q_B、Q_C、Q_D。因此通过置数、编码电路设置的数值被直接输出，但因为编码电路输出的是反码，所以在 74LS192 的输入端分别加了一个非门电路。值得注意的是：置数电路在加计数时是这个数值开始加，每次加 1，直至最高位溢出，即十位溢出，进位 $\overline{\text{CO}}$ 变为低电平输出，则报警；置数电路在减计数时是这个数值开始减，每次减 1，直至最高位借位，即百位借位，借位 $\overline{\text{BO}}$ 变为低电平输出，则报警。

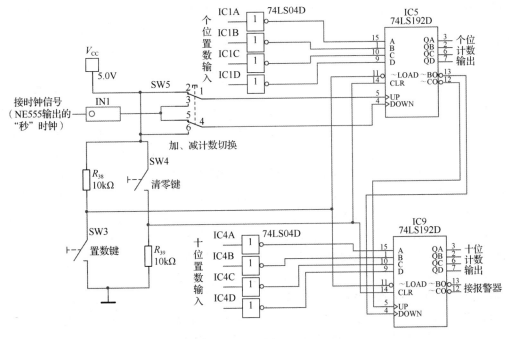

图 2-74　加、减计数电路

（4）显示、译码电路

显示、译码电路如图 2-75 所示。74LS192 输出的 8421BCD 码经七段数码显示译码器 CD4511 输出给七段数码显示器。

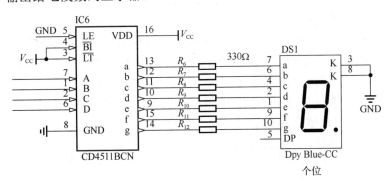

图 2-75　显示、译码电路

（5）报警电路

报警电路如图 2-76 所示。在加计数时，最高位溢出，即十位溢出，进位 $\overline{\text{CO}}$ 变为低电平输出，借位 $\overline{\text{BO}}$ 为高电平，D2 二极管导通，D1 截止，晶体管 VT1 基极为低电平，晶体管导通，蜂鸣器发出报警声；在减计数时，最高位借位，即百位借位，借位 $\overline{\text{BO}}$ 变

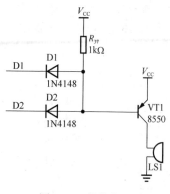

图 2-76　报警电路

为低电平输出，进位 $\overline{CO}$ 为高电平，D1 二极管导通，D2 截止，晶体管 VT1 基极为低电平，晶体管导通，蜂鸣器发出报警声。

综上所述，可置数正反向计时显示报警器原理如下。

1）拨动拨码开关 SW6 使计时电路处于暂停状态。

2）利用 SW5 为 6 脚自锁双刀双掷开关选择加、减计数。

3）拨动拨码开关 SW4 实现清零，清零后一定回拨开关。

4）拨动拨码开关 SW3 进行置数，此时分别用个位的拨码开关 SW1 和十位的拨码开关 SW2 选择所需要置的数值，经 74LS147 编码器进行编码。因为编码电路是 BCD 码优先编码器，所以每位只会对优先级别高的数值编码。由于此时 74LS192 处于置数状态，该数值将直接输出，经 CD4511 七段数码显示译码器译出后直接显示在七段数码显示器上，此时完成置数，置数完成后一定要回拨 SW3。

5）再次拨动拨码开关 SW6，使电路处于计数状态。如果选择的是减计数，此时个位上 74LS192 计数器的 4 脚 CP_D 输入的是 NE555 输出的"秒"时钟信号，每来一个脉冲，个位上数值减 1，也就是减 1s 时间，当个位上数值减至 0 后，再减时其必须向十位借位，此时个位的 74LS192 的借位输出脚 13 脚 $\overline{BO}$ 输出低电平，它直接与十位上的 74LS192 计数器的 4 脚 CP_D 相连接。个位 74LS192 的进位输出脚 12 脚 $\overline{CO}$ 由于无进位，所以它输出为高电平，它直接与十位上的 74LS192 计数器的 5 脚 CP_U 相连接，此时十位的 74LS192 的状态就是减计数，因此它实现减 1。当设置的个位与十位数值减为 0 之后，再次减 1，十位上的 74LS192 的借位输出脚 13 脚 $\overline{BO}$ 输出低电平，进位 $\overline{CO}$ 为高电平，D1 二极管导通，D2 截止，晶体管 VT1 基极为低电平，晶体管导通，蜂鸣器发出报警声。如果选择的是加计数，此时个位上 74LS192 计数器的 5 脚 CP_U 输入的是 NE555 输出的"秒"时钟信号，每来一个脉冲，个位上数值加 1，也就是加 1s 时间，当个位上数值加至 9 后，再加时其必须向十位进位，此时个位的 74LS192 的进位输出脚 12 脚 $\overline{CO}$ 输出低电平，它直接与十位上的 74LS192 计数器的 5 脚 CP_U 相连接，个位 74LS192 的借位输出脚 13 脚 $\overline{BO}$ 由于无借位，所以输出为高电平，它直接与十位上的 74LS192 计数器的 4 脚 CP_D 相连接，此时十位的 74LS192 的状态就是加计数，因此它实现加 1。当设置的个位与十位数值加至 99 之后，再次加 1，十位上的 74LS192 的借位输出脚 12 脚进位 $\overline{CO}$ 变为低电平输出，借位 $\overline{BO}$ 为高电平，D2 二极管导通，D1 截止，晶体管 VT1 基极为低电平，晶体管导通，蜂鸣器发出报警声。

3. 元器件的选择

IC3、IC8 选用的是 TTL 数字集成电路 74LS147，它为二-十进制优先编码器；IC1、IC4 选用的是 TTL 数字集成电路 74LS04，其里面含有 6 个独立的非门电路；IC5、IC9 选用的是 TTL 数字集成电路 74LS192，其为可置数加、减计数器；IC6、IC10 选用的是 CMOS 数字集成电路 CD4511，它为七段数码显示译码器；IC11 选用的是时基集成电路 NE555。

拨码开关是一种能用手拨动的微动开关，也称 DIP 开关、拨动开关、超频开关、地址开关、拨拉开关、数码开关、指拨开关等。拨码开关的种类很多，按照脚位来分有直插式（DIP）和贴片式（SMD）；按照拨动方式分为平拨式和侧拨式；按照引脚间距分有 2.54mm 和 1.27mm；按照状态分有两态和三态，这里用的是两态的，即在拨码开关的每

一个键对应的背面上下各有一个引脚，拨至 ON 一侧，则上下两个引脚接通，否则就是断开；按照开关位数分，一般分为 1～10 位不等，每位相互独立、互不关联，如图 2-77 所示。拨码开关多用于 0/1 的二进制编码。例如，2 位的拨码开关，设置编码：接通为 1，断开为 0，则有 00、01、10、11 的数码。本项目中置数设置 SW3、清零 SW4 和暂停 SW6 用的是 1 位的拨码开关，而具体的数值设定用的 SW1、SW2 是 9 位的拨码开关。

图 2-77　拨码开关

加、减计数选择开关 SW6 是 6 脚双刀双掷自锁开关，如图 2-78 所示。

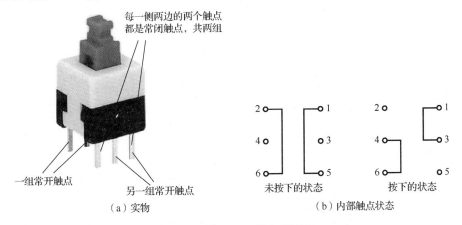

（a）实物　　　　　　　　　　　（b）内部触点状态

图 2-78　6 脚双刀双掷自锁开关

1）如果要将该电路设计成 3 位数的可置数正反计时显示报警器，应如何设计？

2）该电路的编码器可否改为 74LS148？为什么？

可置数正反向计时显示报警器的电路仿真

1. 仿真目的

1）通过仿真进一步检验基本门电路、编码器及译码器的逻辑功能。

2）通过仿真了解编码器和译码器的具体应用。

3）通过仿真理解可置数正反向计时显示报警器电路的设计思路。

2. 仿真步骤及操作

参照图 2-79，在 NI Multisim 14.0 仿真软件环境下创建可置数正反向计时显示报警器电路。

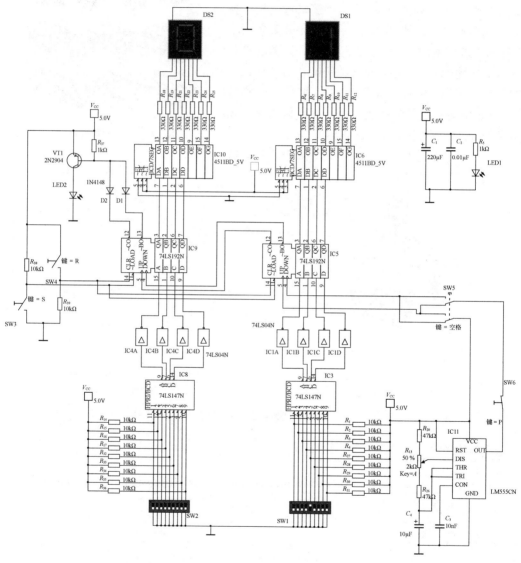

图 2-79　可置数正反向计时显示报警器仿真原理图

注意： 由于报警声音无法仿真体现，因此在仿真图中用发光二极管 LED2 替代了蜂鸣器，即 LED2 亮代表报警，灭则代表不报警。

具体仿真操作如下。

（1）可置数减计时显示报警

1）敲击键盘上的字母"P"控制开关 SW6 断开，使得计时电路处于暂停状态。

2）敲击键盘上的空格键，控制 SW5 为 6 脚自锁双刀双掷开关选择加、减计数（图 2-79 中 SW5 为减计时状态）。

3）敲击键盘上的字母"R"控制开关 SW4 闭合实现清零，此时显示 00；再次敲击键盘上的字母"R"控制开关 SW4 断开。

4）敲击键盘上的字母"S"控制开关 SW3 闭合进行置数，此时分别用个位的拨码开关 SW1 和十位的拨码开关 SW2 选择所需要置的数值，显示器上显示设定的数值；再次敲击键盘上的字母"S"控制开关 SW3 断开，此时完成置数。

5）再次敲击键盘上的字母"P"控制开关 SW6 闭合，使其处于减计数状态，即倒计时。此时，显示器上会显示数值逐渐减小，直至 00 之后的下一秒，LED2 亮起。

（2）可置数加计时显示报警

该仿真操作与减计时的操作步骤一样，只是将 SW6 开关切换成加计数。读者可自行完成仿真。

 议一议

1）在减计时时，为什么不是显示 00 之后 LED2 马上亮呢？

2）在加计时时，是否也是显示 00 之后的下一秒 LED2 亮？为什么？

做一做

可置数正反向计时显示报警器的制作

1. 制作目的

1）通过制作了解可置数正反向计时显示报警器的原理。

2）通过制作掌握编码器和译码器的基本功能。

3）通过制作重温工艺文件的编制和工艺的制作流程。

2. 所需器材

元器件清单如表 2-30 所列。

3. 操作步骤

（1）安装制作

准备好全套元器件后，按表 2-30 所列的元器件清单清点元器件，并用万用表测量一下各元器件的质量，做到心中有数。

表 2-30　元器件清单

元器件位号	元器件参数	元器件名称	元器件封装	元器件符号	数量
C_1	220μF/25V	电解电容	CAP 2.5*5*11-BK	Cap Pol1	1
C_2	104	贴片电容	C 0805_L	Cap	1
C_3	10nF	贴片电容	C 0805_L	Cap	1
C_4	10μF	贴片电容	C 0805_L	Cap	1
D1, D2	1N4148	高速开关二极管	DO-35	1N4148	2
DS1, DS2	Dpy Blue-CC	七段数码管	SMG 0.5-1P	Dpy Blue-CC	2
IC1, IC4	74LS04	六输入反相器	DIP14-300_MH	74LS04	2
IC3, IC8	74LS147	10 线-4 线优先编码器	DIP16-300_MH	74LS147	2
IC5, IC9	74LS192	同步十进制加减计数器	DIP16-300_MH	74LS192	2
IC6, IC10	CD4511BCN	显示译码器	DIP16-300_MH	CD4511BCN	2
IC11	NE555	单路时基芯片	DIP8-300_MH	NE555_1	1
LED1	5mm 红色	发光二极管	LED 5MM-R	LED0	1
LS1	DC5V	蜂鸣器	BEEP 7.6X12X7.5	BEEP	1
P1	Header 2H	电源输入端	KF128-3.81-2P	Header 2H	1
VT1（Q1）	8550	高频放大-PNP 型	TO92A	8550-DIP	1
R_1, R_2, R_3, R_4, R_{14}, R_{15}, R_{16}, R_{17}, R_{27}, R_{28}, R_{29}, R_{30}, R_{31}, R_{32}, R_{33}, R_{34}, R_{35}, R_{36}, R_{38}	10kΩ	贴片电阻	R 0805_L	Res2	19
R_6, R_7, R_8, R_9, R_{10}, R_{11}, R_{12}, R_{18}, R_{19}, R_{21}, R_{22}, R_{23}, R_{24}, R_{25}	330Ω	贴片电阻	R 0805_L	Res2	14
R_5, R_{37}, R_{39}	1kΩ	贴片电阻	R 0805_L	Res2	3
R_{20}	3.9kΩ	贴片电阻	R 0805_L	Res2	1
R_{26}	16kΩ	贴片电阻	R 0805_L	Res2	1
R_{P1}	50kΩ	插件单联电位器	3296W	RP-ID	1
SW1, SW2	CSW-9P	9 路编码开关	CSW DIP-9P	CSW-9P	2
SW3, SW4, SW6	CSW-1P	1 路编码开关	CSW DIP-1P	CSW-1P	3
SW5	KFC 8X8	8×8 自锁开关	KFC DIP-8×8	KFC 8X8	1

　　可以用 Altium Designer 10 设计 PCB，如图 2-80 所示。这里采用的是贴片器件与过孔元件混合的双面板设计。焊接时注意先焊接贴片器件，然后由低到高依次安装。

　　焊接有极性的元器件时，如焊接电解电容、二极管、发光二极管、晶体管等元器件时千万不要装反，否则电路不能正常工作，甚至会烧毁元器件，数字集成电路尤其是

CMOS 集成电路一定要用防静电电烙铁焊接。

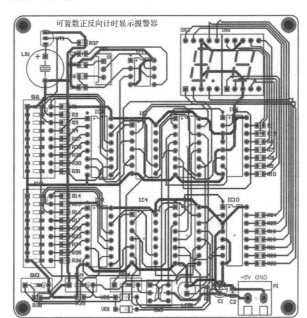

图 2-80　PCB 的元器件排布

（2）调试

1）调试前，先将焊好的电路板对照印制电路图认真核对一遍，不要有错焊、漏焊、短路、元器件相碰等现象发生。

2）通电前，一定先确定电源电压为 5V，然后才可进行其他部分的调试。

3）拨动拨码开关 SW6 使计时电路处于暂停状态。

4）利用 SW5 为 6 脚自锁双刀双掷开关选择加、减计数。

5）拨动拨码开关 SW4 实现清零，显示器显示 00，清零后一定回拨开关。

6）拨动拨码开关 SW3 进行置数，此时分别用个位的拨码开关 SW1 和十位的拨码开关 SW2 选择所需要置的数值，显示器上显示设定的数值，此时完成置数，置数完成后一定要回拨 SW3。

7）再次拨动拨码开关 SW6，使电路处于计数状态。在减计数时，会在设定的数值上逐渐减 1，直至 00 之后的下一秒，蜂鸣器响起报警；在加计数时，也是在设定的数值上逐渐加 1，直至 00，蜂鸣器马上响起报警。

（3）调试注意事项

1）检查元器件，确保其无损坏，避免调试检查困难。

2）检查晶体管的管脚是否接对，蜂鸣器、二极管和有极性电容的极性是否安装正确，集成电路是否安装正确。

3）给电路通电前，先确定供电正常，焊装完毕并确认无误后即可通电调试。

（4）3D 设计图

可置数正反向计时显示报警器的 3D 设计图，如图 2-81 所示。

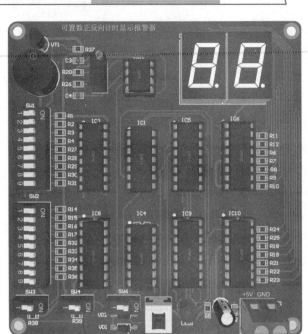

图 2-81　可置数正反向计时显示报警器的 3D 设计图

（5）实际产品图

可置数正反向计时显示报警器实际产品图如图 2-82 所示。

图 2-82　可置数正反向计时显示报警器实际产品图

议一议

如何将可置数正反向计时显示报警器的计时时间延长？

评一评

填写表 2-31。

表 2-31 任务检测与评估

	检测项目	评分标准	分值	学生自评	教师评估
知识内容	可置数正反向计时显示报警器的工作原理	能正确分析可置数正反向计时显示报警器的工作原理	25		
	元器件的筛选	能正确筛选元器件	15		
操作技能	制作工艺文件	能编制工艺文件	10		
	元器件的测量与识别	能对元器件进行测量与识别	10		
	PCB 的焊接	能利用工艺文件完成可置数正反向计时显示报警器的制作与调试	30		
	安全操作	安全用电，按章操作，遵守实训室管理制度	5		
	现场管理	按 6S 企业管理体系要求进行现场管理	5		

知识拓展

其他组合逻辑电路

1. 半加器

1）所谓半加，就是只求本位的和，暂不考虑低位送来的进位数，即 $A+B$ 半加和。

$$0+0=0 \qquad 0+1=1 \qquad 1+0=1 \qquad 1+1=10$$

2）由此得出半加器的真值表如表 2-32 所示。其中，A 和 B 是相加的两个数，S 是半加和数，C 是进位数。

表 2-32 半加器真值表

被加数	加数	进位数	本位和
A	B	C	S
0	0	0	0
0	1	0	1
1	0	0	1
1	1	1	0

3）由真值表可写出逻辑式：

$$S = A\bar{B} + \bar{A}B = A \oplus B$$

$$C = AB = \overline{\overline{AB}}$$

4）由逻辑式可画出逻辑图，如图 2-83 所示。图 2-83（a）所示为由与非门构成的半加器，图 2-83（b）所示为由一个异或门和一个与门构成的半加器。图 2-83（c）所示为半加器的逻辑符号。

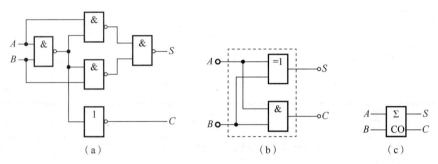

图 2-83　半加器逻辑图及其逻辑符号

2. 全加器

1）当多位数相加时，半加器可用于最低位求和，并给出进位数。第二位的相加有两个待加数 A_i 和 B_i，还有一个来自后面低位送来的进位数 C_{i-1}。这 3 个数相加，得出本位和数（全加和数）S_i 和进位数 C_i。

2）全加器的真值表如表 2-33 所示。

表 2-33　全加器真值表

被加数	加数	低位送来的进位数	进位数	本位和数
A_i	B_i	C_{i-1}	C_i	S_i
0	0	0	0	0
0	0	1	0	1
0	1	0	0	1
0	1	1	1	0
1	0	0	0	1
1	0	1	1	0
1	1	0	1	0
1	1	1	1	1

3）全加器逻辑图及其逻辑符号，如图 2-84 所示。

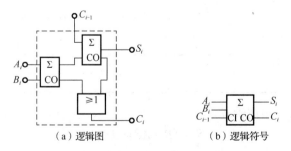

（a）逻辑图　　　　（b）逻辑符号

图 2-84　全加器逻辑图及其逻辑符号

3. 数据选择器

假如有多路信息需要通过一条线路传输或多路信息需要逐个处理,这时就要有一个电路,它能选择某个信息而排斥其他信息,这就称为数据选择。能够实现从多路数据中选择一路进行传输的电路称为数据选择器。

如4选1数据选择器是从4路数据中选择1路进行传输。为达到此目的,必须由2个选择变量进行控制,A_0和A_1为2个选择输入端,$D_0 \sim D_3$为4个数据输入端,Y为输出端,其原理图如图2-85所示。在实际电路中,加有使能端$\overline{E}$(又称选通端),只有$\overline{E}=0$时,才允许有数据输出,否则输出始终为0。

4选1数据选择器功能表如表2-34所示,由表2-34可写出当$\overline{E}=0$时的逻辑表达式:

$$Y = D_0 \overline{A_1}\,\overline{A_0} + D_1 \overline{A_1} A_0 + D_2 A_1 \overline{A_0} + D_3 A_1 A_0$$

由此可以得出其逻辑图,如图2-86所示。

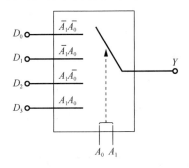

图2-85 4选1数据选择器原理图

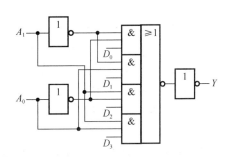

图2-86 双4选1逻辑图

表 2-34 4选1数据选择器功能表

输入				输出
$\overline{E}$	D	A_1	A_0	Y
1	×	×	×	0
0	D_0	0	0	D_0
0	D_1	0	1	D_1
0	D_2	1	0	D_2
0	D_3	1	1	D_3

注:×表示取任意值。

项 目 小 结

1)组合逻辑电路的分析与设计;逻辑函数的化简方法。

2)数制与码制的定义;不同数制之间的转换;不同码制之间的转换。

3)编码器的逻辑功能分析及测试。

4）通用译码器和显示译码器的逻辑功能分析与测试。

5）显示译码器与显示器件的连接。

6）可置数正反向计时显示报警器的原理、制作与调试。

思考与练习

一、选择题

1. 若逻辑表达式 $F = \overline{A + B}$，则下列表达式中与 F 相同的是（　　）。

    A. $F = \overline{AB}$　　　B. $F = \overline{A}\,\overline{B}$　　　C. $F = \overline{A} + \overline{B}$　　　D. $F = A + B$

2. 若一个逻辑函数由 3 个变量组成，则最小项共有（　　）个。

    A. 3　　　　　B. 4　　　　　C. 8　　　　　D. 12

3. 下列各式中为三变量 A、B、C 的最小项的是（　　）。

    A. $A+B+C$　　　B. $A+BC$　　　C. ABC

4. 图 2-87 所示是 3 个变量的卡诺图，则最简的与或表达式为（　　）。

    A. $AB + AC + BC$

    B. $A\overline{B} + \overline{B}C + AC$

    C. $AB + B\overline{C} + A\overline{C}$

5. 下列逻辑代数定律中，和普通代数相似的是（　　）。

    A. 结合律　　　B. 反演律

    C. 重叠律　　　D. 分配律

A \ BC	00	01	11	10
0	0	0	1	0
1	0	1	1	1

图 2-87　选择题 4

6. 对于几个变量的最小项的性质，正确的叙述是（　　）。

    A. 任何两个最小项的乘积值为 0，n 变量全体最小项之和值为 1

    B. 任何两个最小项的乘积值为 0，n 变量全体最小项之和值为 0

    C. 任何两个最小项的乘积值为 1，n 变量全体最小项之和值为 1

    D. 任何两个最小项的乘积值为 1，n 变量全体最小项之和值为 0

7. 对逻辑函数的化简，通常是指将逻辑函数式化简成最简（　　）。

    A. 或与式　　　B. 与非与非式　　　C. 与或式　　　D. 与或非式

8. 下面关于卡诺图化简的说法中叙述正确的是（　　）。

    A. 包围圈越大越好，个数越少越好，同一个"1"方块只允许圈一次

    B. 包围圈越大越好，个数越少越好，同一个"1"方块允许圈多次

    C. 包围圈越小越好，个数越多越好，同一个"1"方块允许圈一次

    D. 包围圈越小越好，个数越多越好，同一个"1"方块允许圈多次

9. 若逻辑函数 $L = A + ABC + BC + \overline{B}C$，则 L 可简化为（　　）。

    A. $L = A + BC$　　B. $L = A + C$　　C. $L = AB + \overline{B}C$　　D. $L = A$

10. 若逻辑函数 $L = AD + A\overline{C} + \overline{A}\,\overline{D} + \overline{A}\,BC + \overline{D}(B + C)$，则 L 化成最简式为（　　）。

　　A. $L = A + D + BC$　　　　　　　　B. $L = \overline{D} + ABC$

　　C. $L = A + \overline{D} + \overline{B}C$　　　　　　D. $L = AD + \overline{D} + \overline{A}\,\overline{B}C$

11. 下列写法中错误的是（　　）。

　　A. $(10.01)_2 = 2.05$　　　　　　B. $(11.1)_2 = (1 \times 2^1 + 1 \times 2^0 + 1 \times 2^{-1})_{10}$

　　C. $(1011)_2 = (B)_{16}$　　　　　　D. $(17F)_{16} = (000101111111)_2$

12. 二进制数 $(1011.11)_B$ 转换为十进制数为（　　）。

　　A. 11.55　　　　B. 11.75　　　　C. 11.99　　　　D. 11.30

13. 下列函数中不等于 A 的是（　　）。

　　A. $A + 1$　　　　B. $A + A$　　　　C. $A + AB$　　　　D. $A(A + B)$

14. $(37)_{10}$ 表示为二进制 8421 码为（　　）。

　　A. 110111　　　　B. 100101　　　　C. 110101　　　　D. 101101

15. $L = AB + C$ 的对偶式为（　　）。

　　A. $A + BC$　　　　B. $(A + B)C$　　　　C. $A + B + C$　　　　D. ABC

16. $F(A, B, C) = A + \overline{BC(A + B)}$，当 A、B、C 取（　　）时，可使 $F = 0$。

　　A. 010　　　　B. 101　　　　C. 110　　　　D. 011

17. 十进制整数转换为二进制数的方法是（　　）。

　　A. 除 2 取余，逆序排列　　　　　　B. 除 2 取余，顺序排列

　　C. 乘 2 取整，逆序排列　　　　　　D. 乘 2 取整，顺序排列

18. $\overline{AB + \overline{A}C}$ 等于（　　）。

　　A. $A\overline{B} + \overline{A}C$　　B. $\overline{A}B + A\overline{C}$　　C. $A\overline{B} + \overline{A}\,\overline{C}$　　D. $\overline{A}\,\overline{B} + AC$

19. 摩根定律（反演律）的正确表达式是（　　）。

　　A. $\overline{A + B} = A \cdot B$　　　　　　B. $\overline{A + B} = \overline{A} + \overline{B}$

　　C. $\overline{A + B} = A + B$　　　　　　D. $\overline{A + B} = \overline{A} \cdot \overline{B}$

20. 四变量 A、B、C、D 的最小项应为（　　）。

　　A. $AB(C + D)$　　　　　　　　B. $A + \overline{B} + C + D$

　　C. $A + B + C + D$　　　　　　D. $\overline{A}\,\overline{B}CD$

21. 逻辑项 $AB\overline{C}D$ 的相邻项有（　　）。

　　A. $ABCD$　　　　B. $\overline{A}BCD$　　　　C. $ABC\overline{D}$

　　D. $\overline{A}B\overline{C}D$　　　　E. $AB\overline{C}\overline{D}$

22. 由开关组成的逻辑电路如图 2-88 所示，设开关 A、B 分别有如图所示为 "0" 和 "1" 两个状态，则信号灯 L 亮的逻辑式为（　　）。

　　A. $F = AB + \overline{A}B$

　　B. $F = \overline{A}B + AB$

　　C. $F = \overline{A}B + A\overline{B}$

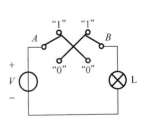

图 2-88　选择题 22

23．如图 2-89 所示的逻辑函数式为（　　）。

A．$A\overline{B}+\overline{A}B$　　　B．$A+B$　　　C．$AB+\overline{A}\ \overline{B}$　　　D．$\overline{A}+\overline{B}$

24．如图 2-90 所示的逻辑电路，当输出 $F=0$，输入变量 ABC 的取值为（　　）。

A．$ABC=111$　　　B．$ABC=000$　　　C．$A=C=1$　　　D．$B\overline{C}=1$

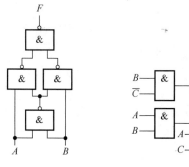

图 2-89　选择题 23　　　　　图 2-90　选择题 24

二、填空题

1．$(25)_{10}=($_____$)_2$；$(1011011)_2=($__$)_{10}$；$(723)_8=($__$)_{10}$；$(DA5)_{16}=($__$)_{10}$。

2．在函数 $F=AB+CD$ 的真值表中，$F=1$ 的状态有_____。

3．逻辑表达式 $Y=AB\overline{C}+\overline{A}CD+\overline{A}BD$ 的最小项之和的形式是_____。

4．利用对偶规则写出函数的对偶式：

（1）$Y=A(B+C)\rightarrow$_____。

（2）$Y=\overline{AB+A(C+D)}\rightarrow$_____。

5．"逻辑相邻"是指两个最小项_____因子不同，而其余因子_____。

6．$(11001)_2=($　　　　　$)_{8421BCD}$。

7．十进制数 $(56)_{10}$ 的 8421BCD 编码是($_____$)$_{8421BCD}$，等值二进制数是($_____$)$_2$。

8．逻辑函数 $F=A\oplus B$，它的与或表达式为 $F=$_____，或与表达式为 $F=$_____，与非与非表达式为 $F=$_____，或非或非表达式为 $F=$_____。

三、判断题

1．化简逻辑函数，就是把逻辑代数式写成最小项和的形式。　　　　　（　　）

2．连续异或 85 个 "1" 的结果是 0。　　　　　　　　　　　　　　　（　　）

3．两个不同最小项乘积恒为零。　　　　　　　　　　　　　　　　　（　　）

4．利用卡诺图化简逻辑表达式时，只要是相邻项即可画在圈中。　　　（　　）

5．$AB(A\oplus B)=0$ 是正确的。　　　　　　　　　　　　　　　　　（　　）

四、简答与分析题

1．可置数正反向计时显示报警器由哪几部分组成？

2．七段数码显示器有哪两种类型？在配合显示译码器使用时，应如何选用？

3．BCD 编码器有几个信号输入端？有几个信号输出端？BCD 编码器又称为什么编码器？

4．有一 T 形走廊，在相会处有一路灯，在进入走廊的 A、B、C 三地各有控制开关，都能独立进行控制。任意闭合一个开关，灯亮；任意闭合两个开关，灯灭；3 个开关同时闭合，灯亮。设 A、B、C 代表 3 个开关（输入变量），开关闭合其状态为"1"，开关断开其状态为"0"；灯亮 Y（输出变数）为"1"，灯灭 Y 为"0"。

5. 逻辑代数和普通代数有什么区别？

6. 化简图 2-91。写出逻辑函数式的简化过程并画出简化后的逻辑图。

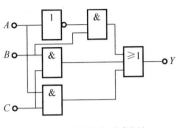

7. 某汽车驾驶员培训班进行结业考试，有 3 名评判员，其中 A 为主评判员，B 和 C 为副评判员。在评判时，按照少数服从多数的原则通过，但主评判员认为合格，亦可通过。试用与非门构成逻辑电路实现此评判规定。

图 2-91　简答与分析题 6

8. 用逻辑代数公式和常用公式化简下列逻辑函数式。

（1）$Y = A\overline{B} + B + \overline{A}B$

（2）$Y = A\overline{B}C + \overline{A} + B + \overline{C}$

（3）$Y = \overline{\overline{ABC}} + \overline{\overline{AB}}$

（4）$Y = A\overline{B}CD + ABD + \overline{A}CD$

（5）$Y = A\overline{C} + ABC + AC\overline{D} + CD$

9. 用与非门实现下列逻辑关系，画出逻辑图。

（1）$Y = AB + \overline{A}C$

（2）$Y = A + B + \overline{C}$

（3）$Y = \overline{A}\ \overline{B} + (\overline{A} + B)\overline{C}$

（4）$Y = A\overline{B} + A\overline{C} + \overline{A}BC$

10. 保险柜的两层门上各装有一个开关，当任何一层门打开时，报警灯亮，试用一逻辑门来实现此功能。

11. 将下面各函数式化成最小项之和的形式。

（1）$F = \overline{A}BC + A\overline{B}C + C$

（2）$F = A\overline{B}\ \overline{C}D + BCD + \overline{A}D$

12. 用卡诺图化简下列逻辑表达式，并将所得到的最简"与或式"转换成"与非与非"表达式。

（1）$F = (A\overline{B} + \overline{A}B)C + ABC + \overline{A}\ \overline{B}C + \overline{B}D$

（2）$F = \overline{A} + \overline{B}\ \overline{C} + AC$

（3）$F = \overline{A}BC + \overline{A}\ \overline{B}C + AB\overline{C} + ABC$

13. 用卡诺图化简下列逻辑函数。

（1）$F = \sum m(0,1,8,9,10,11)$

（2）$F = \sum m(3,4,5,7,9,13,14,15)$

（3）$F = \sum m(0,1,2,3,4,6,8,10,12,13,14,15)$

（4）$F = \sum m(1,3,7,9,11,15)$

（5）$F = \sum m(0,1,4,5,12,13)$

14．化简下列具有约束项的逻辑函数。

（1）$F = \sum m(3,5,6,7,10) + \sum d(0,1,2,4,8)$

（2）$F = \sum m(0,1,2,4) + \sum d(3,5,6,7)$

（3）$F = \sum m(2,3,7,8,11,14) + \sum d(0,5,10,15)$

（4）$F = \sum m(0,4,6,8,13) + \sum d(1,2,3,9,10,11)$

15．图 2-92 所示的多位译码显示电路中，七段译码器的灭零输入、输出信号连接是否正确？如何才能有效灭零？

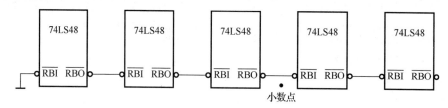

图 2-92　简答与分析题 15

16．试用低电平输出有效的 8421BCD 七段译码器 74LS47 及共阳数码管，实现 5 位 8421BCD 码的显示，包括小数点后 2 位。要求实现无效零的消隐，请画出电路连线简图。注：74LS47 与 74LS48 有相同的功能引脚和分布，所不同之处在于 74LS48 为高电平输出，74LS47 为低电平输出。

项目三

电子密码锁电路的制作

　　有些小朋友经常玩得忘乎所以，将钥匙遗落在外，进不了家门，而如果使用的是电子密码锁就不用再专程去找父母取钥匙或者在门外苦苦等待。现在电子密码锁在日常生活中已经随处可见，也是人们比较喜爱的锁具之一。锁具的主人只需要记住密码就可以随意开启，不仅保密性强，使用起来也相当方便。电子密码锁是一种通过密码输入来控制电路或是芯片工作，从而控制机械开关的闭合，完成开锁、闭锁任务的电子产品。其性能和安全性已大大超过了机械锁。本项目就让我们动手来制作电子密码锁。

知识目标

- 熟悉基本 RS 触发器的电路组成、逻辑功能和工作原理。
- 了解JK触发器、D触发器的电路组成，能理解它们的逻辑功能。
- 掌握集成JK触发器、D触发器的使用常识。
- 了解集成 JK 触发器和 D 触发器的功能转换方法。

技能目标

- 学会集成RS触发器逻辑功能的测试方法。
- 通过使用EWB软件来仿真由集成JK触发器、D触发器组成的应用电路，加深理解触发器的逻辑功能。
- 能识读常用集成触发器的引脚标注，提高集成JK触发器、D触发器的应用能力。
- 理解电子密码锁电路的设计思路，掌握其制作、安装与调试方法。

任务一　RS触发器的逻辑功能测试

任务目标

- 熟悉基本RS触发器的功能、基本组成和工作原理。
- 能使用EWB仿真软件测试基本RS触发器的功能和真值表。

任务教学方式

教学步骤	时间安排	教学方式
阅读教材	课余	自学、查资料、相互讨论
知识点讲授	4学时	同步RS触发器的内容需用投影方式展示其电路结构及逻辑功能与基本RS触发器的异同点
任务操作	2学时	引导学生学会结合仿真得到的数据，小组相互讨论并得出正确结论，同时强调数字逻辑电路仿真处理时需注意的事项
评估检测	与课堂教学同步进行	教师与学生共同完成任务的检测与评估，并能对出现的问题进行分析与处理

读一读

基本RS触发器

触发器是具有记忆功能的电路，它是数字电路和计算机系统中具有记忆和存储功能的部件的基本逻辑单元。它的输出有两个稳定状态，分别用二进制数码0、1表示。触发器在某一时刻的输出不仅与当时的输入状态有关，而且与在此之前的电路状态有关，即当输入信号消失后，触发器的状态被记忆，直到再输入信号后它的状态才可能发生变化。触发器由门电路构成，专门用来接收、存储和输出0、1代码。

1. 基本RS触发器的电路组成

将两个与非门的输入端与输出端交叉耦合就组成一个基本RS触发器，如图3-1（a）所示，其中$\bar{R}$、$\bar{S}$是它的两个输入端，"－"表示低电平（负脉冲）触发有效；Q、$\bar{Q}$是它的两个输出端。基本RS触发器的逻辑符号如图3-1（b）所示，其中有小圆圈的输出端表示$\bar{Q}$输出端。

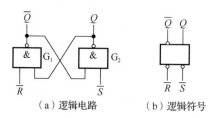

（a）逻辑电路　　　　（b）逻辑符号

图3-1　基本RS触发器

2. 基本 RS 触发器的逻辑功能

基本 RS 触发器的两个输入端为 $\bar{R}$（称为置"0"端）和 $\bar{S}$（称为置"1"端），字母上的"—"号表示低电平有效。图 3-1（b）所示的触发器的逻辑符号输入端的圆圈也表示低电平有效。基本 RS 触发器两个输出端 Q 和 $\bar{Q}$ 的值总是相反的，通常规定 Q 端输出的值作为触发器的状态，如当 Q 端为"0"时（此时 $\bar{Q}=1$），称触发器处于"0"状态；若 $Q=1$，称触发器处于"1"状态。

根据 $\bar{R}$、$\bar{S}$ 的不同输入组合，可以得出基本 RS 触发器的逻辑功能。

（1）当 $\bar{R}=1$、$\bar{S}=1$ 时，触发器保持原状态不变

若触发器原状态为"1"，即 $Q=1$（$\bar{Q}=0$）。与非门 G_1 的两个输入端均为"1"（$\bar{R}=1$、$Q=1$），与非门 G_1 输出为"0"。与非门 G_2 两个输入端 $\bar{S}=1$、$\bar{Q}=0$，与非门 G_2 输出则为"1"。此时 $Q=1$、$\bar{Q}=0$，电路状态不变。

若触发器原状态为"0"，即 $Q=0$（$\bar{Q}=1$）。与非门 G_1 两个输入端 $\bar{R}=1$、$Q=0$，则输出端 $\bar{Q}=1$；与非门 G_2 两个输入端 $\bar{S}=1$、$\bar{Q}=1$，输出端 $Q=0$，电路状态仍保持不变。也就是说，当输入端 $\bar{R}$、$\bar{S}$ 均为"1"时，触发器保持原状态不变。

注意：触发器未输入有效信号之前，总是保存原状态不变，这称为触发器的记忆功能。

（2）当 $\bar{R}=0$、$\bar{S}=1$ 时，触发器被置为"0"状态

若触发器原状态为"1"，即 $Q=1$（$\bar{Q}=0$）。与非门 G_1 两个输入端 $\bar{R}=0$、$Q=1$，输出端 $\bar{Q}$ 由"0"变为"1"；与非门 G_2 两输入端均为"1"（$\bar{S}=1$、$\bar{Q}=1$），输出端 Q 由"1"变为"0"，电路状态由"1"变为"0"。

若触发器原状态为"0"，即 $Q=0$（$\bar{Q}=1$）。与非门 G_1 两个输入端 $\bar{R}=0$、$Q=0$，输出端 $\bar{Q}$ 仍为"1"；与非门 G_2 两个输入端均为"1"（$\bar{S}=1$、$\bar{Q}=1$），输出端 Q 仍为"0"，即电路状态仍为"0"。

由上述过程可以看出，不管触发器原状态如何，只要 $\bar{R}=0$、$\bar{S}=1$，触发器状态马上变为"0"，所以 $\bar{R}$ 端称为置"0"端（或称复位端）。

（3）当 $\bar{R}=1$、$\bar{S}=0$ 时，触发器被置为"1"状态

若触发器原状态为"1"，即 $Q=1$（$\bar{Q}=0$）。与非门 G_1 两个输入端均为"1"（$\bar{R}=1$、$Q=1$），输出端 $\bar{Q}$ 仍为"0"；与非门 G_2 两个输入端 $\bar{S}=0$、$\bar{Q}=0$，输出端 Q 为"1"，即电路状态仍为"1"。

若触发器原状态为"0"，即 $Q=0$（$\bar{Q}=1$）。与非门 G_1 两个输入端 $\bar{R}=1$、$Q=0$，输出端 $\bar{Q}=1$；与非门 G_2 输入端 $\bar{S}=0$、$\bar{Q}=1$，输出端 $Q=1$（这是不稳定的），$Q=1$ 反馈到与非门 G_1 输入端，与非门 G_1 输入端现状变为 $\bar{R}=1$、$Q=1$，其输出端 $\bar{Q}=0$，$\bar{Q}=0$ 反馈到与非门 G_2 输入端，于是与非门 G_2 输入端状态为 $\bar{S}=1$、$\bar{Q}=0$，G_2 输出"1"。电路此刻达到稳定（即触发器状态不再变化），其状态为"1"。

由此可见，不管触发器原状态如何，只要 $\bar{R}=1$、$\bar{S}=0$，触发器状态马上变为"1"。$\bar{S}$ 端称为置"1"端，即 $\bar{S}$ 为低电平时，能将触发器状态置"1"。

（4）当 $\bar{R}=0$、$\bar{S}=0$ 时，触发器状态不确定

此时与非门 G_1、G_2 的输入端至少有一个为"0"，这样会出现 $\bar{Q}=1$、$Q=1$ 逻辑混乱

的状况，这种情况是不允许的。

综上所述，基本 RS 触发器的逻辑功能是置"0"、置"1"和"保持"。

3. 真值表

基本 RS 触发器的真值表如表 3-1 所示，该表能很直观地表明基本触发器的输入和输出状态之间的关系。

表 3-1　基本 RS 触发器的真值表

输入信号		输出状态	功能说明
$\bar{R}$	$\bar{S}$	Q	
0	0	不定	禁止
0	1	0	置"0"
1	0	1	置"1"
1	1	Q（不变）	保持

4. 现态、次态和特征方程

1）现态 Q^n。把触发器接收输入信号之前所处的状态称为现态，用 Q^n 表示。

2）次态 Q^{n+1}。把触发器接收输入信号后所处的状态称为次态，用 Q^{n+1} 表示。

3）特征方程。描述触发器逻辑功能的最简逻辑函数表达式称为特征方程（又称为状态方程）。基本 RS 触发器的输入、输出和原状态之间的关系可以用特征方程来表示。基本 RS 触发器的特征方程为

$$\begin{cases} Q^{n+1} = S + \bar{R}Q^n \\ \bar{R} + \bar{S} = 1 \end{cases}$$

式中，$\bar{R} + \bar{S} = 1$ 是约束条件，又称约束方程。它的作用是规定 $\bar{R}$、$\bar{S}$ 不能同时为"0"。在知道基本 RS 触发器的输入和原状态的情况下，不用分析触发器工作过程，只要利用上述特征方程就能知道触发器的输出状态。如已知触发器原状态为"1"（Q^n=1），当 $\bar{R}$ 为"0"、$\bar{S}$ 为"1"时，只要将 Q^n=1、$\bar{R}$=0、$\bar{S}$=1 代入方程即可得 Q^{n+1}=0。也就是说，在知道 Q^n=1，$\bar{R}$ 为"0"、$\bar{S}$ 为"1"时，通过特征方程计算出来的结果可知触发器状态应为"0"。

基本 RS 触发器结构简单，不需要时钟脉冲控制，可利用基本 RS 触发器和与非门构成数码寄存器来进行电位的锁存，或利用其构成消除波形抖动电路来消除因机械开关振动引起的脉冲。

想一想

1）触发器有哪两个稳定状态？

2）为什么触发器能长期保持所记忆的信息？（提示：触发器由一个稳态到另一个稳态，必须有外界信号的触发；否则，它将长期稳定在某一状态。）

3）什么是触发器？它与门电路有何区别？

或非门构成的 RS 触发器

由两个或非门输入端与输出端交叉耦合也可构成一个基本 RS 触发器，如图 3-2（a）所示，其中 R、S 是它的两个输入端，Q、$\overline{Q}$ 是它的两个输出端，这种触发器的触发信号是高电平有效，因此在逻辑符号方框外侧的输入端没有小圆圈。由或非门构成的基本 RS 触发器的逻辑符号如图 3-2（b）所示。其功能表如表 3-2 所示。

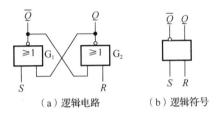

（a）逻辑电路　　　　（b）逻辑符号

图 3-2　由或非门构成的基本 RS 触发器

表 3-2　由两个或非门构成的基本 RS 触发器的功能表

输入信号		输出状态	功能说明
R	S	Q	
1	1	不定	禁止
1	0	0	置 "0"
0	1	1	置 "1"
0	0	Q（不变）	保持

做一做

测试基本 RS 触发器的逻辑功能

1. 仿真目的

熟悉基本 RS 触发器的逻辑功能，学习常用触发器的逻辑功能测试方法。

2. 仿真步骤及操作

（1）搭建基本 RS 触发器仿真电路

用 CD4011 中的两个与非门构建基本 RS 触发器，输入端 $\overline{R}$、$\overline{S}$ 通过逻辑开关（用基本元件组的开关系列中的单刀双掷开关 SPDT）分别接电源（高电平）或 "地"（低电平），触发器输出端 Q、$\overline{Q}$ 接逻辑探头。仿真电路如图 3-3（a）所示。通过与 RS 触发器输出端端口连接的探头亮暗变化，来观察触发器的输出电平。探头亮时，表示触发器端口输出高电平，记为 "1"；探头暗时，表示触发器端口输出低电平，记为 "0"。

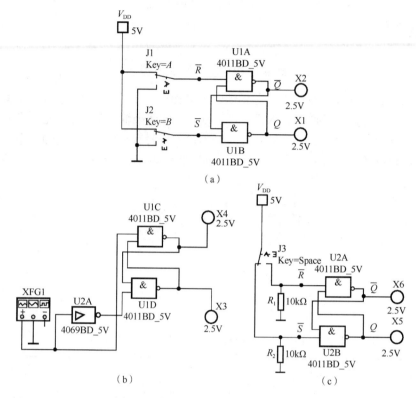

图 3-3　基本 RS 触发器逻辑仿真电路

图 3-3（b）、（c）所示仿真电路能直接反映基本 RS 触发器的两个稳态。图 3-3（b）中函数信号发生器输出峰值 3V、20Hz 的脉冲信号。图 3-3（c）中，J3 动作，使 $\overline{R}$ 接高电平，即 $\overline{R}$ 为 "1"，与此同时，$\overline{S}$ 接低电平。

（2）记录基本 RS 触发器的逻辑功能

在表 3-3 中记录 RS 触发器的状态。

表 3-3　仿真时基本 RS 触发器的状态

触发器输入		触发器输出	
$\overline{R}$	$\overline{S}$	Q	$\overline{Q}$
1	1→0		
	0→1		
1→0	1		
0→1			
0	0		

结论分析：由以上实验可知，触发器的输出状态不但与_____有关，而且与触发器的_____有关；输入信号 $\overline{R}$、$\overline{S}$ 直接决定触发器的输出状态。

　议一议

图 3-3（a）所示的仿真电路中，$\overline{R}$、$\overline{S}$ 同时接低电平时，可否继续仿真？为什么？

同步 RS 触发器

1. 时钟脉冲 CP

在实际数字电路系统中，往往有很多触发器，为了使它们能按统一的节拍工作，大多需要加控制脉冲到各个触发器，使其得到控制，只有当控制脉冲到来时，各触发器才工作（触发器的翻转时刻受控制脉冲的控制，而翻转到何种状态由输入信号决定）。该控制脉冲称为时钟脉冲，简称 CP，其波形如图 3-4 所示。由时钟脉冲控制的 RS 触发器称为同步 RS 触发器，也称时控 RS 触发器。

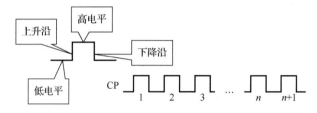

图 3-4 时钟脉冲 CP 的波形

时钟脉冲每个周期可分为 4 个部分，包括低电平部分、高电平部分、上升沿部分（由低电平变为高电平的部分）和下降沿部分（由高电平变为低电平的部分）。这样，时钟 RS 触发器可分为电平触发和边沿触发两种方式。下面介绍同步（高电平触发）RS 触发器。

2. 同步 RS 触发器的电路组成

同步 RS 触发器是在基本 RS 触发器基础上增加了两个与非门和时钟脉冲输入端构成的，其逻辑结构如图 3-5（a）所示。图中 G_1、G_2 门组成基本 RS 触发器，G_3、G_4 门构成控制门，在时钟脉冲 CP 控制下，将输入 R、S 的信号传送到基本 RS 触发器。$\overline{R}_D$、$\overline{S}_D$ 不受时钟脉冲控制，可以直接置 0、置 1，所以 $\overline{R}_D$ 称为异步置 "0" 端，$\overline{S}_D$ 称为异步置 "1" 端，其逻辑符号如图 3-5（b）所示。

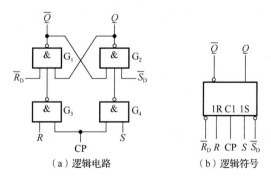

（a）逻辑电路   （b）逻辑符号

图 3-5 同步 RS 触发器

3. 同步 RS 触发器的工作原理

同步 RS 触发器就好像是在基本 RS 触发器上加了两道门（与非门），该门的开与关受时钟脉冲 CP 的控制。

1）无时钟脉冲作用（CP=0）时，G_3、G_4 被封锁，R、S 端输入信号不起作用，触发器维持原状态。

当无时钟脉冲 CP 时，与非门 G_3、G_4 的输入端都有"0"，这时无论 R、S 端输入什么信号，与非门 G_3、G_4 的输出都为"1"，这两个"1"送到基本 RS 触发器的输入端，基本 RS 触发器状态保持不变。即无时钟脉冲到来时，无论 R、S 端输入什么信号，触发器的输出状态都不改变，即触发器不工作。

2）有时钟脉冲输入（CP=1）时，R、S 端输入信号起作用，触发器工作。

当有时钟脉冲 CP 到来时，时钟脉冲高电平加到与非门 G_3、G_4 输入端，相当于两个与非门都输入"1"，它们开始工作，R、S 端输入的信号到与非门 G_3、G_4，与时钟脉冲的高电平进行与非运算后再送到基本 RS 触发器输入端。这时的同步触发器就相当于一个基本的 RS 触发器。

$\overline{R}_D$ 为同步 RS 触发器置"0"端，$\overline{S}_D$ 为置"1"端。当 $\overline{R}_D$ 为"0"时，将触发器置"0"（Q=0）；当 $\overline{S}_D$ 为"0"时，将触发器置"1"（Q=1）；如果不需要置"0"和置"1"，$\overline{R}_D$、$\overline{S}_D$ 均为"1"，不影响触发器的工作。

同步 RS 触发器的特点是：无时钟脉冲到来时，它不工作；有时钟脉冲到来时，其工作过程与基本 RS 触发器一样。

综上所述，同步 RS 触发器在无时钟脉冲到来时不工作；在有时钟脉冲到来时，其逻辑功能与基本 RS 触发器相同，也是置"0"、置"1"和保持。

4. 真值表

同步 RS 触发器的真值表见表 3-4。

表 3-4　同步 RS 触发器的真值表

时钟脉冲 CP	输入信号		输出状态 Q^{n+1}	功能说明
	S	R		
0	×	×	Q^n	保持
1	0	0	Q^n	保持
1	0	1	0	置"0"
1	1	0	1	置"1"
1	1	1	×	禁止

注：×表示取值可以为 0 或 1。

5. 特征方程

同步 RS 触发器的特征方程为

$$\begin{cases} Q^{n+1} = S + \overline{R}Q^n \\ R{\cdot}S = 0 \end{cases}$$

$R{\cdot}S = 0$ 是该触发器的约束条件，它规定 R 和 S 不能同时为 "1"。因为 R、S 端若同时为 "1"，而此时 CP=1，会使图 3-5 中的 G_3、G_4 输出端同时为 "0"，从而出现基本 RS 触发器（G_1、G_2 构成）工作状态不定的情况。

例 3-1　由图 3-6 中的 R 和 S 信号波形，画出同步 RS 触发器 Q 和 $\overline{Q}$ 的波形。

解：设 RS 触发器的初态为 0，当时钟脉冲 CP=0 时，触发器不受 R 和 S 信号控制，保持原状态不变。只有在 CP=1 期间，R 和 S 信号才对触发器起作用。根据特征方程可画出同步 RS 触发器 Q 和 $\overline{Q}$ 的波形，如图 3-6 所示。

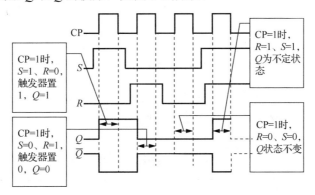

图 3-6　例 3-1 同步 RS 触发器的波形

1）同步 RS 触发器和或非门构成的基本 RS 触发器的约束条件是否一样？
2）RS 触发器的逻辑功能是什么？同步 RS 触发器的特点是什么？

同步 RS 触发器的逻辑功能仿真测试

1. 仿真目的

熟悉同步 RS 触发器的逻辑功能，学习常用触发器的逻辑功能测试方法。

2. 仿真步骤及操作

（1）搭建同步 RS 触发器仿真电路

进入 NI Multisim 14.0 工作界面，用 CD4011 中两个 2 输入与非门和 CD4023 中两个 3 输入与非门构建同步 RS 触发器，各输入端或置位端通过逻辑开关分别接电源（高电平）或 "地"（低电平），触发器输出端 Q、$\overline{Q}$ 接逻辑探头，仿真测试电路如图 3-7 所示。通过 X1、X2 两探头的亮暗变化，反映触发器输出电平的高低。

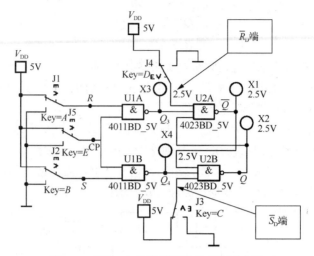

图 3-7   同步 RS 触发器逻辑仿真测试电路

（2）测试同步 RS 触发器的逻辑功能

依据表 3-5 所示内容，改变 R、S 和 CP 输入端电平的高低，并把逻辑探头 X2、X1 的状态情况记录于表中。

表 3-5   同步 RS 触发器逻辑功能测试结果

触发器输入			触发器输出		功能说明
时钟脉冲 CP	S	R	Q X2 的状态	$\overline{Q}$ X1 的状态	
CP=0	×	×			
0→1	0	0			
0→1	0	1			
0→1	1	0			
0→1	1	1			

注：×表示取值可以为 0 或 1。

注意：当 CP、R、S 同为高电平，逻辑探头 X3、X4 都暗（U1A、U1B 输出均为低电平），Q、$\overline{Q}$ 端连接的逻辑探头同时都亮（U2A、U2B 两与非门被强行置 "1"），这时已破坏了逻辑规律。随后若把 CP 端转为低电平，X1、X2 会出现交替闪烁现象。此时，可用 $\overline{R}_D$ 端接 "地" 给触发器置 0 或用 $\overline{S}_D$ 端接 "地" 给触发器置 1，仿真可继续下去。

1）$\overline{R}_D$、$\overline{S}_D$ 端在同步 RS 触发器中究竟起什么作用？

2）仿真时，会出现触发器输出端 X1、X2 均亮，却出现不了 X1、X2 两逻辑探头均暗（只能出现两逻辑探头忽明忽暗）的情况吗？

边沿触发和主从触发

前面介绍的触发器，在讲述逻辑功能和画波形时，均没考虑在时钟脉冲期间控制端

的输入信号发生变化。同步式触发一般采用高电平触发，输入信号起作用。下面以同步
RS 触发器（图 3-5）为例，来说明当 CP=1 期间，如果输入信号发生变化，会产生何种
现象。如图 3-8 所示，设起始状态 $Q=0$。

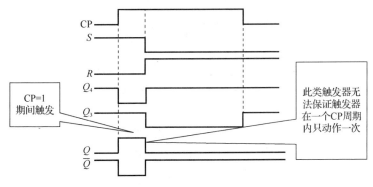

图 3-8　触发器的空翻现象

正常情况下，CP=1 期间，$R=0$，$S=1$，则 $Q_3=1$、$Q_4=0$，使触发器产生置位动作，
$Q=1$，$\overline{Q}=0$。当 S 和 R 均发生变化，即 $R=1$，$S=0$，如图 3-8 所示，对应时刻使 Q_4 从 0
回到 1，Q_3 由 1 回到 0，触发器又回到 $Q=0$，$\overline{Q}=1$ 状态，这就是空翻现象。

因此，同步触发器在高电平 CP=1 期间，若有干扰脉冲窜入，则易使触发器产生空
翻，导致错误输出。

为了保证触发器可靠工作，防止出现此类多次翻转现象，必须限制输入控制端信号，
使其在 CP 期间不发生变化。而采用边沿或主从触发方式的触发器，能有效地解决发生
在逻辑电路上的空翻现象。

根据触发器在时钟脉冲到来时触发方式的不同，触发器触发方式除有同步触发方式
外，还有边沿（上升沿或下降沿）触发和主从触发等类型。

1. 边沿触发类型

上升沿（又称正边沿）触发方式是指触发器只在时钟脉冲 CP 上升沿那一时刻，根
据输入信号的状态按其功能触发翻转，如图 3-9 所示。因此它可以保证触发器在一个 CP
周期内只动作一次，从而克服输入干扰信号引起的误翻转。

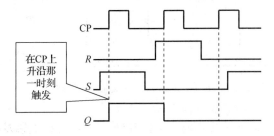

图 3-9　上升沿触发方式示意图

下降沿触发方式是指触发器只在 CP 下降沿那一时刻按其功能翻转，其余时刻均处

于保持状态。这样，同样能确保触发器在一个 CP 周期内只动作一次。以 RS 触发器为例，下降沿触发方式波形示意图如图 3-10 所示。

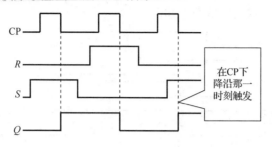

图 3-10   下降沿触发方式波形示意图

2. 主从触发类型

克服空翻的另一个有效方法通常是采用主从触发器。主从触发器一般由主触发器、从触发器和非门构成。它为双拍式工作方式，即将一个时钟分为两个阶段（节拍）。

1）CP 高电平期间，主触发器接收输入控制信号，而从触发器被封锁，保持原状态不变。

2）在 CP 由高电平转成低电平时（即下降沿），主触发器被封锁，保持 CP 高电平所接收的状态不变，而从触发器封锁被解除，打开接收主触发器的状态。

主从触发器在 CP 高电平期间，主触发器接收输入控制信号并改变状态；在 CP 的下降沿，从触发器接收主触发器的状态。这点与下降沿触发方式不同。

边沿 RS 触发器与同步 RS 触发器只是有效触发的时间不同，其功能还是相同的。由于各类触发方式的触发器逻辑图及内部工作情况较复杂，一般来说，只需掌握其外部应用特性即可。为了便于识别不同触发方式的触发器，目前器件手册中 CP 端采用特定符号加以区别，如表 3-6 所示。

表 3-6   RS 触发器的逻辑符号

触发类型	同步 RS 触发器	上升沿触发 RS 触发器	下降沿触发 RS 触发器
符号	R — 1R — $\overline{Q}$ CP — C1 S — 1S — Q	R — 1R — $\overline{Q}$ CP — >C1 S — 1S — Q	R — 1R — $\overline{Q}$ CP — >C1 S — 1S — Q

而对于反馈型触发器（如 JK 触发器），即使输入控制信号不发生变化，由于 CP 脉冲过宽，也会发生多次翻转——振荡现象。

其实，能在电路结构上解决空翻与振荡问题，除了采用边沿触发和主从触发方式的触发器外，还有常采用的维持-阻塞触发器。维持-阻塞触发器是利用电路内部维持-阻塞线产生的维持-阻塞作用来克服空翻的。

1）为解决空翻现象，触发器常用的电路结构有哪些？

2）边沿 RS 触发器与同步 RS 触发器的有效触发时间不同，但功能是否相同？

评一评

填写表 3-7。

表 3-7　任务检测与评估

	检测项目	评分标准	分值	学生自评	教师评估
知识内容	基本 RS 触发器电路原理	掌握基本 RS 触发器的逻辑电路、逻辑符号、逻辑功能和特征方程	30		
	同步 RS 触发器电路原理	掌握同步 RS 触发器的逻辑电路、逻辑符号、逻辑功能和特征方程	30		
操作技能	基本 RS 触发器功能测试	能使用 EWB 软件仿真测试基本 RS 触发器电路，并能够分析仿真数据，得出正确结论	15		
	同步 RS 触发器逻辑功能测试		15		
	安全操作	安全用电，按章操作，遵守实训室管理制度	5		
	文明操作	按 6S 企业管理体系要求进行现场管理	5		

任务二　JK 触发器的逻辑功能测试

任务目标

- 熟悉 JK 触发器的功能、基本组成和工作原理。
- 能使用 EWB 仿真测试 JK 触发器的功能和真值表。
- 应用集成 JK 触发器进行电子产品——灯光控制器设计。

任务教学方式

教学步骤	时间安排	教学方式
阅读教材	课余	自学、查资料、相互讨论
知识点讲授	4 学时	同步 JK 触发器的内容需用投影方式表现其电路结构及逻辑功能与同步 RS 触发器的差异 讲授边沿 JK 触发器的内容时，应结合仿真电路，并举例说明边沿触发的特点
任务操作	4 学时	引导学生学会结合仿真得到的数据，小组相互讨论并得出正确结论，同时强调数字逻辑电路仿真处理时需注意的事项
评估检测	与课堂教学同步进行	教师与学生共同完成任务的检测与评估，并能对出现的问题进行分析与处理

同步 JK 触发器

同步 JK 触发器电路是在同步 RS 触发器的基础上从输出端引出两条馈线，将 Q 端与 R 端相连，$\bar{Q}$ 端与 S 端相连，再增加两个输入端 J 和 K 构成的。同步 JK 触发器如图 3-11 所示。

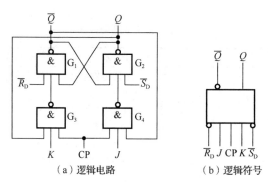

（a）逻辑电路　　　　　　　　（b）逻辑符号

图 3-11　同步 JK 触发器

1. 工作原理

1）当无时钟脉冲到来（即 CP=0）时，J、K 输入信号不起作用，触发器处于保持状态。

与非门 G_3、G_4 被封锁，处于关闭状态。无论 J、K 输入何值均不影响与非门 G_1、G_2，触发器状态保持不变。

2）当有时钟脉冲到来（即 CP=1）时，J、K 输入信号起作用，触发器工作。这时触发器工作的状态可分为以下 4 种情况。

① 当 $J=0$，$K=0$ 时，$Q^{n+1}=Q^n$。

无论触发器原状态如何，有 CP 脉冲到来时，由于 $J=0$，$K=0$，则与非门 G_3、G_4 均输出"1"，触发器保持原状态不变。

② 当 $J=0$，$K=1$ 时，$Q^{n+1}=0$。

若触发器原状态为 $Q^n=0$（$\bar{Q}^n=1$），则与非门 G_3、G_4 均输出"1"，触发器状态不变（Q^n 仍为"0"）；若触发器原状态为 $Q^n=1$（$\bar{Q}^n=0$），则与非门 G_3 输出为"0"，与非门 G_4 输出"1"，触发器状态变为"0"。

由此可以看出，当 $J=0$，$K=1$，并且有时钟脉冲到来时，无论触发器原状态如何，触发器置"0"。

③ 当 $J=1$，$K=0$ 时，$Q^{n+1}=1$。

若触发器原状态为 $Q^n=1$，则与非门 G_3、G_4 均输出"1"，触发器状态不变（Q 仍为"1"）；若触发器原状态为 $Q^n=0$，则与非门 G_3 输出为"1"，与非门 G_4 输出为"0"，触发器状态变为"1"。

由此可以看出，当 $J=1$、$K=0$，并且有时钟脉冲到来时，无论触发器原状态如何，触发器均置"1"。

④ 当 $J=1$，$K=1$ 时，$Q^{n+1}=\bar{Q}^n$。

若触发器原状态为 $Q^n=0$，通过反馈线使与非门 G_3 输出为"1"，与非门 G_4 输出为"0"，与非门 G_3 的"1"和与非门 G_4 的"0"加到 G_1、G_2 构成的基本 RS 触发器输入端，触发器状态由"0"变为"1"；若触发器原状态为 $Q^n=1$，通过反馈线使与非门 G_3 输出为"0"，与非门 G_4 输出为"1"，触发器状态由"1"变为"0"。

由此可以看出，当 $J=1$，$K=1$，并且有时钟脉冲到来时，触发器状态翻转。

从上面的分析可以看出，JK 触发器具有翻转、置"1"、置"0"和保持的逻辑功能。JK 触发器虽是在 RS 触发器的基础上稍加改动而产生的，但与 RS 触发器的不同之处在于，它没有约束条件。

2. 真值表

JK 触发器的真值表如表 3-8 所示。

表 3-8　JK 触发器的真值表

输入		次态	功能说明
J	K	Q^{n+1}	
0	0	Q^n	保持
0	1	0	置"0"
1	0	1	置"1"
1	1	$\bar{Q}^n$	翻转

3. 特征方程

JK 触发器的特征方程为

$$Q^{n+1}=J\bar{Q}^n+\bar{K}Q^n$$

1）同步 JK 触发器与同步 RS 触发器在电路结构上有何不同？

2）JK 触发器与 RS 触发器的逻辑功能有什么区别？

主从 JK 触发器

为设计出实用的触发器，必须在电路结构上解决空翻与振荡问题。解决的思路是将 CP 脉冲电平触发改为边沿触发。常用的电路结构有维持-阻塞触发器、边沿触发器和主从触发器。

主从触发器的种类比较多，常见的有主从 RS 触发器、主从 JK 触发器等，这里以

图 3-12 所示的主从 JK 触发器为例，来分析主从触发器的工作原理。

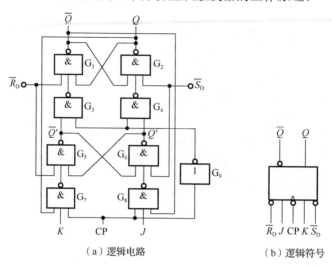

（a）逻辑电路　　　　　（b）逻辑符号

图 3-12　主从 JK 触发器

从图 3-12 中可以看出，主从 JK 触发器由主触发器和从触发器组成，其中与非门 G_1～G_4 构成的触发器称为从触发器，与非门 G_5～G_8 构成的触发器称为主触发器，非门 G_9 的作用是使加到与非门 G_3、G_4 的时钟信号与加到与非门 G_7、G_8 的时钟信号相反，$\overline{R}_D$、$\overline{S}_D$ 一般为高电平。

1）若触发器原状态为 $Q=0$（$\overline{Q}=1$）。在 CP=1 时，与非门 G_7、G_8 开通，主触发器工作，而 CP=1 经非门后变为 $\overline{CP}=0$，与非门 G_3、G_4 关闭，从触发器不工作，$Q=0$ 通过反馈线送至与非门 G_7，G_7 输出为"1"（G_7 输入 $Q=0$、$K=1$），$\overline{Q}=1$ 通过反馈线送至与非门 G_8，G_8 输出为"0"（G_8 输入 $\overline{Q}=1$、$J=1$）。与非门 G_7、G_8 输出的"1"和"0"送到由 G_5、G_6 构成的基本 RS 触发器的输入端，进行置"1"，$Q'=1$，而 $\overline{Q}'=0$。主触发器状态由"0"变为"1"。在 CP=0 时，与非门 G_7、G_8 关闭，主触发器不工作，而 CP=0 经非门后变为 $\overline{CP}=1$，与非门 G_3、G_4 输出的"1"和"0"送到由 G_1、G_2 构成的基本 RS 触发器的输入端，对它进行置"1"，即 $Q=1$、$\overline{Q}=0$。

2）若触发器原状态为 $Q=1$（$\overline{Q}=0$）。在 CP=1 时，与非门 G_7、G_8 开通，主触发器工作，而 CP=1 经非门 G_7，G_7 输出为"0"，$\overline{Q}=0$ 通过反馈线送至与非门 G_8，G_8 输出为"1"。与非门 G_7、G_8 输出的"0"和"1"送到由与非门 G_5、G_6 构成的基本 RS 触发器的输入端，对该基本 RS 触发器进行置"0"，$Q'=0$，而 $\overline{Q}'=1$，主触发器状态由"1"变为"0"。

在 CP=0 时，与非门 G_7、G_8 关闭，主触发器不工作，而 CP=0 经非门后变为 $\overline{CP}=1$，与非门 G_3、G_4 开通，$\overline{Q}'=1$ 送到与非门 G_3，G_3 输出 0，而 $Q'=0$ 送到与非门 G_4，G_4 输出"1"。与非门 G_3、G_4 输出的"0"和"1"送到由与非门 G_1、G_2 构成的基本 RS 触发器的输入端，对它进行置"0"，即 $Q=0$、$\overline{Q}=1$。

由以上分析可以看出：

1）当 $J=1$，$K=1$，并且在时钟脉冲 CP 到来时（CP=1），主触发器工作，从触发器不工作，而时钟脉冲过后（CP 由"1"变为"0"），主触发器不工作，从触发器工作。此时，主从 JK 触发器的逻辑功能是翻转。

2）当 $J=1$，$K=0$ 时，主从 JK 触发器的功能是置"1"。

3）当 $J=0$，$K=1$ 时，主从 JK 触发器的功能是置"0"。

4）当 $J=0$，$K=0$ 时，主从 JK 触发器的功能是保持。

由此可见，主从 JK 触发器的逻辑功能与同步 JK 触发器是一样的，都具有翻转、置"1"、置"0"和保持的功能。但因为主从 JK 触发器利用了两级 RS 触发器，当一个触发器工作时，另一个触发器不工作，将输入端与输出端隔离开来，使输出状态的变化发生在 CP 脉冲由高电平下降为低电平的时刻。

主从 JK 触发器的逻辑功能较强，并且 J、K 间不存在约束，但存在一次翻转现象。所谓一次翻转，是指 CP=1 期间主触发器只能翻转一次，一旦翻转，即使 J、K 信号发生变化，也不能翻转回去，在 CP 由"1"变"0"打入从触发器。由于一次翻转现象的存在，为了避免出现错误动作，必须在 CP=1 期间保持 J、K 信号不变，并采用窄时钟脉冲，以减少干扰机会。

解决空翻问题的另一种主要办法是使触发器边沿触发，如采用边沿触发的 JK 触发器。边沿 JK 触发器的逻辑符号如图 3-13 所示，它不仅可以避免不确定状态，而且是逻辑功能最强的触发器。

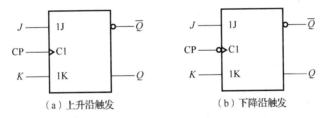

（a）上升沿触发　　　　　　（b）下降沿触发

图 3-13　边沿 JK 触发器的逻辑符号

例 3-2　图 3-14 所示为下降沿 JK 触发器的输入波形，设初始状态为 0，试画出输出 Q 的波形。

解：JK 触发器在 CP 期间有效读取 J、K 信号，在 CP 下降沿到来时做相应翻转，根据 JK 触发器的特征方程可画出 Q 的波形。

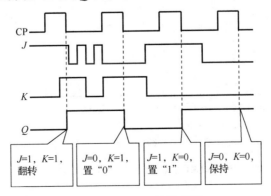

图 3-14　例 3-2 的波形图

1）能否在触发器逻辑符号上判别上升沿和下降沿两种触发方式？

2）实际的 JK 触发器产品一般设有预置端。带预置端的 JK 触发器具有何种功能？

边沿 JK 触发器逻辑功能的仿真测试

1. 仿真目的

掌握边沿 JK 触发器的逻辑功能。理解边沿触发方式的特点。

2. 仿真步骤及内容

在输入信号为双端的情况下，JK 触发器是功能完善、使用灵活和通用性较强的一种触发器。74LS112 是一种下降沿触发的双 JK 触发器，它的引脚排列及功能表如图 3-15 所示。

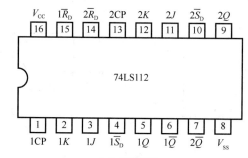

（a）引脚排列

输入					输出	
$\overline{S}_D$	$\overline{R}_D$	CP	J	K	Q^{n+1}	$\overline{Q}^{n+1}$
0	1	×	×	×	1	0
1	0	×	×	×	0	1
0	0	×	×	×	不定态	不定态
1	1	↓	0	0	Q^n	$\overline{Q}^n$
1	1	↓	1	0	1	0
1	1	↓	0	1	0	1
1	1	↓	1	1	$\overline{Q}^n$	Q^n
1	1	↑	×	×	Q^n	$\overline{Q}^n$

注：×表示取任意值，↓表示由高电平到低电平跳变，↑表示由低电平到高电平跳变。

（b）功能表

图 3-15   74LS112 双 JK 触发器引脚排列及功能表

图 3-16 所示就是用来验证 JK 触发器的逻辑功能的仿真电路。

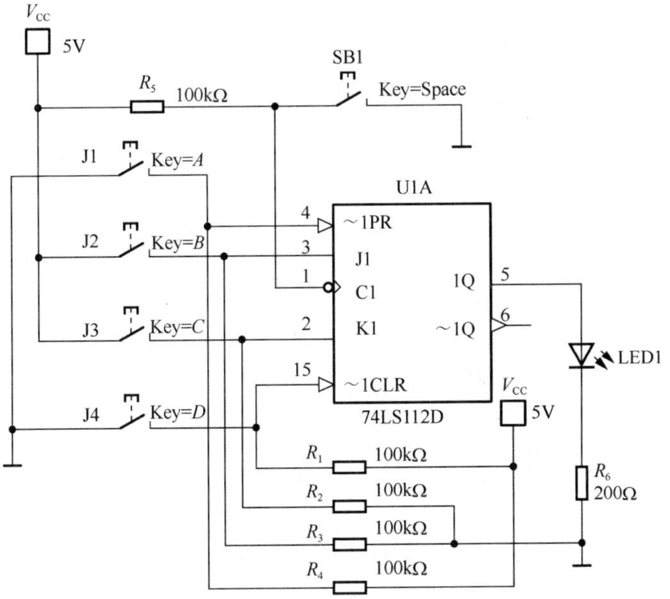

图 3-16　74LS112 逻辑功能测试仿真电路

1）进入 EWB（NI Multisim 14.0）工作界面，按图 3-16 所示搭建测试仿真图。CP 为时钟输入信号，下降沿有效。图中使用按钮开关 SB1 连接 CP 端，按下 J1 瞬间模拟下降沿信号（1→0，即↓），松开 SB1 瞬间模拟上升沿信号（0→1，即↑）。发光二极管 LED1 "亮"，表示触发器输出为 "高电平"（即 $Q^{n+1}=1$）；发光二极管 LED1 "暗"，表示触发器输出为 "低电平"（即 $Q^{n+1}=0$）。

2）测试 $\overline{R}_D$（CLR 端）和 $\overline{S}_D$（PR 端）的复位、置位功能。

① 合上 J1，观察发光二极管 LED1 的状态。打开 J1，合上 J4，再次观察发光二极管 LED1 的状态。

② 同时合上 J1、J4，观察发光二极管 LED1 的状态。

3）测试 JK 触发器的逻辑功能（要求按表 3-9 所列内容进行测试）。

在 J2、J3 不同状态（即 J、K 取不同值）时，分别按下（闭合）SB1，观察发光二极管 LED1 的状态，并将测试结果填入表 3-9 中。

表 3-9　JK 触发器功能测试表

J　K		CP	Q^{n+1}	
			当 $Q^n=0$ 时	当 $Q^n=1$ 时
0	0	0→1（↑）		
		1→0（↓）		
0	1	0→1（↑）		
		1→0（↓）		
1	0	0→1（↑）		
		1→0（↓）		
1	1	0→1（↑）		
		1→0（↓）		

1）利用普通机械开关组成的数据开关所产生的信号，是否可作为触发器的时钟脉冲信号？为什么？是否可用作触发器的其他输入端的信号？

2）JK 触发器是否与同步 RS 触发器一样，输入端信号有约束条件？

读一读

T 触 发 器

T 触发器又称计数型触发器。将 JK 触发器的 J、K 两个端连接在一起作为一个输入端就构成了 T 触发器。T 触发器如图 3-17 所示。

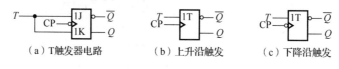

（a）T触发器电路　　　　（b）上升沿触发　　　　（c）下降沿触发

图 3-17　T 触发器

1. 工作原理

由图 3-17（a）可以看出，T 触发器可以看作 JK 触发器在"$J=0$，$K=0$"和"$J=1$，$K=1$"时的情况。从 JK 触发器的工作原理分析知道，当 T 触发器 T 端输入为"0"时，相当于"$J=0$，$K=0$"，触发器的状态保持不变；当 T 触发器 T 端输入为"1"时，相当于"$J=1$，$K=1$"，触发器的状态翻转（即新状态与原状态相反）。

由上述分析可知，T 触发器具有的逻辑功能是"保持"和"翻转"。

如果将 T 端固定接高电平"1"（即 $T=1$），这样的触发器称为 T'触发器，因为 T 始终为"1"，所以触发器状态只与时钟脉冲 CP 有关。每一个时钟脉冲下降沿到来时，触发器的状态就会变化一次。此时，触发器只具有"计数"功能。

2. 真值表

T 触发器的真值表如表 3-10 所示。

表 3-10　T 触发器的真值表

输入 T	输出 Q^{n+1}	功能说明
1	$\overline{Q}^n$	计数（翻转）
0	Q^n	记忆（保持）

3. 特征方程

T 触发器的特征方程为 $Q^{n+1}=T\overline{Q}^n+\overline{T}Q^n$。

T'触发器的特征方程为 $Q^{n+1}=\overline{Q}^n$。

1）T 触发器的逻辑功能是什么？

2）为什么说 T 触发器是 JK 触发器的一个应用特例？

灯光控制器的仿真测试

1. 仿真目的

1）通过仿真，检测验证 JK 触发器用作 T 触发器时的逻辑功能。

2）理解灯光控制器电路的设计思路。

2. 仿真原理

图 3-18 所示为 5 路灯光控制器电路。图中把两个 JK 触发器 U1A、U1B 的 J 端和 K 端都同时接在电源正端，使 $J=K=1$，当每一个时钟脉冲 CP 到来时，触发器的状态就要翻转一次，进入计数状态，构成 T 触发器，即计数触发器。CMOS 型 T 触发器是在 CP 脉冲的边沿到来时，输出端的状态发生翻转（$Q^{n+1}=\overline{Q}^{n}$）。每输入两个时钟脉冲 CP_1，Q_1 端就产生一个时钟脉冲，输出脉冲频率是输入脉冲频率的 1/2，实现了二分频。把 U1A 触发器的 Q_1 端作为 U1B 触发器的时钟脉冲 CP_2，那么 U1B 触发器的 Q_1 端输出脉冲的频率就是输入时钟脉冲 CP_1 频率的 1/4，这样便实现了四分频。

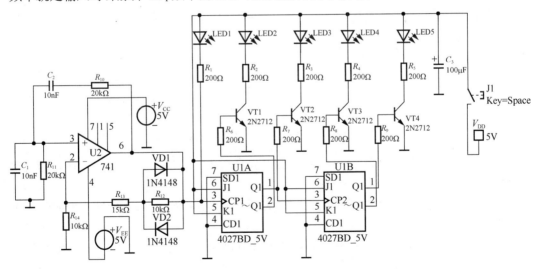

图 3-18　5 路灯光控制器电路

由集成运算放大器 U2（741）组成的 RC 低频振荡器作触发器 U1A 的时钟脉冲 CP_1 的信号源。U2 输出的信号为低电平时，发光二极管 LED1 正向偏置发光，高电平时，LED1 因反向偏置而熄灭。触发器 U1A 的两个输出端 Q_1 和 $\overline{Q}_1$，总是一个为高电平 "1"

时，另一个为低电平"0"。当某个输出端输出高电平时，与它相连的晶体管导通，相应的发光二极管发光，这样 LED2 和 LED3 交替发光。由于它对 CP_1 来说是一个二分频器，所以发光二极管发光的时间是LED1的一倍；同理，U1B 输出端所接的发光二极管 LED4、LED5 也是交替发光，只不过发光的时间又是 LED2 或 LED3 的一倍。5 个发光二极管形成了有趣的交替发光现象。

　　3．仿真步骤及操作要领

　　1）参照图 3-19，在 EWB 仿真软件环境下创建 5 路灯光控制器电路。在仪器仪表工具栏内选取逻辑分析仪，并拖入 NI Multisim 14.0 工作窗口。用逻辑分析仪 XLA1 的 5 个输入端分别与由集成运放构成的低频振荡器输出端、两 JK 触发器 U1A 和 U1B 输出端相连接，再将逻辑分析仪与检测点的各连线的电气属性对话框中的网标节点名称分别重新命名为 CP、Q_1、$\overline{Q}_1$、Q_2、$\overline{Q}_2$。

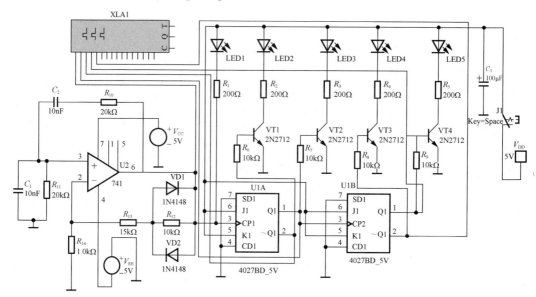

图 3-19　灯光控制器的仿真电路

　　2）仿真时将开关 J1 闭合，观察灯 LED1、LED2、LED3、LED4、LED5 的点亮顺序和变化速率。

　　3）用逻辑分析仪测 CP_1、Q_1、$\overline{Q}_1$、Q_2、$\overline{Q}_2$ 的脉冲波形。各点脉冲波形如图 3-20 所示。

　　注意：逻辑测试仪的测试频率必须设置为 100Hz。

　　4．仿真结果及分析

　　根据实验步骤，观察灯的变化顺序和逻辑分析仪的测试波形，按照逻辑分析仪显示的状态图画出 CP_1、Q_1、$\overline{Q}_1$、Q_2、$\overline{Q}_2$ 的脉冲波形。

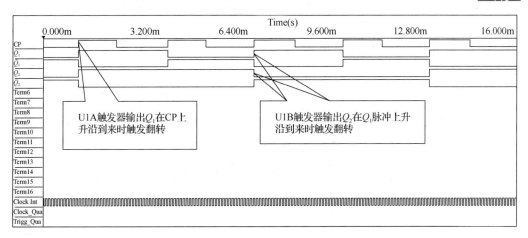

图 3-20 灯光控制器各点脉冲波形

 议一议

1）为什么仿真时逻辑分析仪的频率必须设置为100Hz？

2）从CP_1、Q_1、$\overline{Q}_1$、Q_2、$\overline{Q}_2$的脉冲波形图来看，CD4027 触发器属正边沿（上升沿）还是负边沿（下降沿）触发？（提示：系典型正边沿触发。）

评一评

填写表 3-11。

表 3-11 任务检测与评估

	检测项目	评分标准	分值	学生自评	教师评估
知识内容	JK 触发器电路	掌握 JK 触发器的逻辑符号、真值表和特征方程	30		
	T 触发器电路	掌握 T 触发器的逻辑符号、真值表和特征方程	20		
操作技能	JK 触发器功能测试	通过使用 EWB 软件仿真 JK 触发器电路，能够正确分析仿真结果，继而掌握 JK 触发器逻辑功能	20		
	灯光控制器电路仿真	能使用 EWB 软件仿真灯光控制器电路，且能够正确分析仿真结果	20		
	安全操作	安全用电，按章操作，遵守实训室管理制度	5		
	文明操作	按 6S 企业管理体系要求进行现场管理	5		

任务三 D 触发器的逻辑功能测试

任务目标

- 熟悉 D 触发器的逻辑功能、基本组成和工作原理。
- 能使用 EWB 软件仿真测试 D 触发器，并得出其逻辑功能和真值表。

任务教学方式

教学步骤	时间安排	教学方式
阅读教材	课余	学生自学、查资料、相互讨论
知识点讲授	2 学时	同步 D 触发器内容需采用投影方式表明其电路结构及逻辑功能与同步 RS 触发器的差异
任务操作	4 学时	引导学生学会结合仿真得到的数据，小组相互讨论并得出正确结论，同时强调数字逻辑电路仿真处理时需注意的事项
评估检测	与课堂教学同步进行	教师与学生共同完成任务的检测与评估，并能对出现的问题进行分析与处理

 读一读

D 触 发 器

D 触发器又称为延时触发器或数据锁存触发器，在数字系统中应用十分广泛，它可以组成锁存器、寄存器和计数器等。较简单的 D 触发器是在同步 RS 触发器的基础上增加一个非门而构成的，其逻辑电路和逻辑符号分别如图 3-21（a）、（b）所示。

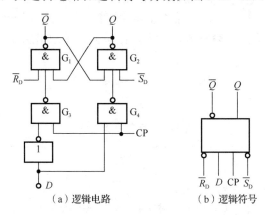

（a）逻辑电路　　　（b）逻辑符号

图 3-21　同步 D 触发器

由图 3-21（a）可以看出，在同步 RS 触发器的基础上增加一个非门就构成了同步 D 触发器，非门的倒相作用使门 G_3 和 G_4 的输入始终相反，从而有效避免了同步 RS 触发器的 R、S 端同时输入"1"导致触发器出现不定状态（即 Q、$\overline{Q}$ 同时出现相同的值）的情况。同步 D 触发器与同步 RS 触发器一样，只有时钟脉冲到来时才工作。$\overline{R}_D$、$\overline{S}_D$ 为触发器的输入异步置数端。

1. 工作原理

1）当无时钟脉冲到来（即 CP=0）时，触发器保持原状态。

与非门 G_3、G_4 都处于关闭状态，无论 D 端输入何值，均不会影响与非门 G_1、G_2，触发器保持原状态。

2）当有时钟脉冲上升沿到来时，触发器输出 Q 与输入 D 状态相同。这时触发器的

工作可分两种情况：

① 若 $D=0$，则与非门 G_3、G_4 输入分别为"1"和"0"，相当于同步 RS 触发器"$R=1$，$S=0$"，触发器的状态变为"0"，即 $Q=0$。

② 若 $D=1$，则与非门 G_3、G_4 输入分别为"0"和"1"，相当于同步 RS 触发器的"$R=0$，$S=1$"，触发器的状态变为"1"，即 $Q=1$。

综上所述，D 触发器的逻辑功能是：在 CP=0 时不工作；在 CP 脉冲到来时，触发器的输出 Q 与输入 D 的状态相同。

2. 真值表

D 触发器的真值表如表 3-12 所示。

表 3-12　D 触发器的真值表

输入 D	输出状态 Q^{n+1}	功能说明
1	1	时钟脉冲 CP 上升沿加入后，输出状态与输入状态相同
0	0	

3. 特征方程

D 触发器的特征方程为 $Q^{n+1}=D$。

同步触发器结构简单，价格低廉，存储信号有时钟控制，适合于多位数据锁存，但不能用于移位寄存器和计数器。

采用边沿触发的 D 触发器在逻辑符号中统一用">"标志。CP 端有小圆圈的表示下降沿触发有效，无小圆圈表示上升沿触发有效。边沿 D 触发器的逻辑符号如图 3-22 所示。

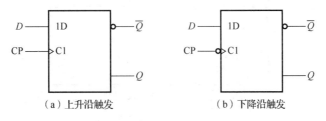

图 3-22　边沿 D 触发器的逻辑符号

想一想

1）同步 D 触发器在电路结构上与同步 RS 触发器有什么不同？

2）D 触发器与 T 触发器一样，均可以由_____触发器转换得到，它的特征方程为_____。

3）两种不同触发方式的 D 触发器的逻辑符号、时钟 CP 和信号 D 的波形如图 3-23 所示，画出各触发器 Q 端的波形。设触发器初始状态为 0。

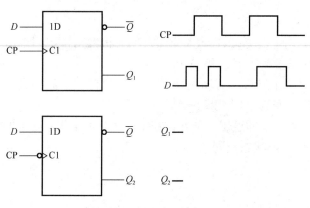

图 3-23　触发器 Q 端波形

边沿 D 触发器的逻辑功能仿真测试

1. 仿真目的

掌握边沿 D 触发器的逻辑功能，理解边沿触发方式的特点。

2. 仿真步骤及内容

在输入信号为单端的情况下，D 触发器用起来最为方便。CD4013 为上升沿触发的双 D 触发器，其引脚功能和真值表如图 3-24 所示。

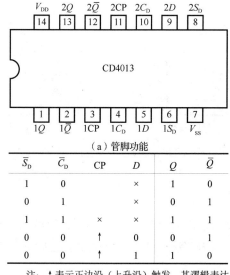

（a）管脚功能

$\overline{S}_D$	$\overline{C}_D$	CP	D	Q	$\overline{Q}$
1	0	×	1	0
0	1	×	0	1
1	1	×	×	1	1
0	0	↑	0	0	1
0	0	↑	1	1	0

注：↑表示正边沿（上升沿）触发。其逻辑表达式为 $Q^{n+1}=D$（CP↑）。

（b）真值表

图 3-24　CD4013 触发器

1）图 3-25 所示为 CD4013 逻辑功能测试电路，CP 为时钟输入信号，上升沿有效。CD4013 是由 CMOS 传输门构成的边沿型 D 触发器。

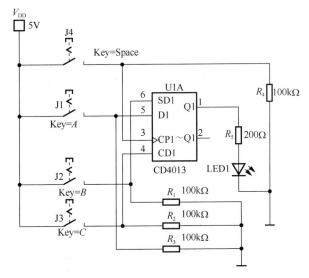

图 3-25　CD4013 逻辑功能测试电路

2）测试 $\overline{C}_D$（CD 端）和 $\overline{S}_D$（SD 端）的复位、置位功能。

① 合上 J2，观察发光二极管 LED1 的状态。打开 J2，合上 J3，再次观察发光二极管 LED1 的状态。

② 同时合上 J2、J3，观察发光二极管 LED1 的状态。

3）测试 D 触发器的逻辑功能。

改变 J1 和 J4 的状态，按表 3-13 所列内容要求进行测试，并将测试结果填入表中。

表 3-13　CD4013 逻辑功能测试记录

D	CP	Q^{n+1}	
		$Q^n=0$	$Q^n=1$
0	0→1（↑）		
	1→0（↓）		
1	0→1（↑）		
	1→0（↓）		

 议一议

1）在仿真实验过程中，何以看出 CD4013 为正边沿触发的触发器？

2）在 CD4013 双 D 触发器中，CD 端和 SD 端各起什么作用？

几种触发器归纳

1. 边沿触发器

时钟控制的边沿触发器的次态仅取决于 CP 触发沿到达瞬间输入信号的状态，一个时钟周期只有一个上升沿和一个下降沿，因此边沿触发器方式可以保证一个 CP 周期内只动作一次，使触发器的翻转次数与时钟脉冲个数相等。因此，在输入信号易受干扰的情况下，寄存器、移位寄存器和计数器中广泛选用边沿触发器。

2. 常用触发器

表 3-14 列出了常用触发器的型号与功能。

表 3-14　常用触发器的型号与功能

触发器种类	型号	名称或功能	类型
RS 触发器	74LS279	四 RS 锁存器	TTL
	CD4043NSC/MOT/TI	四三态 RS 锁存触发器（"1" 触发）	CMOS
D 触发器	74HC74	双 D 型触发器	CMOS
	CD4013	双主从 D 型触发器	CMOS
	74HC175	四 D 型触发器	CMOS
	CD40175	四 D 型触发器	CMOS
	CD4042	四 D 型锁存器	CMOS
	CD4508	双 4 位锁存 D 型触发器	CMOS
	CD40174	六锁存 D 型触发器	CMOS
JK 触发器	74HC76	双 JK 触发器（有置位、复位端）	CMOS
	74HC78	双 JK 触发器（有置位、复位端）	CMOS
	74LS112	双 JK 触发器	TTL
	CD4027	双 JK 触发器（上升沿）	CMOS
	74HC276	四 JK 触发器	CMOS

事实上，只要将 JK 触发器的 J、K 端连接在一起作为 T 端，就构成了 T 触发器，因此，不必专门设计定型的 T 触发器产品。

3. 触发器的功能转换

触发器的功能转换就是将已有触发器外接适当的逻辑门后，转换成具有另一种逻辑功能的触发器。

（1）JK 触发器转换成 D 触发器

JK 触发器的特征方程为 $Q^{n+1}=J\bar{Q}^n+\bar{K}Q^n$，D 触发器的特征方程为 $Q^{n+1}=D$，要使两个触发器功能相同，它们的特征方程形式上应是一致的，即

$$Q^{n+1}=D(Q^n+\bar{Q}^n)=J\bar{Q}^n+\bar{K}Q^n$$

比较等式，只要令 $J=D$，$\bar{K}=D$，就可将 JK 触发器转换成 D 触发器，用逻辑电路来实现，如图 3-26（a）所示。

（2）D 触发器转换成 T 触发器

根据 D 触发器和 T 触发器的特征方程，使它们之间的特征方程相等，再比较它们之间的差异。图 3-26（b）即可实现 D 触发器转换成 T 触发器。

$$Q^{n+1}=D=T\bar{Q}^n+\bar{T}Q^n=T\oplus Q^n$$

触发器功能转换以后触发方式保持不变，如上升沿触发器的 D 触发器转换成 T 触发器后，还是上升沿触发。

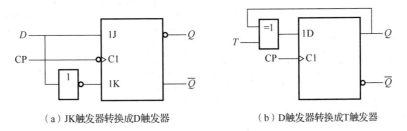

（a）JK触发器转换成D触发器　　　　　　（b）D触发器转换成T触发器

图 3-26　触发器的功能转换

1）如何将 D 触发器转换成 JK 触发器？
2）如何将 D 触发器转换成 T 触发器？

做一做

4 路智力抢答器电路仿真测试

1. 仿真目的

1）通过仿真，检测验证 D 触发器的逻辑功能。
2）熟悉 D 触发器的应用电路，理解 4 路智力抢答器电路的设计思路。

2. 仿真电路原理

4 路抢答器仿真电路如图 3-27 所示。在 EWB（NI Multisim 14.0）工作界面，按图 3-27 所示搭建电路。该电路主要由 2 片 CD4013（内含 4 个 D 触发器）、1 片 CD4011和 1 片 CD4012 集成电路组成，使用 5 个单刀单掷开关和 4 个不同颜色的发光二极管。

（1）复位功能

当 SA1 轻触开关按下时，引入高电平进入 D 触发器 U1、U2 的 CD 清零（复位）端，使 U1A、U1B、U2A、U2B 这 4 个 D 触发器置零复位。

初始状态时，U1A、U1B、U2A、U2B 这 4 个 D 触发器的输出端 $\bar{Q}_1$、$\bar{Q}_2$、$\bar{Q}_3$、$\bar{Q}_4$均为高电平。U3B 输出低电平，U4A 被封锁，XFG2 信号被封锁，蜂鸣器无声。此时，

通过 U3A，一直有信号发生器 XFG1 产生的脉冲信号送入 U1A、U1B、U2A、U2B 作时钟触发信号。

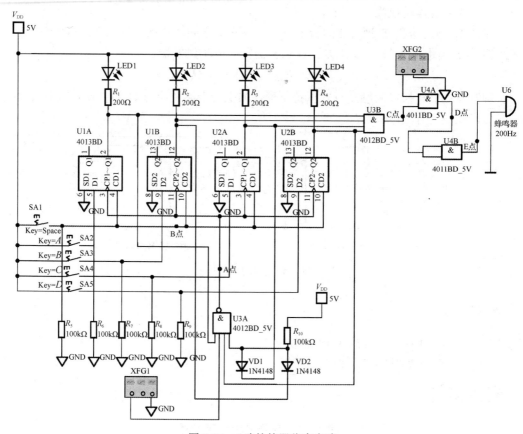

图 3-27　4 路抢答器仿真电路

（2）抢答功能

当抢答时，若 SA2 抢先按下，U1A 的 D 端置"1"，为高电平；U1A 的输出端 $\overline{Q}$ 置 "0"，为低电平；LED1 发光二极管点亮。同时，U3B 输出高电平，U4A 打开，信号发生器 XFG2 产生的 1kHz 音频信号驱动蜂鸣器发声。

（3）互锁功能

若 SA2 抢先按下，即使其他键 SA3、SA4、SA5 随后被按下，由于 U1A 的输出端 $\overline{Q}$ 端为低电平，致使 U3A 被封锁，U1B、U2A、U2B 也因无触发脉冲输入，原状态均锁存，保持原状态，LED2、LED3、LED4 均不亮。

另外，可由 LED1、LED2、LED3、LED4 这 4 个不同颜色的发光二极管，作为 U1A、U1B、U2A、U2B 这 4 个触发器的输出电平指示器件，当有一个 D 触发器输出低电平时，发光二极管就点亮。

当 U4A 被打开后，接收信号发生器 XFG2 产生 1kHz 信号，而后通过非门 U4B 驱动蜂鸣器发声。

3. 仿真步骤及内容

（1）器件介绍

CD4013 为双 D 触发器，其引脚功能如图 3-24 所示。

CD4011 为四 2 输入与非门，其引脚功能如图 3-28 所示。

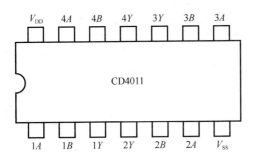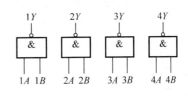

图 3-28　CD4011 引脚功能

CD4012 为二 4 输入与非门，其引脚功能如图 3-29 所示。

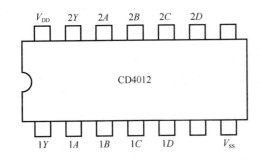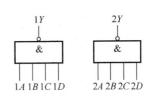

图 3-29　CD4012 引脚功能

（2）操作过程与分析

仿真图中，XFG1 信号发生器输出 5kHz 的脉冲信号，作为 4 个 D 触发器的 CP 时钟信号，用来触发翻转。XFG2 信号发生器产生 1kHz 的音频信号，用来驱动蜂鸣器发声，模拟报警。用逻辑分析仪对 A、B、C、D、E 各点波形进行检测，并把这 5 根连线电气属性对话框中的网标名称分别修改为 A、B、C、D、E，如图 3-30 所示。

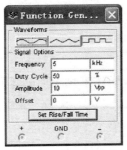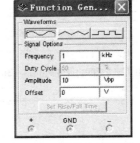

（a）XFG1 信号发生器面板　　（b）XFG2 信号发生器面板

图 3-30　XFG1、XFG2 信号发生器面板设置

1）当 SA1～SA5 均未按下时，A、B、C、D、E 点的输出波形如图 3-31 所示。从图中可看出，B 点为低电平，4 个 D 触发器被置 "0"，4 个发光二极管均不亮。此时，由于 $\overline{Q}_1$、$\overline{Q}_2$、$\overline{Q}_3$、$\overline{Q}_4$ 均为高电平，因此 C 点为低电平，D 点为高电平，E 点为低电平。

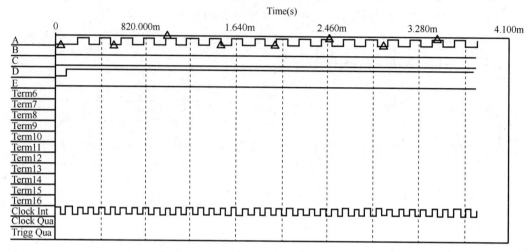

图 3-31　电路中电位初始值

2）当 SA2 被抢先按下时，A、B、C、D、E 点的输出波形如图 3-32 所示。从图中可看出，当 SA2 被按下后，C 点由低转高，D、E 点均能观察到 XFG2 信号发生器输出的信号波形。

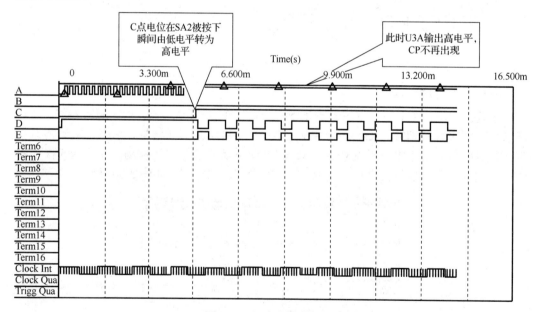

图 3-32　C 点电位的改变

3）当 SA1 复位开关被按下后，A、B、C、D、E 点的输出波形如图 3-33 所示。从图中可以看出，SA1 按下后，B 点电位有一跳变，U1A、U1B、U2A、U2B 这 4 个 D 触发器重新复位置零，C 点电位也随之变低，U4B 与非门再次被封锁，D 点、E 点检测不到信号波形。

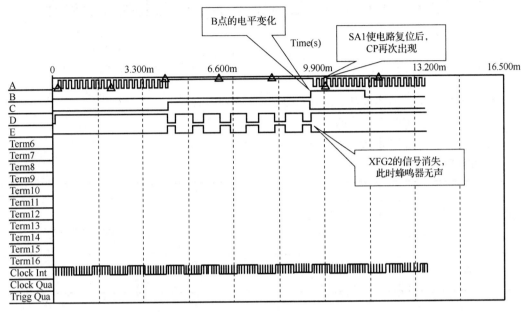

图 3-33 复位开关按下后的波形

结论：4 组智力抢答器由 2 片双 D 触发器（CD4013）、1 片 CD4011 和 1 片 CD4012 设计而成，各单元电路逻辑功能均能实现。

 **议一议**

在实际电路板设计和制作中，应把 CD4011 多余的与非门输入端做何处理？（提示：接高电平处理。）

 **评一评**

填写表 3-15。

表 3-15 任务检测与评估

	检测项目	评分标准	分值	学生自评	教师评估
知识内容	同步 D 触发器	掌握 D 触发器的逻辑电路、逻辑符号、逻辑功能和特征方程	40		
操作技能	D 触发器功能测试	能使用 EWB 软件仿真 D 触发器逻辑功能测试电路，并能够正确分析仿真结果	30		
	4 路抢答器电路测试	能使用 EWB 软件仿真 4 路抢答器，并能够正确分析仿真结果	20		
	安全操作	安全用电，按章操作，遵守实训室管理制度	5		
	文明操作	按 6S 企业管理体系要求进行现场管理	5		

任务四　电子密码锁电路的制作与调试

任务目标

- 掌握电子密码锁电路的工作原理。
- 掌握电子密码锁电路的制作与调试方法。
- 进一步熟悉 D 触发器和十进制计数器的使用方法。

任务教学方式

教学步骤	时间安排	教学方式
阅读教材	课余	学生自学、查资料、相互讨论
知识点讲授	4 学时	利用实物演示电子密码锁电路的功能,然后分解讲解电子密码锁电路的电路组成及工作原理
任务操作	4 学时	在实训场地分组进行制作和调试电子密码锁电路
评估检测	与课堂同时进行	教师与学生共同完成任务的检测与评估,并能对出现的问题进行分析与处理

读一读　

电子密码锁电路原理

　　本任务介绍一款低成本、简单易做的电子密码锁电路。密码锁的密码控制电路完全由数字电路组成,在设置好开锁密码后,在输入正确开锁密码后,控制电路输出开锁指令去控制机械开关动作,完成开锁任务;如输入的开锁密码不正确,则控制电路无开锁指令输出,机械开关不动作,不能完成开锁任务。

1. 电路组成

　　该电子密码锁电路由密码输入和设置电路、密码验证电路、输出灯光指示和声响提醒电路、输入密码位数计数和指示电路及复位电路组成。整个电路都是围绕着由 D 触发器构成的密码验证电路工作的。依据电路功能要求可将电路划分为若干个功能单元,由此可画出图 3-34 所示的电路功能框图。它主要由密码输入电路、密码设置电路、密码输入位数计数控制、密码输入状态 LED 指示、密码验证电路、密码正确延时复位和手动复位电路、密码错误复位电路、复位声响提示电路和开锁 LED 指示电路等几部分组成。

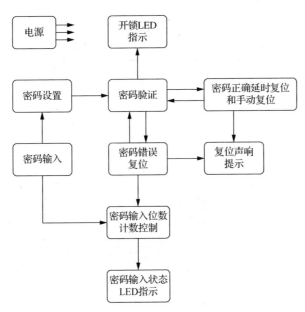

图 3-34 电子密码锁的电路功能框图

2. 电子密码锁电路的原理

电子密码锁整机电路原理如图 3-35 所示。

（1）J2～J9、VD5～VD13、R_{17}～R_{25}、C_3 组成的密码输入电路

J2～J9 为 8 个密码输入按键，是轻触按键，可设定为 1～8 这 8 个数字；VD5～VD13 为开关二极管，在电路中与 R_{17} 一同组成了八输入或门电路；R_{17}～R_{25} 为下拉电阻，在电路为静态时将相应点的电位拉低；C_3 的作用是消除信号抖动；当某个按键被按下时，信号分两路送出，一路经二极管或门电路送到密码输入计数电路，另一路送到密码设置电路。例如，当按下 J5 时，电源 V_{CC} 经过 J5 加到密码设置开关（SW1～SW4），另一路经开关二极管 VD8 加到计数器 CD4017 时钟输入端。密码输入电路如图 3-36 所示。

（2）SW1～SW4、R_9、R_{11}～R_{13} 组成的密码设置电路

如图 3-37 所示，R_9、R_{11}～R_{13} 为下拉电阻，在电路为静态时将相应点的电位拉低。SW1～SW4 为 4 组密码设置开关，是 8 位拨码开关，每一组开关对应了密码输入电路中的 1～8 数字按键：当按键的密码数字与拨码开关设置的数字一致时，表示密码正确，密码信号允许通过；当按键的密码数字与拨码开关设置的数字不一致时，表示密码错误，密码信号不允许通过。由此电路可知，本电子密码锁的密码位数是 4 位。

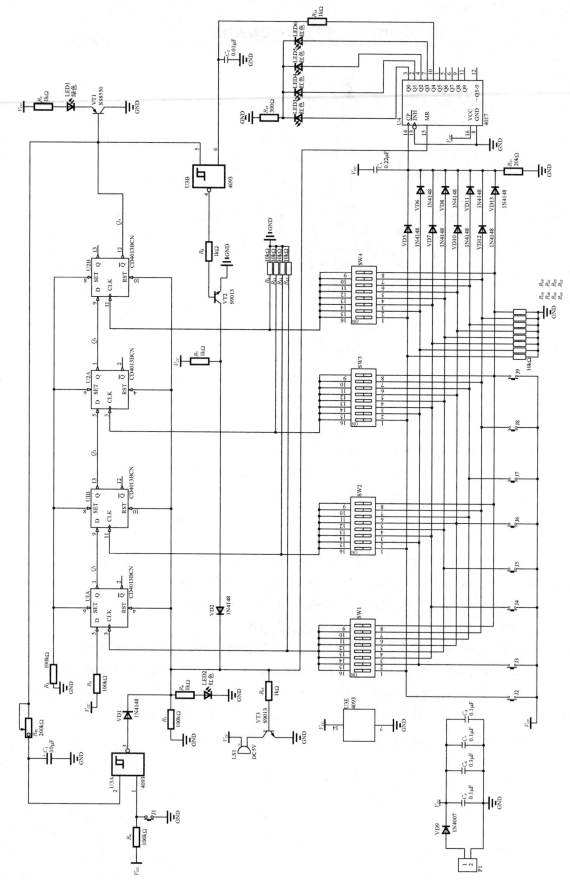

图 3-35 电子密码锁整机电路原理

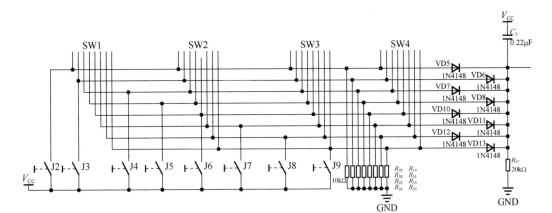

图 3-36 密码输入电路

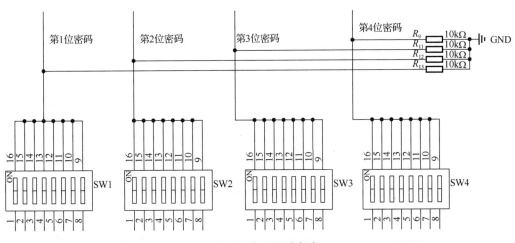

图 3-37 密码设置电路

（3）U4、LED3～LED6 组成的密码输入位数计数和密码位指示电路

如图 3-38 所示，图中 R_{10} 为 LED 限流电阻；U4 为 CD4017 十进制计数器，在此电路中用于计数当前密码输入的位数；LED3～LED6 为当前密码输入位数的指示。电路复位后，LED3 亮，表示电路处于第 1 位密码输入状态；当第 1 个按键信号输入 U4 第 14 脚，计数器 U4 加 1，LED3 灭，LED4 亮，表示电路处于第 2 位密码输入状态；当第 2 个按键信号输入时，LED4 灭，LED5 亮，表示电路处于第 3 位密码输入状态；当第 3 个按键信号输入时，LED5 灭，LED6 亮，表示电路处于第 4 位密码输入状态；当第 4 个按键信号输入时，LED6 灭，LED3～LED6 全灭，表示 4 位密码全部输入完成，此时 U4 第 10 脚输出高电平信号，经 R_{14} 送到复位电路中，同时 U4 第 15 脚会接收到一个高电平复位信号，电路复位，LED3 亮，等待下一轮的密码输入。

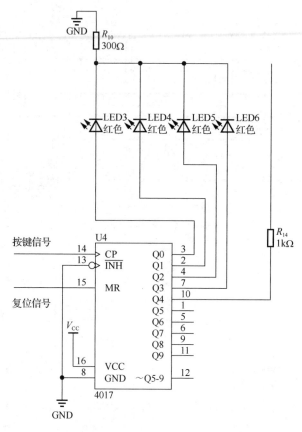

图 3-38 密码输入位数计数和密码位指示电路

下面简单介绍 CD4017 的引脚功能。

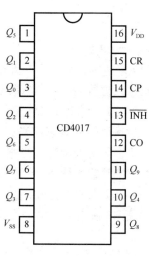

图 3-39 CD4017 引脚功能

CD4017 是一种十进制计数器/脉冲分配器，具有 10 个译码输出端和 1 个进位输出端 CO，还有 3 个输入端 CP、$\overline{\text{INH}}$ 和 CR。其引脚功能如图 3-39 所示。

1）$\overline{\text{INH}}$ 为时钟输入禁止端，$\overline{\text{INH}}$ 为低电平时，计数器在时钟上升沿计数。

2）CR（或 MR）为复位端。CR 为高电平时，计数器复位；CR 为低电平时，计数器工作。

3）CP 为时钟输入端，且时钟输入端的施密特触发器具有脉冲整形功能，可对输入时钟脉冲进行整形，每输入一个时钟脉冲，输出端 $Q_0 \sim Q_9$ 随时钟脉冲的输入而依次出现高电平。

4）CO 为进位输出端，每输入 10 个时钟脉冲，CO 输出一个进位脉冲。

（4）U1、U2、R_2、R_3、R_5、VT1、LED1、R_1 组成的密码验证电路和开锁指示电路

电路如图 3-40 所示，U1、U2 为密码验证电路；R_2 和 R_5 为下拉电阻，R_3 为上拉电阻；VT1、LED1 和 R_1 为开锁指示电路。电子密码锁电路工作状态如表 3-16 所示。

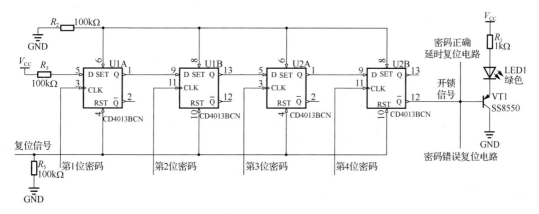

图 3-40　密码验证电路和开锁指示电路

注：双 D 触发器 CD4013 第 4 脚、第 10 脚为置零端，高电平时 D 触发器的输出端 $\overline{Q}$ 端清零。

表 3-16　电子密码锁电路工作状态

正确密码输入	双 D 触发器 U1		双 D 触发器 U2		开锁指示
	1 脚	13 脚	1 脚	12 脚	
	Q	Q	Q	$\overline{Q}$	LED1
初始状态	0	0	0	1	灭
第 1 位密码	1	0	0	1	灭
第 2 位密码	1	1	0	1	灭
第 3 位密码	1	1	1	1	灭
第 4 位密码	1	1	1	0	亮
延时复位	0	0	0	1	灭

当输入的 4 位密码正确时，U2B 第 12 脚输出低电平的开锁信号，晶体管 VT1 导通，LED1 点亮，说明开锁成功。

当输入的 4 位密码不正确时，U2B 第 12 脚一直输出高电平信号，晶体管 VT1 截止，LED1 一直处于灭状态，说明开锁无效。

（5）U3B、VT2、VD2、R_7、R_8、C_2 组成的密码输入错误复位控制电路

电路如图 3-41 所示，集成电路 U3 为具有施密特触发功能的 2 输入与非门，由前面描述可知，当密码输入少于 4 位或密码输入不正确时，密码验证信号一直为高电平，仅当 4 位密码都输入正确时，密码验证信号为低电平；且密码位数计数器当密码输入少于 4 位时，计数器输出一直为低电平，仅当密码输入第 4 位后输出高电平。由此可得出密码输入错误时复位控制电路的工作状态如表 3-17 所示。

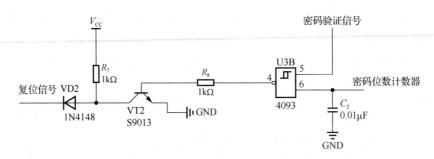

图 3-41　密码输入错误复位控制电路

表 3-17　密码输入错误时复位控制电路的工作状态

密码输入状态	密码验证信号	密码位数计数信号	与非门输出	晶体管 VT2 状态	复位信号输出	电路状态说明
	U3B 第 5 脚	U3B 第 6 脚	U3B 第 4 脚			
密码输入少于 4 位时	1	0	1	导通	0	电路不复位
密码输入 4 位且正确时	0	1	1	导通	0	电路不复位
密码输入 4 位但不正确时	1	1	0	截止	1	电路复位

注：复位信号经过 VD2 后加到密码位数计数器电路（CD4017）和密码验证电路（CD4013），使这两部分电路同时复位，电路进入下轮密码输入准备状态。

（6）由 R_{P1}、C_1、U3A、R_4、J1、VD1 组成的密码输入正确延时复位控制电路

电路如图 3-42 所示，电路中 R_{P1}、C_1 构成了 RC 延时电路，因密码验证信号在 4 位密码都输入正确前一直为高电平，即电容 C_1 是充满电的，此时 U3A 第 2 脚一直为高电平，仅当 4 位密码都输入正确时，密码验证信号为低电平，C_1 通过 R_{P1} 进行放电，当 C_1 放电一定时间（延时时间）后，U3A 第 2 脚为低电平，U3A 第 3 脚为高电平，高电平信号经过 VD1 送到 U4 第 15 脚（CD4017 的复位端）和 U1、U2 的第 4 脚及第 10 脚（CD4013 置零端），使这两部分电路同时复位，电路进入下轮密码输入准备状态。通过调节 R_{P1} 来改变电容 C_1 的充放电时间，从而达到调节电路延时时间的目的；R_4、J1 构成了整个电路的手动复位电路，R_4 一端接电源，为上拉电阻，使得电路在非复位状态时 U3A 第 1 脚电压为高电平，仅当 J1 按下后，U3A 第 1 脚为低电平；U3A 为与非门电路（CD4093）。由此可得密码输入正确延时复位控制电路的工作状态，如表 3-18 所示。

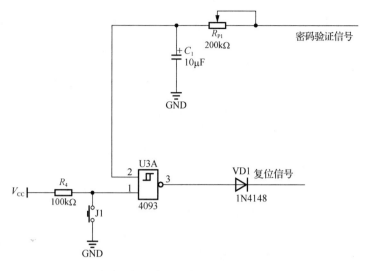

图 3-42 密码输入正确延时复位控制电路

表 3-18 密码输入正确延时复位控制电路的工作状态

J1 状态	延时后状态	与非门输出	复位信号输出	电路状态说明
U3A 第 1 脚	U3A 第 2 脚	U3A 第 3 脚		
1	1	0	0	电路不复位
1	0	1	1	电路复位
0	1	1	1	电路复位
0	0	1	1	电路复位

注：J1 按下为 0；J1 未按下为 1。

（7）复位指示和复位声响提示电路

电路如图 3-43 所示，当高电平复位信号加到电路中时，LED2 点亮、晶体管 VT3 导通，蜂鸣器 LS1 发声提示，整机电路被复位，复位信号从高电平变为低电平，LED2 灭，晶体管 VT3 截止，蜂鸣器 LS1 不响。

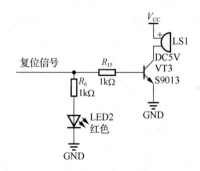

图 3-43 复位指示和复位声响提示电路

综上所述，电子密码锁的工作原理如下。

电路初始状态：$Q_1Q_2Q_3Q_4$ 为 0001。

设置密码：将 SW1 拨码开关设置为 1，SW2 设置为 2，SW3 设置为 3，SW4 设置为 4，即开锁密码为 "1234"。

　　输入非正确密码时，如输入密码 "1274"：

　　第 1 位密码按一次 J2 时（输入密码 1），脉冲信号通过 SW1 第 1 脚从第 16 脚输出，U1A 第 3 脚得到一个脉冲信号，U1A 第 1 脚输出 1，$Q_1Q_2Q_3Q_4$ 为 1001，同时 U4 第 14 脚输入一个脉冲信号，计数器 CD4017 计数加 1，U4 第 2 脚输出 1，发光二极管 LED4 亮。

　　第 2 位密码按一次 J3 时（输入密码 2），脉冲信号通过 SW2 第 2 脚从第 15 脚输出，U1B 第 11 脚得到一个脉冲信号，U1B 第 13 脚输出 1，$Q_1Q_2Q_3Q_4$ 为 1101，同时 U4 第 14 脚输入一个脉冲信号，计数器 CD4017 计数加 1，U4 第 4 脚输出 1，发光二极管 LED5 亮。

　　第 3 位密码按一次 J8（输入密码 7）时，脉冲信号不能通过 SW3 开关，U2A 第 3 脚无脉冲信号输入，U2A 第 1 脚输出仍然为 0，$Q_1Q_2Q_3Q_4$ 为 1101，同时 U4 第 14 脚输入一个脉冲信号，计数器 CD4017 计数加 1，U4 第 7 脚输出 1，发光二极管 LED6 亮。

　　第 4 位密码按一次 J4 时（输入密码 4），脉冲信号通过 SW4 第 4 脚从第 13 脚输出，U2B 第 11 脚得到一个脉冲信号，但因 Q_3 为 0，则 U2B 第 13 脚输出 0，$Q_1Q_2Q_3Q_4$ 为 1101，同时 U4 第 14 脚输入一个脉冲信号，计数器 CD4017 计数加 1，U4 第 10 脚输出 1，U3B（与非门电路 CD4093）第 6 脚为 1，第 5 脚为 1，则第 4 脚输出 0，晶体管 VT2 截止，电源 V_{CC} 经 R_7、VD2 加到 U4 第 15 脚和 U1、U2 的第 4 第 10 脚，电路复位清零，开锁失败，电路回到初始状态，等待下一轮密码输入。

　　输入正确密码 "1234" 时：

　　第 1 位密码按一次 J2 时（输入密码 1），脉冲信号通过 SW1 第 1 脚从第 16 脚输出，U1A 第 3 脚得到一个脉冲信号，U1A 第 1 脚输出 1，$Q_1Q_2Q_3Q_4$ 为 1001，同时 U4 第 14 脚输入一个脉冲信号，计数器 CD4017 计数加 1，U4 第 2 脚输出 1，发光二极管 LED4 亮。

　　第 2 位密码按一次 J3 时（输入密码 2），脉冲信号通过 SW2 第 2 脚从第 15 脚输出，U1B 第 11 脚得到一个脉冲信号，U1B 第 13 脚输出 1，$Q_1Q_2Q_3Q_4$ 为 1101，同时 U4 第 14 脚输入一个脉冲信号，计数器 CD4017 计数加 1，U4 第 4 脚输出 1，发光二极管 LED5 亮。

　　第 3 位密码按一次 J4（输入密码 3）时，脉冲信号通过 SW3 第 3 脚从第 14 脚输出，U2A 第 3 脚得到一个脉冲信号，U2A 第 1 脚输出 1，$Q_1Q_2Q_3Q_4$ 为 1111，同时 U4 第 14 脚输入一个脉冲信号，计数器 CD4017 计数加 1，U4 第 7 脚输出 1，发光二极管 LED6 亮。

　　第 4 位密码按一次 J5 时（输入密码 4），脉冲信号通过 SW4 第 4 脚从第 13 脚输出，U2B 第 11 脚得到一个脉冲信号，U2B 第 12 脚输出 0，$Q_1Q_2Q_3Q_4$ 为 1110，晶体管 VT1 导通，开锁指示灯 LED1 亮，开锁成功，电容 C_1 经 R_{P1} 放电延时，U3A 第 2 脚为 0，第 3 脚输出 1，复位信号经 VD1 加到 U4 第 15 脚和 U1、U2 的第 4 第 10 脚，电路复位清零，电路回到初始状态，等待下一轮密码输入。

　　由集成电路 U1 与 U2（双 D 触发器 CD4013）构成电子密码锁的核心密码验证部分。当从按键输入的密码信号依次进入 U1A 第 3 脚→U1B 第 11 脚→U2A 第 3 脚→U2B 第 11 脚，即密码正确，U2B 第 12 脚输出低电平，晶体管 VT1 导通，发光二极管 LED1 点亮，表示开锁成功。

3. 元器件的选择

U1、U2、U3 和 U4 选用 CMOS 数字集成电路，U1、U2 型号用 CD4013，其里面含有 2 个独立的 D 触发器，引脚功能和真值表如图 3-24 所示；U3 型号用 CD4093，其里面含有 4 个独立的输入端带施密特触发器的与非门电路，内部结构如图 3-44 所示，V_{SS} 是电源的负极，V_{DD} 是电源的正极；U4 型号用十进制计数器 CD4017。

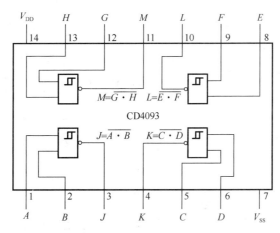

图 3-44　CD4093 内部结构

1）电路中四与非门（CD4093）与普通的与非门（如 CD4011）功能上有什么区别？

2）图 3-35 所示为 4 位密码的密码锁电路，如果要设置 5 位或更多位密码的密码锁，则应该怎样改动电路？

电子密码锁电路仿真

1. 仿真目的

1）通过仿真进一步检验基本逻辑门、D 触发器及十进制计数器的逻辑功能。

2）通过仿真了解 D 触发器电路的具体应用。

3）通过仿真理解电子密码锁的电路设计思路。

2. 仿真步骤及操作

参照图 3-45 所示在 NI Multisim 14.0 仿真软件环境下创建电子密码锁电路。

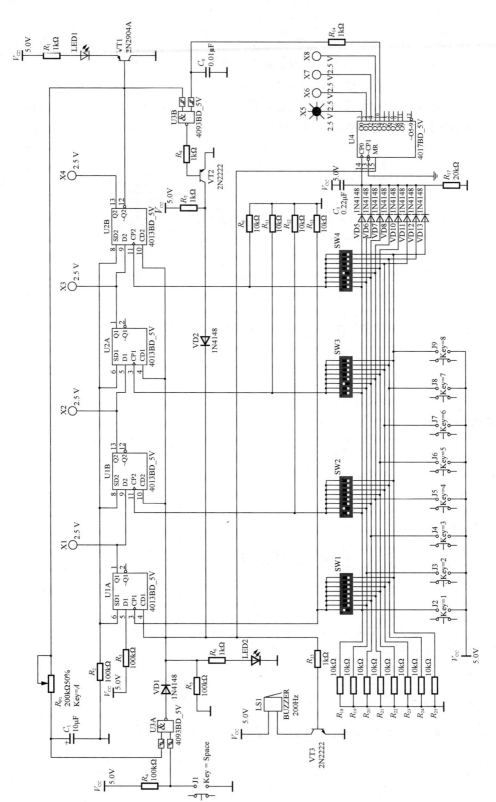

图 3-45　电子密码锁仿真电路

注意：LS1 选用 BUZZER，设置为 200Hz（5V）；晶体管 VT1 选用 2N2904A，VT2 和 VT3 选用 2N2222；J1~J9 选用 PB_DPST 轻触按键，并分别设置键盘按键为 Space、1、2、3、4、5、6、7、8；8 位拨码开关 SW1~SW4 选用 DSWPK_8，并分别将 SW1 的第 1 个、SW2 的第 2 个、SW3 的第 3 个和 SW4 的第 4 个开关合上（此时电子密码锁的正确密码为按键 1234）；发光二极管 LED3~LED6 用 X5~X8 代替。

为方便观察正确密码输入状态，在电路中放入 X1~X4 四个电平指示灯。

运行仿真，输入正确密码（依次按下 1、2、3、4 四个按键），观察灯 X1、X2、X3、X4、X5、X6、X7、X8 和 LED1 的变化。

继续实现表 3-19 中的几个步骤内容，将观察结果记录在表中。

表 3-19　电子密码锁电路仿真结果记录表

序号	按键状态									输出状态									
	J1	J2	J3	J4	J5	J6	J7	J8	J9	X1	X2	X3	X4	X5	X6	X7	X8	LED1	LED2
0	0	×	×	×	×	×	×	×	×										
1	1	1	0	0	0	0	0	0	0										
2	1	0	1	0	0	0	0	0	0										
3	1	0	0	1	0	0	0	0	0										
4	1	0	0	0	1	0	0	0	0										

3. 仿真结果及分析

结论：该电路设计简单，有一定的仿真性，能实现"密码输入正确后开锁控制"的效果。

1）仿真时，按下 J1 为什么 LED2 会亮？

2）密码输入正确后，开锁指示灯 LED1 点亮后过会儿就灭了，为什么？

3）如何设置密码锁的密码？

4）本任务中的电子密码锁电路是多少位密码的密码锁？为什么？

做一做

电子密码锁电路的制作与调试

1. 制作目的

1）加深理解 D 触发器的逻辑功能。

2）进一步熟悉简单电子产品的制作工艺。

3）进一步熟悉十进制计数器 4017 的逻辑功能。

4）进一步熟悉与非门电路的逻辑功能。

2. 所需器材

元器件清单如表 3-20 所列。

表 3-20　电子密码锁电路元器件清单

序　号	位　置	名称、规格描述	数量	备注
1	R_1, R_6, R_7, R_8, R_{14}, R_{15}	贴片电阻 1kΩ　0805 ±1%	6	
2	R_2, R_3, R_4, R_5	贴片电阻 100kΩ　0805 ±1%	4	
3	R_{10}	贴片电阻 300Ω　0805 ±1%	1	
4	R_9, R_{11}, R_{12}, R_{13}, R_{18}, R_{19}, R_{20}, R_{21}, R_{22}, R_{23}, R_{24}, R_{25}	贴片电阻 10kΩ　0805 ±1%	12	
5	R_{17}	贴片电阻 20kΩ　0805 ±1%	1	
6	R_{P1}	精密电位器 200kΩ　3296W	1	电位器
7	C_1	电解电容 10μF/10V M	1	
8	C_2	贴片电容 10nF　0805 M	1	
9	C_3	贴片电容 220nF　0805 M	1	
10	C_5, C_6, C_7, C_8	贴片电容 100nF　0805 M	4	
11	VD1, VD2, VD5, VD6, VD7, VD8, VD10, VD11, VD12, VD13	开关二极管 1N4148	10	LL34 贴片
12	VD9	整流二极管 1N4007（M7）	1	贴片
13	J1, J2, J3, J4, J5, J6, J7, J8, J9	轻触开关　直插 6×6mm	9	
14	LED1	发光二极管 ϕ5mm	1	绿色
15	LED2, LED3, LED4, LED5, LED6	发光二极管 ϕ5mm	5	红色
16	LS1	有源蜂鸣器　5V	1	
17	P1	电源端子　5.08mm	1	
18	VT1	晶体管 SS8550	1	
19	VT2, VT3	晶体管 S9013	2	
20	SW1, SW2, SW3, SW4	8 路编码开关	4	
21	U1, U2	集成电路 CD4013	2	DIP14
22	U3	集成电路 CD4093	1	DIP14
23	U4	集成电路 CD4017	1	DIP16

3. 操作步骤

（1）安装制作

准备好全套元器件后，按表 3-20 所列的元器件清单清点元器件，并用万用表测量各元器件的质量，做到心中有数。

利用 Altium Designer 10 设计 PCB（尺寸约为 11.1cm×7.1cm），如图 3-46 所示。这里采用的是贴片元件与过孔元件混合的双面板设计。焊接时注意：先焊接贴片元件，然后由低到高依次安装。

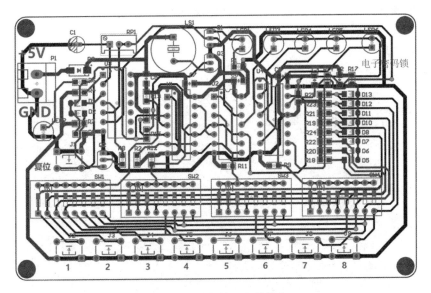

图 3-46 PCB 的元器件排布

焊接有极性的元器件时，如焊接电解电容、蜂鸣器、二极管、发光二极管、晶体管等元器件时千万不要装反，否则电路不能正常工作，甚至烧毁元器件。安装集成电路时应先安装集成电路管座，再将集成电路插入管座中，注意管座和集成电路的安装方向。

（2）产品调试

1）调试前，先将焊好的电路板对照印制电路图认真核对一遍，不要有错焊、漏焊、短路、元器件相碰等现象发生。

2）通电前，一定要先确定电源电压为 5V，然后才可接入电源进行其他部分的调试。

3）接入+5V 电源，加电后观察发光二极管 LED3 是否亮，然后按下 J1 对整机电路进行复位操作，观察发光二极管 LED2 是否点亮，听蜂鸣器 LS1 是否发声。

4）调节电位器 R_{P1}，改变电子密码锁的开锁延时时间。

5）产品功能测试：将 SW1 第 1 个开关闭合，SW2 第 2 个开关闭合，SW3 第 3 个开关闭合，SW4 第 4 个开关闭合，则密码设置为"1234"；产品加电，依次按下"1234"四个按键，则绿光发光二极管 LED1（电子密码锁开锁指示灯）亮一定时间后灭（表示正确开锁一次），然后密码复位指示灯 LED2 点亮一次后灭。如果任意输入密码（非正确密码），则 LED1 指示灯不亮。

（3）调试注意事项

1）检查元器件，确保其无损坏，避免调试检查困难。

2）检查晶体管的管脚是否接对。

3）确保 4 组 8 位拨码开关每组只有一位开关合上。

4）给电路通电时先不要插集成电路芯片，先检查集成电路芯片的供电是否正常。装配焊接集成电路芯片时，应将集成电路芯片的管座装配焊接，待除集成电路芯片以外的所有元器件都装配焊接好后，给电路通正确电压，用万用表检查所有集成电路芯片的接地脚和电源脚之间的电压是否正常，如电压都正常，则断开电源，在集成电路芯片管座上正确装入各集成电路芯片。完毕并确认无误后即可通电调试。

（4）3D 设计图

电子密码锁电路板的 3D 视图如图 3-47 所示。

图 3-47　电子密码锁电路板的 3D 视图

（5）实际产品图

电子密码锁实际产品图如图 3-48 所示。

图 3-48　电子密码锁实际产品图

 议一议

如何在抽屉上改装上一个电子密码锁呢？

 评一评

填写表 3-21。

表 3-21　任务检测与评估

	检测项目	评分标准	分值	学生自评	教师评估
知识内容	电子密码锁的工作原理	能分析 4 位电子密码锁的工作原理	25		
	元器件的筛选	能正确筛选元器件	15		
操作技能	制作工艺文件	能编制工艺文件	10		
	元器件的测量与识别	能对元器件进行测量与识别	10		
	PCB 的焊接	能利用工艺文件完成电子密码锁的制作与调试	30		
	安全操作	安全用电，按章操作，遵守实训室管理制度	5		
	现场管理	按 6S 企业管理体系要求进行现场管理	5		

模拟电梯控制电路的制作和调试

1. 制作目的

1）加深理解 JK 触发器的逻辑功能。

2）通过模拟电梯控制电路制作和调试，进一步了解触发器、计数器等数字集成电路芯片在电子电路中的应用，理解模拟电梯控制电路的设计思路。

2. 所需器材

模拟电梯控制电路元器件清单见表 3-22。

表 3-22　模拟电梯控制电路元器件清单

序号	位置	名称、规格描述	数量	备注
1	R_2	贴片电阻 330Ω　0805 ±1%	1	
2	R_3	贴片电阻 100kΩ　0805 ±1%	1	
3	R_4	贴片电阻 22kΩ　0805 ±1%	1	
4	R_5	贴片电阻 1kΩ　0805 ±1%	1	
5	$R_6, R_7, R_8, R_9, R_{10}, R_{11}, R_{12}$	贴片电阻 300Ω　0805 ±1%	7	
6	R_{P1}, R_{P2}, R_{P3}	排电阻 10kΩ　J　0603*4	3	
7	C_1	电解电容 10μF/10V M	1	贴片
8	C_2	贴片电容 10nF 0805 M	1	
9	C_3	电解电容 1μF/50V M	1	贴片
10	$C_4, C_5, C_6, C_7, C_8, C_9, C_{10}, C_{11}, C_{12}, C_{13}, C_{14}, C_{15}$	贴片电容 100nF 0805 M	12	
11	SW1, SW2, SW3, SW4, SW5, SW6, SW7, SW8, SW9, SW10	轻触开关　直插 6mm×6mm	10	
12	VD1, VD2	开关二极管 1N4148　LL34	2	贴片
13	IC1	集成电路 CD4532	1	DIP16

序号	位置	名称、规格描述	数量	备注
14	IC2, IC3	集成电路 CD4027	2	DIP16
15	IC4	集成电路 CD4071	1	DIP14
16	IC5	集成电路 CD4069	1	DIP14
17	IC6	集成电路 74LS85	1	DIP16
18	IC7	集成电路 CD4510	1	DIP16
19	IC8	集成电路 CD4028	1	DIP16
20	IC9	集成电路 CD4511	1	DIP16
21	IC10	集成电路 NE555	1	DIP8
22	J1	电源端子 5.08mm	1	
23	DSH1	5011A 0.5 寸（1 寸=2.54 厘米）1 位 共阴数码管	1	
24	LED1, LED2, LED3, LED4, LED5, LED6, LED7, LED8, LED9, LED10	发光二极管 ϕ5mm	10	红色

3. 器件介绍

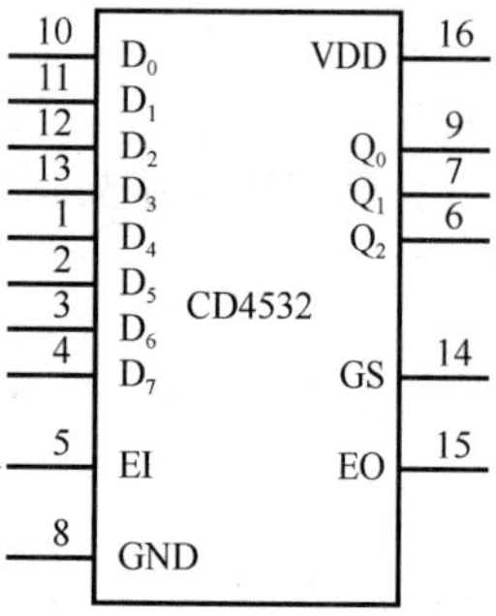

IC1 选用的 CD4532 是 8 线-3 线优先编码器，可将最高优先输入 $D_7 \sim D_0$ 编码为 3 位二进制码，8 个输入端 $D_7 \sim D_0$ 具有指定优先权，D_7 为最高优先权，D_0 为最低优先权。当片选输入 EI 为低电平时，优先编码器被禁止工作。当 EI 为高电平时编码器工作，即将最高优先输入端编为二进制码呈现于输出线 $Q_2 \sim Q_0$，且输出端 GS 为高电平，表明优先输入存在，当无优先输入时（输入全部为低电平），允许选通输出 EO 为高电平。如果任何一个输入为高电平，则 EO 为低电平，所有低阶级联均无效。其引脚功能如图 3-49 所示，真值表如表 3-23 所示。

图 3-49 CD4532 引脚功能

表 3-23 CD4532 真值表

输入									输出				
EI	D_7	D_6	D_5	D_4	D_3	D_2	D_1	D_0	GS	Q_2	Q_1	Q_0	EO
0	×	×	×	×	×	×	×	×	0	0	0	0	0
1	0	0	0	0	0	0	0	0	0	0	0	0	1
1	1	×	×	×	×	×	×	×	1	1	1	1	0
1	0	1	×	×	×	×	×	×	1	1	1	0	0
1	0	0	1	×	×	×	×	×	1	1	0	1	0
1	0	0	0	1	×	×	×	×	1	1	0	0	0
1	0	0	0	0	1	×	×	×	1	0	1	1	0
1	0	0	0	0	0	1	×	×	1	0	1	0	0
1	0	0	0	0	0	0	1	×	1	0	0	1	0
1	0	0	0	0	0	0	0	1	1	0	0	0	0

注：×表示取任意值。

IC2、IC3 选用 CD4027，其为双 JK 触发器（上升沿），其引脚功能如图 3-50 所示。

IC4 选用 CD4071，该集成电路芯片为一个四 2 输入或门电路。

IC5 选用 CD4069，该集成电路芯片为一个六反相器（非门电路）。

IC6 选用 74LS85，该集成电路芯片是一个 4 位数值比较器，可进行两个 4 位二进制码或 BCD 码的比较，对两个 4 位二进制数字的比较结果有 3 个输出端，$A_0 \sim A_3$ 为二进制数字 A 输入端，$B_0 \sim B_3$ 为二进制数字 B 输入端，inA>B、inA=B、inA<B 为级联输入端，高电平有效，outA>B、outA=B、outA<B 为比较结果输出端。其引脚功能如图 3-51 所示，真值表如表 3-24 所示。

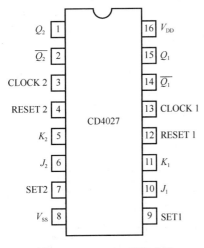

图 3-50　CD4027 引脚功能

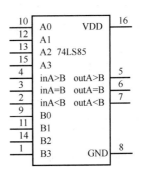

图 3-51　74LS85 引脚功能

表 3-24　74LS85 真值表

输入							输出		
A_3, B_3	A_2, B_2	A_1, B_1	A_0, B_0	$A>B$	$A<B$	$A=B$	$A>B$	$A<B$	$A=B$
$A_3>B_3$	×	×	×	×	×	×	1	0	0
$A_3<B_3$	×	×	×	×	×	×	0	1	0
$A_3=B_3$	$A_2>B_2$	×	×	×	×	×	1	0	0
$A_3=B_3$	$A_2<B_2$	×	×	×	×	×	0	1	0
$A_3=B_3$	$A_2=B_2$	$A_1>B_1$	×	×	×	×	1	0	0
$A_3=B_3$	$A_2=B_2$	$A_1<B_1$	×	×	×	×	0	1	0
$A_3=B_3$	$A_2=B_2$	$A_1=B_1$	$A_0>B_0$	×	×	×	1	0	0
$A_3=B_3$	$A_2=B_2$	$A_1=B_1$	$A_0<B_0$	×	×	×	0	1	0
$A_3=B_3$	$A_2=B_2$	$A_1=B_1$	$A_0=B_0$	1	0	0	1	0	0
$A_3=B_3$	$A_2=B_2$	$A_1=B_1$	$A_0=B_0$	0	1	0	0	1	0
$A_3=B_3$	$A_2=B_2$	$A_1=B_1$	$A_0=B_0$	0	0	1	0	0	1
$A_3=B_3$	$A_2=B_2$	$A_1=B_1$	$A_0=B_0$	×	×	1	0	0	1
$A_3=B_3$	$A_2=B_2$	$A_1=B_1$	$A_0=B_0$	1	1	0	0	0	0
$A_3=B_3$	$A_2=B_2$	$A_1=B_1$	$A_0=B_0$	0	0	0	1	1	0

注：×表示取任意值。

IC7 选用 CD4510，其为可预置 BCD 码的可逆计数器，该器件具有可预置数、加减计数器（只能十进制计数，无二进制计数功能）和多片级联使用等功能。具体引脚功能有复位 RST、置数控制 PE、并行数据输入 $P_1 \sim P_4$、加减计数控制 U/D、时钟 CK 和进位输入 $\overline{CI}$ 等。RST 为高电平时，计数器清零。当 PE 为高电平时，$P_1 \sim P_4$ 上的数据置入计数器中，$\overline{CI}$ 为进位输入端，可控制计数器的计数操作，当 $\overline{CI}=1$ 时，CK 输入都无效，只有当 $\overline{CI}=0$ 时，允许计数。此时，若 U/D 为高电平，在 CK 时钟上升沿计数器加 1 计数；反之，在 CK 时钟上升沿减 1 计数。$\overline{CO}$ 为进/借位输出端，平时保持为 1，只在加计数到 9，或减计数到 0 时才会为 0 输出，以作为进位或借位准备，直到下一个时钟信号的上升沿输入后才变为 1。因此做计数器串联时，需将个位数 $\overline{CI}$ 接地，而将其 $\overline{CO}$ 接到十位数计数器的 $\overline{CI}$，$Q_DQ_CQ_BQ_A$ 为计数器 BCB 码输出端，其引脚功能如图 3-52 所示。真值表如表 3-25 所示。

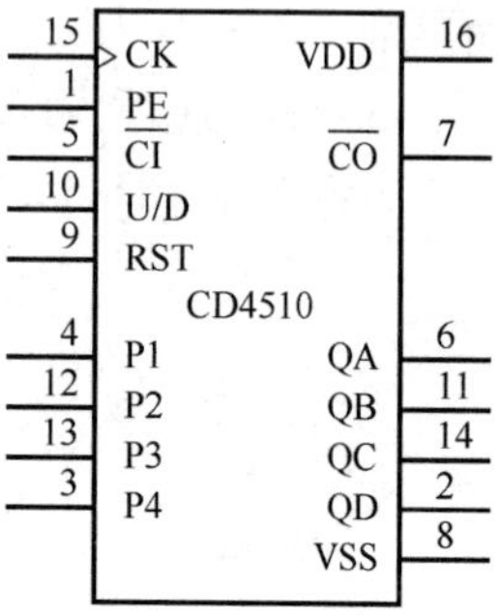

图 3-52　CD4510 引脚功能

表 3-25　CD4510 真值表

输入				输出
RST	PE	$\overline{CI}$	U/D	状态
1	×	×	×	复位
0	1	×	×	预置数
0	0	1	×	停止
0	0	0	1	加计数
0	0	0	0	减计数

注：×表示取任意值。

IC8 选用 CD4028，其为 4 线-10 线译码器，是 BCD-十进制译码电路。它用 4 位二进制数表示十进制数 $0 \sim 9$，可将加至 4 个输入端口 A、B、C、D 的一个 BCD 码在 10 个十进制译码器输出 10 个相应的顺序脉冲，输出为高电平有效。其引脚功能如图 3-53 所示。它具有拒绝伪码功能，当输入代码超过 1001 时，输出全部为 0。真值表如表 3-26 所示。

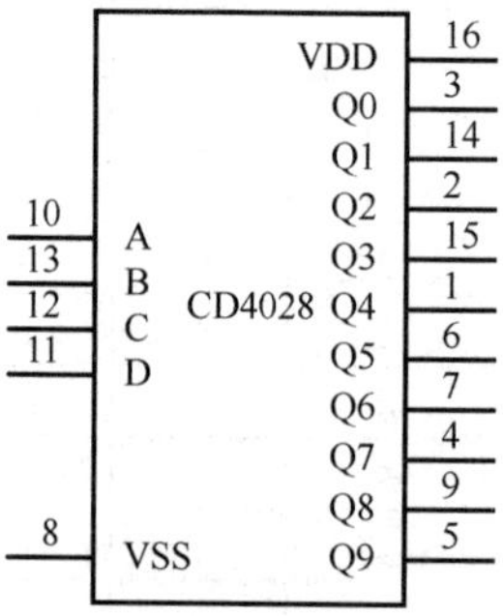

图 3-53　CD4028 引脚功能

表 3-26　CD4028 真值表

输入				输出									
D	C	B	A	Q_0	Q_1	Q_2	Q_3	Q_4	Q_5	Q_6	Q_7	Q_8	Q_9
0	0	0	0	1	0	0	0	0	0	0	0	0	0
0	0	0	1	0	1	0	0	0	0	0	0	0	0
0	0	1	0	0	0	1	0	0	0	0	0	0	0
0	0	1	1	0	0	0	1	0	0	0	0	0	0
0	1	0	0	0	0	0	0	1	0	0	0	0	0
0	1	0	1	0	0	0	0	0	1	0	0	0	0
0	1	1	0	0	0	0	0	0	0	1	0	0	0
0	1	1	1	0	0	0	0	0	0	0	1	0	0
1	0	0	0	0	0	0	0	0	0	0	0	1	0
1	0	0	1	0	0	0	0	0	0	0	0	0	1
1	0	1	0	0	0	0	0	0	0	0	0	0	0
1	0	1	1	0	0	0	0	0	0	0	0	0	0
1	1	0	0	0	0	0	0	0	0	0	0	0	0
1	1	0	1	0	0	0	0	0	0	0	0	0	0
1	1	1	0	0	0	0	0	0	0	0	0	0	0
1	1	1	1	0	0	0	0	0	0	0	0	0	0

IC9 选用 CD4511，其为一片 CMOS BCD-锁存/七段译码/驱动器。

4. 电路原理及制作过程

（1）模拟电梯控制电路原理

1）电路组成。该模拟电梯控制电路由若干个功能单元组成，由此可画出如图 3-54 所示的电路功能框图。它主要由按键输入电路、编码电路、楼层数值比较电路、计数器时钟产生电路、加减计数电路、数码管译码驱动电路、数码管显示电路、4 线-10 线译码电路和 LED 楼层指示电路等几部分组成。

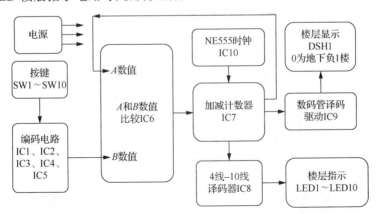

图 3-54　模拟电梯控制电路功能框图

模拟电梯控制电路原理图如图 3-55 所示。

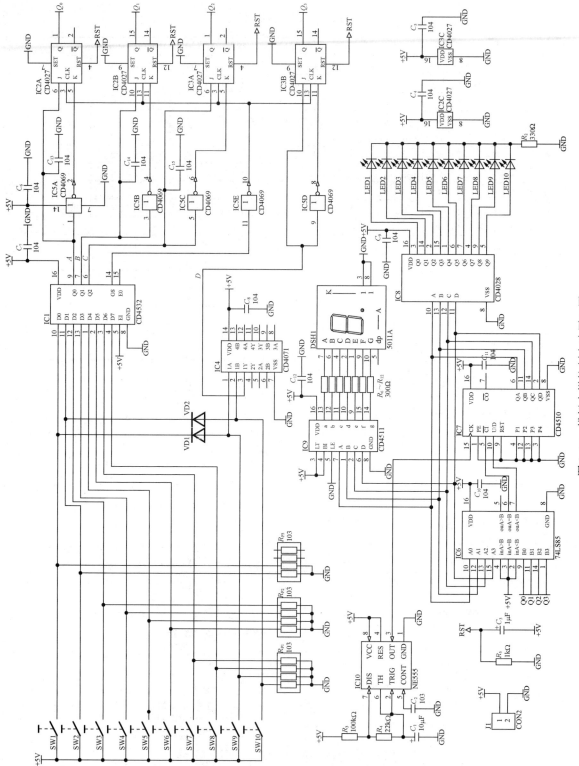

图 3-55　模拟电梯控制电路原理图

2）电路工作原理。按下任意 SW 按键，经过 IC1～IC5、VD1、VD2 组成的 10 线-4 线编码电路进行编码后，由 $Q_3Q_2Q_1Q_0$ 输出按键对应的 BCD 码，加入 IC6 数值比较器的 B 数值输入端，并与当前的数值 A 进行比较，当 A 数值小于 B 数值时，IC6 第 7 脚 outA<B 输出高电平到 IC7 第 10 脚，计数器加计数，使 A 数值上升，数码管 DSH1 显示根据 A 数值的增加而增加，LED 灯指示也根据 A 数值的增加而上升，直到数值 A 与数值 B 相等，IC7 计数器停止计数，数码管显示和 LED 指示灯不变。当 A 数值等于 B 数值时，IC6 第 6 脚 outA=B 输出高电平到 IC7 第 5 脚，IC7 计数器停止计数，DSH1 显示当前 A 数值对应的数不变，LED 灯指示当前 A 数值对应的灯不变。当 A 数值大于 B 数值，则 IC6 第 7 脚 outA<B 输出低电平到 IC7 第 10 脚，则 IC7 计数器减计数，使 A 数值下降，DSH1 显示当前 A 数值对应的数，LED 灯指示当前 A 数值对应的灯，数码管 DSH1 显示根据 A 数值的减小而减小，LED 灯指示也根据 A 数值的减小而下降，直到数值 A 与数值 B 相等，IC7 计数器停止计数，数码管显示和 LED 指示灯不变。

例如，电路通电处于初始状态，IC1 和 IC4 共同输出端 $DCBA$ 为 0000，IC2、IC3 输出 $Q_3Q_2Q_1Q_0$ 为 0000，IC7 输出端 $Q_DQ_CQ_BQ_A$ 输出为 0000，DSH1 显示 0，LED1 亮。当按下 SW4 按键，IC1 和 IC4 共同输出端 $DCBA$ 为 0011，则经过 IC5 后，由 IC2、IC3 输出 $Q_3Q_2Q_1Q_0$ 为 0011，即加到 IC6 上的 B 数值为 0011。因 A 数值 $A_3A_2A_1A_0$ 上电为 0000，则此时 A 数值小于 B 数值，IC6 第 6 脚输出的低电平与第 7 脚输出的高电平，分别加到 IC7 的第 5 脚（低电平）与第 10 脚（高电平），IC7 允许计数加 1，使 A 数值 $A_3A_2A_1A_0$ 为 0001，DSH1 显示 1，LED2 亮。A、B 数值再次比较，A 数值小于 B 数值，IC7 允许计数加 1，使 A 数值 $A_3A_2A_1A_0$ 为 0010，DSH1 显示 2，LED3 亮。A、B 数值再次比较，A 数值小于 B 数值，IC7 允许计数加 1，使 A 数值 $A_3A_2A_1A_0$ 为 0011，DSH1 显示 3，LED4 亮。此时 A 数值等于 B 数值。IC6 的第 6 脚与第 7 脚输出高电平与低电平，使 IC7 的第 5 脚与第 10 脚为高电平与低电平，IC7 停止加计数。这个过程中 A 数值从 0000 加到 0011，DSH1 数码管显示 3 停止，LED4 亮。如再按下 SW3 按键，则电路进行减计数功能。

（2）制作过程

按工艺要求对电容、发光二极管及数码管等进行质量检测。

在 PCB 上，按装配工艺要求插接元器件。模拟电梯控制电路 PCB 接线图如图 3-56 所示。

组装完毕后，通电（电源采用小功率稳压电源+5V）测试。模拟电梯控制电路 3D 视图如图 3-57 所示。产品实物图如图 3-58 所示。

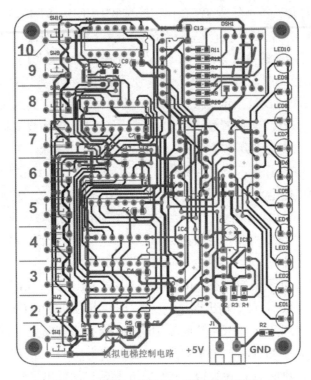

图 3-56　模拟电梯控制电路 PCB 接线图

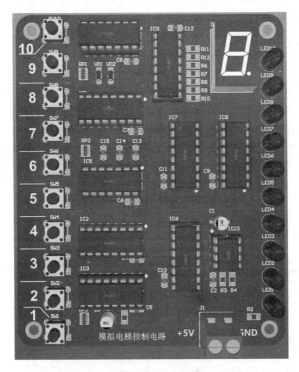

图 3-57　模拟电梯控制电路 3D 视图

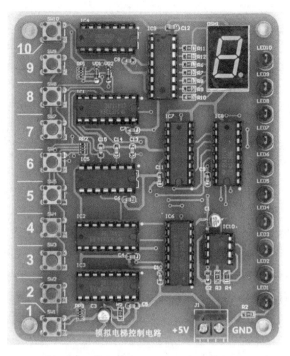

图 3-58　模拟电梯控制电路产品实物图

 议一议

1）试着建立模拟电梯控制电路仿真文件，对电路进行 EWB 功能仿真。

2）试着分析模拟电梯下降控制功能的电路的工作过程。

 评一评

填写表 3-27。

表 3-27　任务检测与评估

	检测项目	评分标准	分值	学生自评	教师评估
知识内容	模拟电梯控制电路的分析	理解模拟电梯控制电路的工作原理，进一步熟悉 JK 触发器的逻辑功能	20		
操作技能	模拟电梯控制电路的仿真	能使用 EWB 仿真软件仿真模拟电梯控制电路，并能够正确分析仿真结果	20		
	模拟电梯控制电路的制作	能按工艺要求正确安装和调试模拟电梯控制电路，且对出现的一般问题进行处理	50		
	安全操作	安全用电，按章操作，遵守实训室管理制度	5		
	文明操作	按 6S 企业管理体系要求进行现场管理	5		

项　目　小　结

1）触发器是数字电路中极其重要的基本逻辑单元。触发器有两个稳定状态，在外界信号作用下，可以从一个稳态转变为另一个稳态，无外界信号作用时，状态保持不变。

2）集成触发器按功能可分为 RS 触发器、JK 触发器、D 触发器、T 触发器。其逻辑功能可用真值表、特征方程、逻辑符号和波形图来描述。

3）根据时钟脉冲触发方式的不同，触发器可有同步触发、上升沿触发、下降沿触发和主从触发 4 种类型。

4）触发器的逻辑功能分别为：

① RS 触发器具有置 0、置 1、保持的逻辑功能。

② JK 触发器具有置 0、置 1、保持、计数的逻辑功能。

③ D 触发器具有置 0、置 1 的逻辑功能。

④ T 触发器具有保持、计数的逻辑功能。

思考与练习

一、选择题

1．在图 3-59 中，由 JK 触发器构成了（　　　）。

　　A．D 触发器　　　　　　　　　　B．基本 RS 触发器

　　C．T 触发器　　　　　　　　　　D．同步 RS 触发器

2．触发器的 $\overline{S}_{D}$ 端称为（　　　）。

　　A．异步置 1 端　　B．异步置 0 端　　C．同步复位端　　D．同步置位端

3．触发器的 $\overline{R}_{D}$ 端称为（　　　）。

　　A．异步置 1 端　　B．异步置 0 端　　C．同步复位端　　D．同步置位端

4．在图 3-60 中，由 JK 触发器构成了（　　　）。

　　A．D 触发器　　　　　　　　　　B．基本 RS 触发器

　　C．T 触发器　　　　　　　　　　D．同步 RS 触发器

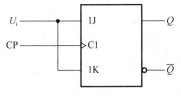
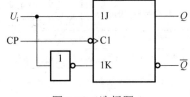

图 3-59　选择题 1　　　　　　　　　　　　图 3-60　选择题 4

5. JK 触发器在 J、K 端同时输入高电平时，处于（　　　）状态。

　　A. 保持　　　　　　B. 置 0　　　　　　C. 置 1　　　　　　D. 翻转

6. 同步 RS 触发器禁止（　　　）。

　　A. R 端、S 端同时为 0　　　　　　B. $\bar{R}$ 端为 0、$\bar{S}$ 端为 1

　　C. R 端、S 端同时为 1　　　　　　D. $\bar{R}$ 端为 1、$\bar{S}$ 端为 0

7. CD4013 是（　　　）触发器。

　　A. 双 D　　　　　　B. 双 JK　　　　　　C. 主从 RS　　　　　　D. 负边沿 JK

8. 对于 JK 触发器，输入 $J=0$，$K=1$，CP 脉冲作用后，触发器的 Q^{n+1} 应为（　　　）。

　　A. 0　　　　　　　　　　　　　　　B. 1

　　C. 与 Q^n 状态有关　　　　　　　　D. 不停翻转

9. 具有翻转功能的触发器是（　　　）。

　　A. 基本 RS 触发器　　　　　　　　B. 同步 RS

　　C. JK 触发器　　　　　　　　　　D. D 触发器

10. 仅具有保持、翻转功能的触发器是（　　　）。

　　A. JK 触发器　　B. D 触发器　　C. T 触发器　　D. RS 触发器

二、填空题

1. RS 触发器按结构不同，可分为无时钟输入端的_____触发器和有时钟输入端的_____触发器。

2. 按逻辑功能分，触发器主要有_____、_____、_____和_____ 4 种类型。

3. 触发器的 $\bar{S}_{\mathrm{D}}$ 端、$\bar{R}_{\mathrm{D}}$ 端可以根据需要预先将触发器_____或_____，不受_____的同步控制。

4. 触发器的 CP 触发方式主要有_____、_____、_____和_____ 4 种类型。

5. RS 触发器具有_____、_____、_____ 3 种逻辑功能。

6. JK 触发器具有_____、_____、_____和_____ 4 种逻辑功能，当 $J=1$、$K=0$ 时，其逻辑功能是_____。

7. 触发器是具有_____功能的电路，它是时序逻辑电路中_____的逻辑单元。

8. 由与非门构成的基本 RS 触发器不允许出现 $\bar{R}=$_____和 $\bar{S}=$_____的情况。

9. 时钟脉冲每个周期可分为_____、_____、_____、_____ 4 部分。

10. 同步 RS 触发器是在基本 RS 触发器的基础上增加_____和_____构成的，在时钟脉冲到来时，其逻辑功能与_____是一样的。

11. T 触发器又称_____触发器，T 触发器具有的逻辑功能是_____和_____。将 T 触发器的 T 端固定接_____而构成的触发器称为 T′触发器。

12. 在一个时钟脉冲持续期间，触发器的状态_____的现象称为空翻，克服空翻的方法通常是采用_____。

13. 主从 JK 触发器由_____和_____组成，在时钟脉冲到来时，_____工作；时钟脉冲过后，_____工作，主从 JK 触发器的逻辑功能与_____是一样的。

三、作图题

1. 图 3-61（a）所示为 JK 触发器的逻辑符号，初始状态为 0，CP、J、K 端的信号波形如图 3-61（b）所示，试画出输出 Q 的波形。

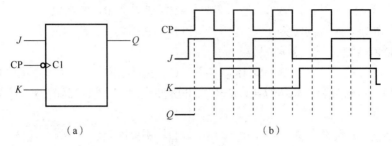

图 3-61　作图题 1

2. 图 3-62（a）所示为 D 触发器的逻辑符号，初始状态为 0，CP、D 端的信号波形如图 3-62（b）所示，试画出输出 Q 的波形。

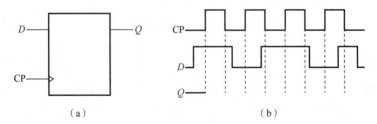

图 3-62　作图题 2

项目四

广告灯的制作

　　都市的夜晚闪烁着形状各异、五彩斑斓、绚丽夺目的广告灯，每个商家都在通过自己独具特色的广告灯吸引着过往行人的目光。本项目介绍一款主要用 555 定时器和 CD4017 计数器制作的广告灯，这款广告灯可以实现文字或符号闪闪发光的追逐效果，并且能组编成各种造型，将丰富你的创造力和想象力，给你带来视觉冲击和美的享受。

知识目标

- 时序逻辑电路的基本概念及分类。
- 能了解计数器的分类和同步、异步计数器的特点。
- 掌握同步、异步时序逻辑电路的分析方法。
- 能够利用集成计数器组成任意进制的计数器。
- 能叙述 555 定时器的逻辑功能、引脚功能，并能分析 555 定时器的工作原理。
- 能够叙述和分析广告灯的工作原理与调试方法。

技能目标

- 能运用触发器电路制作与调试各种同步计数器。
- 能利用集成计数器制作任意进制计数器。
- 555 定时器构成振荡器的应用。
- 能利用 555 定时器及 CD4017 计数器完成广告灯的制作与调试。

任务一　同步计数器电路的制作

- 掌握时序逻辑电路的基本概念及分类。
- 掌握同步和异步时序逻辑电路的分析方法。
- 了解计数器的分类和同步、异步计数器的特点。
- 能够运用 D 触发器和 JK 触发器实现同步计数器。

任务教学方式

教学步骤	时间安排	教学方式
阅读教材	课余	学生自学、查资料、相互讨论
知识点讲授	4 学时	1. 时序逻辑电路的分析可以运用推理法进行教学 2. 运用对比法讲解同步、异步计数器的分类及应用特点 3. 计数器的制作可以先利用课件进行仿真，然后利用数字逻辑箱来完成
实践操作	2 学时	在仿真实现的基础上利用数字逻辑箱来搭建一个比较简单的计数器
评估检测	与课堂同时进行	教师与学生共同完成任务的检测与评估，并能对出现的问题进行分析与处理

读一读

时序逻辑电路

时序逻辑电路的特点是，电路在某一时刻的输出不仅与输入各变量的状态组合有关，还与电路原来的输出状态有关，因此它具有记忆功能。从电路结构上看，时序逻辑电路的输入/输出之间有反馈，主要由组合逻辑电路和存储电路组成。根据存储电路中各个触发器状态变化的特点，时序逻辑电路又可分为同步时序逻辑电路和异步时序逻辑电路两大类。在同步时序逻辑电路中，所有触发器的变化都是在同一个时钟信号作用下同时发生的；而在异步时序逻辑电路中，各触发器的时钟信号不是同一个，而是有先有后，因此触发器的变化也不是同时发生的，也有先有后。

常见的时序逻辑电路有寄存器、计数器等。时序逻辑电路框图如图 4-1 所示，图中 X 代表时序逻辑电路的输入变量，Y 代表时序逻辑电路的输出变量，D 代表存储电路的驱动信号，Q 代表存储电路的输出状态，CP 是时钟脉冲（在时序逻辑电路中均有 CP 时钟信号）。

存储电路的输出与组合逻辑电路的输入信号共同决定时序逻辑电路的输出，根据图 4-1 所示，写出各种方程如下。

（1）存储电路输入端的方程

驱动方程　　　　　　　　　　　$D = F_1(X, Q^n)$

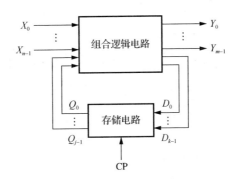

图 4-1 时序逻辑电路框图

（2）时序逻辑电路的输出方程

输出方程 $Y = F_2(X, Q^n)$

（3）由时序逻辑电路信号与存储器原态组成方程

状态方程 $Q^{n+1} = F_3(D, Q^n)$

状态方程是把驱动方程代入相应触发器的特征方程所得的方程式。

 想一想

1）时序逻辑电路与组合逻辑电路在逻辑功能和电路结构上各有什么特点？

2）在时序逻辑电路中，时间量 t_{n+1}、t_n 各是怎样定义的？描述时序逻辑电路的功能需要几个方程？它们各表示什么含义？

3）时序逻辑电路的分类有哪几种？同步时序逻辑电路和异步时序逻辑电路有什么不同？

 **读一读**

分析同步时序逻辑电路

同步时序逻辑电路的分析是指根据给定的时序逻辑电路，分析其逻辑功能。时序逻辑电路分析的一般步骤如下。

1）求时钟方程和驱动方程。

2）将驱动方程代入特征方程，求状态方程。

3）根据状态方程进行计算，列状态转换真值表。

4）根据状态转换真值表画状态转换图。

5）分析其功能。

例 4-1 分析图 4-2 所示的时序逻辑电路的功能。

解：1）求时钟方程和驱动方程。

时钟方程：$CP_0 = CP_1 = CP_2 = CP$ （同步时序逻辑电路）

驱动方程：

$$D_0 = \overline{Q_2^n} \, \overline{Q_1^n} \, \overline{Q_0^n}, D_1 = Q_0^n, D_2 = Q_1^n$$

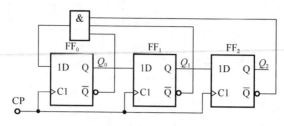

图 4-2　时序逻辑电路

2）将驱动方程代入特征方程，得状态方程为

$$Q_2^{n+1} = D_2 = Q_1^n, \quad Q_1^{n+1} = D_1 = Q_0^n, \quad Q_0^{n+1} = D_0 = \overline{Q_2^n}\,\overline{Q_1^n}\,\overline{Q_0^n}$$

3）根据状态方程进行计算，列状态转换真值表。

依次设定电路的现态 $Q_2Q_1Q_0$，代入状态方程计算，得到次态，如表 4-1 所列。

表 4-1　状态转换真值表

计数脉冲 CP	Q_2^n	Q_1^n	Q_0^n	Q_2^{n+1}	Q_1^{n+1}	Q_0^{n+1}
↑	0	0	0	0	0	1
↑	0	0	1	0	1	0
↑	0	1	0	1	0	0
↑	0	1	1	1	1	0
↑	1	0	0	0	0	0
↑	1	0	1	0	1	0
↑	1	1	0	1	0	0
↑	1	1	1	1	1	0

4）根据状态转换真值表画状态转换图，如图 4-3 所示。

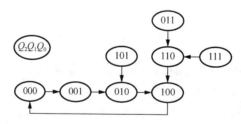

图 4-3　状态转换图

5）功能分析。电路有 4 个有效状态、4 个无效状态，为四进制加法计数器，能自启动。当电路的状态进入无效状态时，在 CP 信号作用下，电路能自动回到有效循环中，称电路能自启动，否则称电路不能自启动。

例 4-1 中，状态 101、110、011、111 均为无效状态，一旦电路的状态进入其中任意一个无效状态时，在 CP 信号作用下，电路的状态均能自动回到有效循环中，所以电路能自启动。例如，当电路的状态进入 101 或 110 时，只需一个 CP 上升沿，电路的状态就能回到 010 或 100；当电路的状态进入 011 或 111 时，只需两个 CP 上升沿，电路的状态就能回到 100。

参照例 4-1 题做法，试分析图 4-4 所示时序逻辑电路构成了几进制计数器，并画出状态转换图。

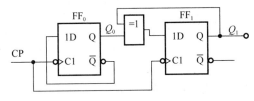

图 4-4 时序逻辑电路

分析异步时序逻辑电路

在异步时序逻辑电路中，各触发器的 CP 时钟脉冲是独立的，所以在分析电路时，首先写出各触发器的 CP 时钟脉冲的方程，再确定各触发器的状态方程，并注明状态方程何时有效。在计算状态表时，要给予充分重视。其他步骤与同步时序逻辑电路的分析方法类似。

例 4-2 分析图 4-5 所示的异步时序逻辑电路的功能。

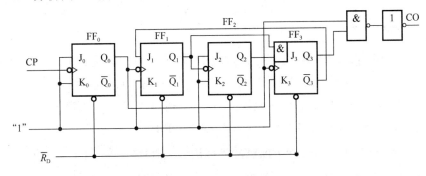

图 4-5 异步时序逻辑电路

解：1）由时序逻辑电路可见，它属于异步时序逻辑电路。从而写出下列方程：
驱动方程：

$$J_0 = K_0 = 1$$
$$J_1 = \overline{Q_3}, \quad K_1 = 1$$
$$J_2 = K_2 = 1$$
$$J_3 = Q_1^n Q_2^n, \quad K_3 = 1$$

根据 JK 触发器特征方程

$$Q^{n+1} = J\overline{Q^n} + \overline{K} Q^n$$

分别将各驱动方程代入特征方程，得状态方程，并注明各状态方程的有效时刻。

$$Q_0^{n+1} = \overline{Q_0^n} \qquad\qquad CP_0 \text{ 下降沿有效}$$

$$Q_1^{n+1} = \overline{Q_3^n} \cdot \overline{Q_1^n} \qquad\qquad Q_0^n \text{ 下降沿有效}$$

$$Q_2^{n+1} = \overline{Q_2^n} \qquad\qquad Q_1^n \text{ 下降沿有效}$$

$$Q_3^{n+1} = Q_1^n Q_2^n \overline{Q_3^n} \qquad\qquad Q_0^n \text{ 下降沿有效}$$

$$CP_0 = CP,\ CP_1 = Q_0^n,\ CP_2 = Q_1^n,\ CP_3 = Q_0^n$$

输出方程为

$$CO = Q_3^n Q_0^n$$

2）该逻辑电路状态转换真值表如表 4-2 所示。

表 4-2　状态转换真值表

现态				次态				时钟				输出
Q_3^n	Q_2^n	Q_1^n	Q_0^n	Q_3^{n+1}	Q_2^{n+1}	Q_1^{n+1}	Q_0^{n+1}	CP_3	CP_2	CP_1	CP_0	CO
0	0	0	0	0	0	0	1	0	0	0	1	0
0	0	0	1	0	0	1	0	1	0	1	1	0
0	0	1	0	0	0	1	1	0	0	0	1	0
0	0	1	1	0	1	0	0	1	1	1	1	0
0	1	0	0	0	1	0	1	0	0	0	1	0
0	1	0	1	0	1	1	0	1	0	1	1	0
0	1	1	0	0	1	1	1	0	0	0	1	0
0	1	1	1	1	0	0	0	1	1	1	1	0
1	0	0	0	1	0	0	1	0	0	0	1	1
1	0	0	1	0	0	0	0	1	0	1	1	0

注：CP=1 代表有效，CP=0 代表无效。

3）功能分析并画时序图：当现态为 $Q_3^n Q_2^n Q_1^n Q_0^n$ =0000 时，且第 1 个 CP_0 脉冲下降沿到来时，CP_0=CP=1 有效，所以状态方程中仅 $Q_0^{n+1} = \overline{Q_0^n}$ 有效，且 Q_0^{n+1} =1。

$CP_1 = Q_0^n$ =0 无效；$CP_2 = Q_1^n$ =0 无效；$CP_3 = Q_0^n$ =0 无效。所以当第一个时钟脉冲下降沿到来后，4 个触发器的状态为 $Q_3^{n+1} Q_2^{n+1} Q_1^{n+1} Q_0^{n+1}$ =0001。

当现态为 0001 时，且第 2 个 CP_0 脉冲下降沿到来时，CP_0=CP=1 有效，使 $Q_0^{n+1} = \overline{Q_0^n}$ =0；由于 Q_0^n 出现下降沿，$CP_1 = Q_0^n$ =1 有效，所以使状态方程 $Q_1^{n+1} = \overline{Q_3^n Q_1^n}$ =1；$CP_2 = Q_1^n$ =0 无效，Q_2^{n+1} 保持不变；$CP_3 = Q_0^n$ =1 有效，$Q_3^{n+1} = \overline{Q_3^n} Q_2^n Q_1^n$ =0。第 2 个时钟脉冲下降沿到来后，4 个触发器的状态为 $Q_3^{n+1} Q_2^{n+1} Q_1^{n+1} Q_0^{n+1}$ =0010；以此类推。

当现态为 $Q_3^n Q_2^n Q_1^n Q_0^n$ =0111 时，且第 9 个 CP_0 脉冲下降沿到来时，CP_0=CP=1 有效，所以状态方程中 Q_0^{n+1} =1；$CP_1 = Q_0^n$ 有效，根据其状态方程得 Q_1^{n+1} =0；$CP_2 = Q_1^n$ =0 无效，Q_2^{n+1} =0；$CP_3 = Q_0^n$ =1 有效，$Q_3^{n+1} = \overline{Q_3^n} Q_2^n Q_1^n$ =1。第 9 个时钟脉冲下降沿到来后，各触发器的状态为

$$Q_3^{n+1} Q_2^{n+1} Q_1^{n+1} Q_0^{n+1} = 1001$$

同时输出方程 $CO = Q_3^n Q_0^n$ =1，产生进位。

总结上述过程：在确定现态后，先根据 CP 时钟脉冲确定 Q_0 是否有效，如果有效则

根据 Q_0 的状态方程确定状态的翻转情况。再确定 CP_1 是否有效，如果有效，按 Q_1 的状态方程确定状态的翻转；如果无效，则保持原状态不变。以此类推。根据有效时钟脉冲对应的状态方程确定异步时序逻辑电路的次态。

由表 4-2 可见，图 4-5 中的触发器的状态从十进制的 0～9 开始，然后再回到 0，这是一个异步十进制加法计数器，其时序如图 4-6 所示。

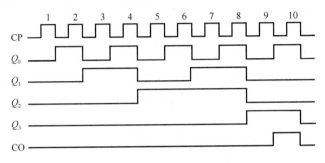

图 4-6 时序图

4）请读者自行画出状态转换图，并检查是否有自启动功能。

试分析图 4-7 所示时序逻辑电路构成了几进制计数器，画出其状态转换图。

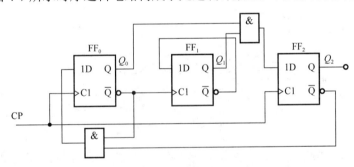

图 4-7 某一计数器逻辑电路

计数器的分类及同步、异步计数器的特点

计数器是一种能累计脉冲数目的数字电路，在计时器、交通信号灯装置、工业生产流水线等中有着广泛的应用。计数器不仅可以用来计数，也可以用来作脉冲信号的分频、程序控制、逻辑控制等。

计数器电路是一种由门电路和触发器构成的时序逻辑电路，它是对门电路和触发器知识的综合运用。触发器有两个稳定状态，在时钟脉冲作用下，两个稳定状态可相互转换，所以可用来累计时钟脉冲的个数。用触发器构成计数器的原理是触发器的状态随着计数脉冲的输入而变化，触发器状态变化的次数等于输入的计数脉冲数。

（1）计数器的分类

1）按数的进制分类，计数器可分为二进制计数器、十进制计数器和任意进制计数器。

二进制计数器是指按二进制数的运算规律进行计数的电路。例如，74LS161 为集成 4 位二进制同步加法计数器，其计数长度为 16。

十进制计数器是指按十进制数的运算规律进行计数的电路。例如，CC4518 为集成十进制同步加法计数器，其计数长度为 10。

任意进制计数器是指除二进制计数器和十进制计数器以外的其他进制计数器，如十二进制计数器和六十进制计数器等。

2）按计数时触发器的状态是递增还是递减分类，计数器可分为加法计数器、减法计数器和可逆计数器。图 4-8 和图 4-9 所示分别为十进制加法计数器、减法计数器的状态转换图。

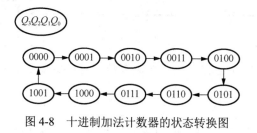

图 4-8　十进制加法计数器的状态转换图

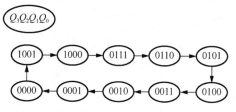

图 4-9　十进制减法计数器的状态转换图

3）按计数器中触发器的翻转是否同步分类，计数器可分为同步计数器和异步计数器。

4）按计数器中使用的元器件类型分类，计数器可分为 TTL 计数器和 CMOS 计数器。TTL 计数器中电路器件均为晶体管，而 CMOS 计数器中电路器件均为场效应晶体管。

（2）同步计数器、异步计数器的特点

1）同步计数器。在同步计数器中，各触发器受同一输入计数脉冲控制，计数脉冲同时接到各位触发器，各触发器状态的变换与计数脉冲同步，故称为同步计数器。同步计数器的触发信号是同一个信号。具体来说，每一级的触发器接的都是同一个 CLK 信号。

优缺点：由于各触发器同步翻转，因此工作速度较异步计数器快，大大提高了计数器的工作频率，但接线较复杂，需要门电路配合。各级触发器输出相差小，译码时能避免出现干扰、毛刺现象；但是如果同步计数器级数增加，就会使得计数脉冲的负载加重。电路进位方式有串行和并行两种形式，并行进位方式可进一步提高计数工作速度。

2）异步计数器。在异步计数器（亦称波纹计数器、行波计数器）中，有的触发器直接受输入计数脉冲控制，有的触发器则是把其他触发器的输出信号作为自己的时钟脉冲，因此各个触发器状态变换的时间先后不一，故称为异步计数器。异步计数器的触发信号是不同的，如第一级的输出 Q 作为第二级的触发信号。

优缺点：异步二进制加法计数器线路连接简单，各触发器不同步翻转，因而工作速度较慢。各级触发器输出相差大，译码时容易出现干扰、毛刺现象；但是如果异步计数器级数增加，对计数脉冲的影响则不大。

说明：同步计数器和异步计数器的清零方式是不同的。同步计数器清零和计数是同步的。例如上升沿计数，如果不到时钟的上升沿，那么即使给出清零信号，输出也不会清零，只有到了上升沿输出才会变成零。异步计数器清零和计数是异步的，就是可以在任意时刻清零。例如上升沿计数，但是清零不一定要在上升沿，在任意时刻只要给出清零信号，输出就会立刻清零。

想一想

一个触发器有_____个稳定状态，可以构成_____进制计数器；两个触发器有_____个稳定状态，可以构成_____进制计数器；n 个触发器有_____个稳定状态，可以构成_____进制计数器。

读一读

四进制计数器

四进制计数器能累计 4 个时钟脉冲，有 4 个有效状态，因此用两个 JK 触发器就能构成四进制计数器。

1. 四进制同步加法计数器

图 4-10 所示为用两个 JK 触发器构成的四进制同步加法计数器的逻辑电路。

图 4-10 中 $J_0=K_0=1$ 时，根据 JK 触发器的逻辑功能可知，左边的触发器在 CP 上升沿作用下，具有翻转的功能；$J_1=K_1=Q_0$，当 $Q_0=0$ 时，右边的触发器状态保持不变；当 $Q_0=1$ 时，右边的触发器

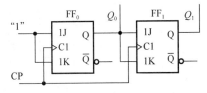

图 4-10 用两个 JK 触发器构成的四进制同步加法计数器的逻辑电路

状态在 CP 上升沿作用下，具有翻转的功能。于是得到图 4-10 所示电路的状态转换真值，如表 4-3 所示。

表 4-3 电路的状态转换真值表

计数脉冲 CP	Q_1^n	Q_0^n	Q_1^{n+1}	Q_0^{n+1}
1	0	0	0	1
2	0	1	1	0
3	1	0	1	1
4	1	1	0	0

根据表 4-3 画出状态转换图，如图 4-11 所示。由图 4-11 可知该电路实现了四进制同步加法计数器的逻辑功能。

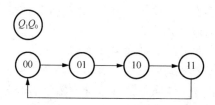

图 4-11　四进制同步加法计数器的状态转换图

2. 四进制异步减法计数器

也可用两个 JK 触发器构成四进制异步减法计数器，逻辑电路如图 4-12 所示。

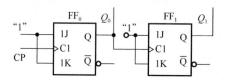

图 4-12　JK 触发器构成四进制异步减法计数器的逻辑电路

根据 JK 触发器的逻辑功能可以分析出四进制异步减法计数器的输出端脉冲波形。为了便于理解，现将 Q_0、Q_1 端输出的脉冲波形绘出，如图 4-13 所示，其状态转换图如图 4-14 所示。

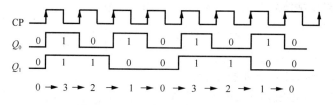

图 4-13　Q_0、Q_1 端输出的脉冲波形

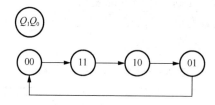

图 4-14　四进制异步减法计数器的状态转换图

 想一想

八进制同步加法计数器需要多少个触发器来实现？试画出其状态转换图。

做一做

四进制同步加法计数器的功能仿真

1. 仿真目的

1）进一步了解四进制计数器的构成和工作原理。
2）通过仿真软件用触发器实现四进制同步加法计数器的逻辑功能。

2. 仿真步骤及操作

（1）创建计数器实验电路
1）进入 NI Multisim 14.0 用户操作界面。
2）按图 4-15 所示电路，从 NI Multisim 14.0 元器件库、仪器仪表库选取相应器件和仪器，连接电路。

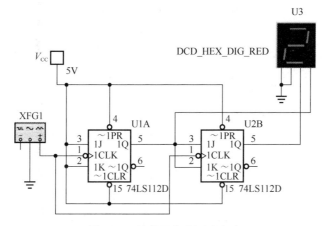

图 4-15 计数器仿真测试电路

从 TTL 元器件库中选择 74LS 系列，从弹出窗口的器件列表中选取 74LS112D。

从仪表仪器工具栏拽出函数信号发生器图标，为逻辑信号分析仪提供外触发的时钟控制信号。

单击指示器件库按钮，选取译码数码管，用来显示编码器的输出代码。该译码数码管自动地将 4 位二进制数代码转换为十六进制数显示出来。

3）按图 4-15 所示选取电路中的全部元器件，进行标识和设置。

双击函数信号发生器的图标，打开其参数设置面板，按图 4-16 所示完成各项设置。

（2）运行电路并完成电路逻辑功能分析
单击工具栏右边的仿真启动按钮，运行电路。

图 4-16 函数信号发生器的设置

核对译码数码管显示的数值与输出代码是否一致。

注意：当译码数码管显示不停闪烁时，应检查时钟的频率是否为 8Hz 或再次予以确认。

将上述仿真电路改成四进制异步减法计数器，并验证其逻辑功能，比较两种电路的结构和触发方式有什么不同。

四进制同步加法计数器的制作

1. 实训目的

1）进一步熟悉由 JK 触发器构成的四进制同步加法计数器的逻辑电路。

2）了解 74LS112 集成电路芯片的内部电路和引脚功能，并能应用该芯片制作四进制同步加法计数器。

3）验证四进制同步加法计数器的逻辑关系，加深对计数器工作原理的理解。

2. 所需器材

数字逻辑箱 1 台、函数信号发生器 1 台、稳压电源 1 台、工具 1 套、万用表 1 只、元器件 1 套（74LS112 芯片 1 只、发光二极管 2 只、200Ω 电阻 2 只、1kΩ 电阻 1 只，导线若干）。

3. 操作步骤

1）查找 74LS112 集成电路芯片的相关资料，了解 74LS112 的内部电路、引脚功能和真值表。

① 74LS112 的内部电路和引脚功能。74LS112 是由两组带预置和清除端的 JK 触发器组成的，其内部电路和引脚功能如图 4-17 所示。

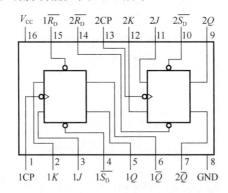

图 4-17　74LS112 内部电路和引脚功能

1CP、2CP：时钟输入端（下降沿有效）。

1*J*、2*J*、1*K*、2*K*：数据输入端。

1*Q*、1$\overline{Q}$、2*Q*、2$\overline{Q}$：信号输出端。

1$\overline{R_D}$、2$\overline{R_D}$：直接复位端（低电平有效）。

1$\overline{S_D}$、2$\overline{S_D}$：直接置位端（低电平有效）。

② 74LS112 的真值表如表 4-4 所示。

表 4-4 74LS112 的真值表

输入					输出	
$\overline{S_D}$	$\overline{R_D}$	CP	J	K	Q	$\overline{Q}$
L	H	×	×	×	H	L
H	L	×	×	×	L	H
L	L	×	×	×	*	*
H	H	↓	L	L	Q_0	$\overline{Q}_0$
H	H	↓	H	L	H	L
H	H	↓	L	H	L	H
H	H	↓	H	H	$\overline{Q}_0$	Q_0
H	H	H	×	×	Q_0	$\overline{Q}_0$

注：H 表示高电平，L 表示低电平，×表示取任意值，↓表示由高到低电平跳变，Q_0 表示稳态输入建立前 Q 的电平，$\overline{Q}_0$ 表示稳态输入建立前 $\overline{Q}$ 的电平。

2）根据图 4-10 所示的四进制同步加法计数器电路模型，画出用 74LS112 构成的四进制同步计数器的接线，如图 4-18 所示。稳压电源给 74LS112 提供+5V 电源，函数信号发生器提供计数脉冲，计数器的状态用发光二极管指示。

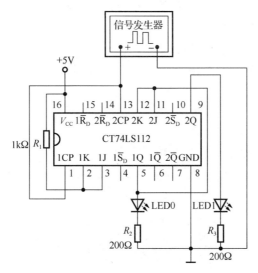

图 4-18 74LS112 四进制同步加法计数器

3）根据图 4-18 所示的接线图搭建实验电路图，函数信号发生器按图 4-16 所示的参数进行设置并接入电路。接通电源后，观察计数器两个输出端发光二极管的状态。

调整信号发生器的频率为 1Hz，观察在 CP 下降沿时刻发光二极管的工作情况，发光二极管亮，表示输出 Q 为高电平（即 $Q^{n+1}=1$）；发光二极管灭，表示输出 Q 为低电平（即 $Q^{n+1}=0$），并将观察到的结果填入表 4-5 中。

表 4-5 四进制加法计数器状态表

CP	理论		实际	
	LED1	LED0	LED1	LED0
0	灭（0）	灭（0）		
1	灭（0）	亮（1）		
2	亮（1）	灭（0）		
3	亮（1）	亮（1）		
4	灭（0）	灭（0）		

如果将 3 个 JK 触发器按图 4-10 所示方式连接，可以构成八进制同步加法计数器吗？为什么？

同步计数器电路的设计方法

前面直接根据给定的逻辑图制作了同步计数器，下面介绍这样的逻辑图是怎样设计出来的。

同步计数器电路的设计是指根据给定的要求（可以是一段文字描述或状态转换图），用触发器设计出满足要求的电路。

同步计数器电路设计的一般步骤如下：

1）选择触发器。

2）求状态方程。

3）求驱动方程。

4）画逻辑图，检查电路能否自启动。

下面通过例题来详细介绍同步计数器的设计。

例 4-3 用触发器设计一个四进制同步计数器电路，图 4-19 所示为其状态转换图。

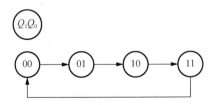

图 4-19 四进制同步加法计数器状态转换图

解：1）选择触发器。本例中选择下降沿触发的 JK 触发器。

2）求状态方程。

首先，根据状态图画出状态转换表，如表 4-6 所示。

表 4-6 四进制同步加法计数器状态转换表

计数脉冲	计数器现态		计数器次态	
CP	Q_1^n	Q_0^n	Q_1^{n+1}	Q_0^{n+1}
↓	0	0	0	1
↓	0	1	1	0
↓	1	0	1	1
↓	1	1	0	0

其次，根据状态转换表写状态方程，就是写出次态为 1 时现态的组合，再化简。

由表 4-6 可知，$Q_1^{n+1}=1$ 时，Q_1^n、Q_0^n 的取值分别为 0、1 和 1、0；$Q_1^{n+1}=1$ 时，Q_1^n、Q_0^n 的取值分别为 0、0 和 1、0。写状态方程时，若变量的取值为 0，就用反变量表示；若变量的取值为 1，就用原变量表示。于是得到状态方程如下：

$$Q_1^{n+1} = Q_1^n \overline{Q_0^n} + \overline{Q_1^n} Q_0^n = Q_1^n \oplus Q_0^n$$

$$Q_0^{n+1} = \overline{Q_1^n}\ \overline{Q_0^n} + Q_1^n \overline{Q_0^n} = \left(\overline{Q_1^n} + Q_1^n\right)\overline{Q_0^n} = \overline{Q_0^n}$$

3）求驱动方程。JK 触发器的特征方程为

$$Q^{n+1} = J\overline{Q^n} + \overline{K}Q^n$$

比较状态方程和特征方程：

$$\begin{cases} Q_1^{n+1} = J_1\overline{Q_1^n} + \overline{K_1}Q_1^n \\ Q_1^{n+1} = Q_1^n \overline{Q_0^n} + \overline{Q_1^n} Q_0^n \end{cases} \qquad \begin{cases} Q_0^{n+1} = J_0\overline{Q_0^n} + \overline{K_0}Q_0^n \\ Q_0^{n+1} = \overline{Q_0^n} = 1\overline{Q_0^n} + \overline{1}\ \overline{Q_0^n} \end{cases}$$

可得到驱动方程为

$$\begin{cases} J_1 = K_1 = Q_0^n \\ J_0 = K_0 = 1 \end{cases}$$

4）按驱动方程画出四进制同步加法计数器的逻辑电路，如图 4-20 所示。

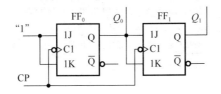

图 4-20 四进制同步加法计数器的逻辑电路

 评一评

填写表 4-7。

表 4-7   任务检测与评估

	检测项目	评分标准	分值	学生自评	教师评估
知识内容	时序逻辑电路的分析方法	能分析简单的时序逻辑电路	15		
	同步计数器、异步计数器的原理与分析，二者特点的比较	能对同步计数器、异步计数器进行简单分析	25		
操作技能	能用 74LS193 同步可逆 4 位二进制计数器进行仿真	能熟练使用仿真软件完成仿真操作，并能验证计数器功能	20		
	能用数字逻辑箱完成简单计数器的制作	能按照工艺要求完成元器件的安装，制作产品功能正常，相关参数正确	30		
	安全操作	安全用电，安装操作，遵守实训室管理制度	5		
	现场管理	按 6S 企业管理体系要求进行现场管理	5		

任务二   任意进制计数器的制作

任务目标

- 能描述集成计数器的功能，会使用集成计数器。
- 能用复位法构成任意进制计数器。
- 能用置数法构成任意进制计数器。
- 用集成计数器 CC4518 构成二十四进制、六十进制计数器。

任务教学方式

教学步骤	时间安排	教学方式
阅读教材	课余	学生自学、查资料、相互讨论
知识点讲授	4 学时	1. 运用比较法讲解用二进制计数器制作任意进制计数器的方法，并结合仿真课件进行讲解 2. 运用比较法讲解用十进制计数器制作任意进制计数器的方法，并结合仿真课件进行讲解
实践操作	4 学时	分别对由集成二进制计数器和十进制计数器构成的任意进制计数器进行仿真,并利用数字实验箱完成任意进制计数器的制作
评估检测	与课堂同时进行	教师与学生共同完成任务的检测与评估，并能对出现的问题进行分析与处理

读一读

获得任意进制计数器的方法

集成 4 位二进制同步计数器是功能较完善的计数器,用它可组成任意进制的计数器,组成的方法有两种：一种方法称为反馈归零法，也称为复位法；另一种方法称为置位法。如果要获得大于十六进制的 N 进制计数器，就必须使用多片集成计数器通过级联的方法来实现，把低位片的进位直接作为高位片的时钟脉冲即可，这种方法通常称为级联法。

1. 复位法

所谓复位法，就是利用集成计数器的置 0 功能来构成任意进制的计数器。当计数器从 0 开始计数时，如果到第 N 个 CP 脉冲后，通过反馈电路控制计数器的异步置零端，使之强制回零，即可构成 N 进制计数器。

例 4-4　用同步 4 位二进制计数器 74LS161 组成八进制计数器。

解：八进制计数器就是当 4 位二进制计数器计到 8 个脉冲时，设法归零，其组成原理如图 4-21 所示，当 $Q_3Q_2Q_1Q_0$=1000 时，G_1 产生脉冲，使计数器回零。

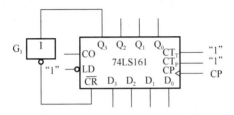

图 4-21　采用复位法实现八进制计数器

如果实现五进制加法计数器，可将 G_1 换成与非门，将与非门的输入端分别与 Q_2 和 Q_0 连接。

2. 置位法

置位法是利用集成计数器的置数控制端 $\overline{LD}$ 的置位作用来改变计数器回零周期的，由前所述 $\overline{LD}$=0，且有 CP 时钟脉冲上升沿时，74LS161 可将输入端的数据并行置入到输出端。

如果要想用 74LS161 构成 N 进制计数器，当 N-1 个脉冲到来时，可通过门电路使 $\overline{LD}$=0；当第 N 个时钟脉冲到来时，计数器会将输入端的 $D_3D_2D_1D_0$=0000 置到输出端。这种方法称为置全零法。

图 4-22 所示为由 74LS161 构成的采用同步置数归零法实现的十二进制计数器。其归零逻辑 $\overline{LD}=\overline{Q_3Q_1Q_0}$。

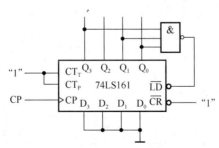

图 4-22　采用同步置数归零法实现的十二进制计数器

图 4-23 是图 4-22 所示十二进制电路的状态转换图。

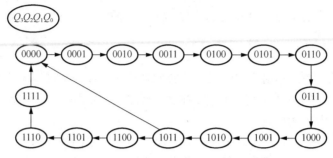

图 4-23 十二进制电路的状态转换图

当第 11 个计数脉冲上升沿到来时，计数器的状态为 $Q_3Q_2Q_1Q_0$=1011，此时归零信号形成，$\overline{\text{LD}} = \overline{Q_3Q_1Q_0}$ =0，等待第 12 个计数脉冲上升沿到来时，计数器立即归零，不需要过渡状态。

3. 级联法

上述所列各种方法，计数器的模都小于或等于 16，最大为十六进制，如果想获得大于十六进制的 N 进制计数器，必须用两片 74LS161 组成，并采用级联方法。一般把低位片的进位直接作为高位片的时钟脉冲即可。

用异步置零法构成的六十进制计数器如图 4-24 所示。

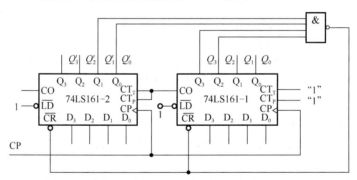

图 4-24 用异步置零法构成的六十进制计数器

用同步置数功能构成的六十进制计数器如图 4-25 所示。

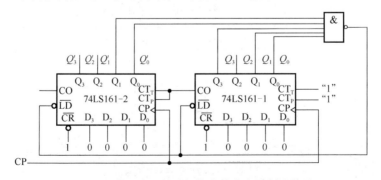

图 4-25 用同步置数功能构成的六十进制计数器

1）复位法和置位法有什么不同？

2）分别用复位法和置位法完成十三进制计数器电路。

集成电路芯片 74LS161 简介

集成电路芯片 74LS161 是一种应用十分广泛的 4 位二进制可预置的同步加法计数器。合理应用计数器的清零功能和置数功能，一片 74LS161 集成电路芯片就可以组成十六进制以下的任意进制分频器，因此常常运用在各种数字电路及单片机系统的分频电路中。

1. 74LS161 的引脚功能

74LS161 的引脚功能如图 4-26 所示。

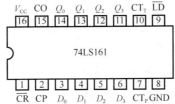

$D_0 \sim D_3$—并行数据输入端；$Q_0 \sim Q_3$—数据输出端；CP—时钟脉冲输入端；$\overline{CR}$—异步清零端；
$\overline{LD}$—同步并行置数端；CT_T、CT_P—计数控制端；CO—进位端。

图 4-26 74LS161 的引脚功能

2. 74LS161 的逻辑功能

集成电路芯片 74LS161 的功能简图如图 4-27 所示，它的功能表如表 4-8 所示。

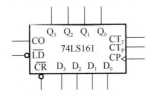

图 4-27 74LS161 的功能简图

表 4-8 74LS161 功能表

$\overline{CR}$	$\overline{LD}$	CT_T	CT_P	CP	D_3	D_2	D_1	D_0	Q_3	Q_2	Q_1	Q_0
0	×	×	×	×	×	×	×	×	0	0	0	0
1	0	×	×	↑	d_3	d_2	d_1	d_0	d_3	d_2	d_1	d_0
1	1	1	1	↑	×	×	×	×	计数			
1	1	0	×	×	×	×	×	×	保持			
1	1	×	0	×	×	×	×	×	保持			

注：×表示取任意值。

由表 4-8 可见：

1）当 $\overline{\text{CR}}$ =0 时，无论 74LS161 的其他各端信号如何，输出均为零。

2）当 $\overline{\text{CR}}$ =1，CP 有上升沿，且 $\overline{\text{LD}}$ =0 时，计数器输入端 D_3、D_2、D_1、D_0 各状态置到输出端 Q_3、Q_2、Q_1、Q_0。

3）当 $\overline{\text{LD}}$ = $\overline{\text{CR}}$ =1，且 CT_T=CT_P=1 时，计数器才处于计数状态。当 $\overline{\text{LD}}$ = $\overline{\text{CR}}$ =1，CT_P=0 或 CT_T=0 时，不管其他输入端状态如何，计数器的输出端均保持不变。

4）CO 是进位端，并且 $CO=CT_T \cdot Q_3^n Q_2^n Q_1^n Q_0^n$。CO 又称动态进位输出端，当时钟的上升沿使计数器输出为 1111 时，CO 由 0 变为 1，接着的下一个时钟上升沿使输出为 0000，此时 CO 也变为 0。

3. 74LS161 的时序

74LS161 的时序图如图 4-28 所示。

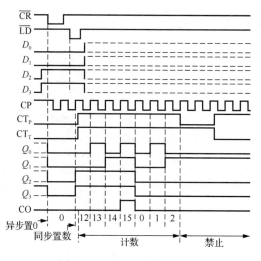

图 4-28　74LS161 的时序图

74LS160 是典型同步十进制加法计数器；74LS163 是同步二进制加法计数器，且 CP 上升沿到来时与 $\overline{\text{CR}}$ =0 共同完成清零任务。

1）简述 74LS161 的逻辑功能及各控制引脚的功能。

2）查资料了解 74LS160、74LS163 的逻辑功能及各控制引脚的功能。

任意进制计数器的功能仿真

1. 仿真目的

1）进一步了解任意进制计数器的实现方法。

2）通过仿真检验复位法和置位法构成任意进制计数器的方法。

2．仿真步骤及操作

（1）创建复位法的八进制计数器仿真测试电路

1）进入 NI Multisim 14.0 用户操作界面。

2）按图 4-29 所示电路从 NI Multisim 14.0 元器件库、仪器仪表库选取相应器件和仪器，连接电路。

从 TTL 元器件库中选择 74LS 系列，从弹出窗口的器件列表中选取 74LS161。

从仪表仪器工具栏拽出函数信号发生器图标，为计数器提供时钟控制信号。

单击指示器件库按钮，选取译码数码管用来显示编码器的输出代码。该译码数码管自动将 4 位二进制数代码转换为十六进制数显示出来。

3）给电路中的全部元器件按图 4-29 所示进行标识和设置。

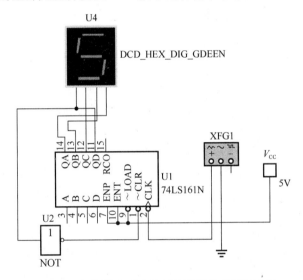

图 4-29　复位法实现八进制计数器仿真测试电路

双击函数信号发生器的图标，打开其参数设置面板，按图 4-30 所示完成各项设置。

单击仿真运行按钮，运行电路，并完成电路逻辑功能分析。

核对译码数码管显示的数值与输出代码是否一致。为了便于观察输出代码，可以在图 4-29 所示的仿真电路中给 74LS161 的输出端接入电平指示灯，灯亮为高电平（"1"），灯灭为低电平（"0"）。

（2）创建同步置数归零法构成的十二进制计数器仿真测试电路

1）按图 4-31 所示电路从 NI Multisim 14.0 元器件库、仪器仪表库选取相应器件和仪器，连接电路。

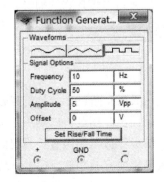

图 4-30　函数信号发生器面板参数设置

2）给电路中的全部元器件按图4-31所示进行标识和设置。

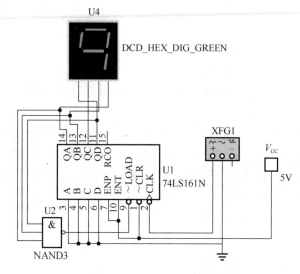

图4-31　同步置数归零法构成的十二进制计数器仿真测试电路

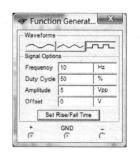

图4-32　函数信号发生器面板参数设置

双击函数信号发生器的图标，打开其参数设置面板，按图4-32所示完成各项设置。

单击仿真运行按钮，运行电路，并完成电路逻辑功能分析。

核对译码数码管显示的数值与输出代码是否一致。为了便于观察输出代码，可以在图4-31所示的仿真电路中给74LS161的输出端接入电平指示灯，灯亮为高电平（"1"），灯灭为低电平（"0"）。

注意：当译码数码管显示不停闪烁时，应检查时钟的频率是否为10Hz或再次予以确认。

议一议

如何利用仿真软件的复位法和置位法完成十三进制计数器的电路仿真？

读一读

集成计数器CC4518

用集成十进制计数器构成任意进制计数器的方法有两种：一是用触发器和门电路构成，前面已介绍过；二是用集成计数器构成。

集成计数器的函数关系已经固化在芯片中了，其状态编码多为自然态序码，可以利用其清零或置数功能，让电路跳过某些状态而获得任意进制计数器。下面就开始学习集成计数器CC4518的相关知识。

CC4518 为集成十进制（BCD 码）计数器，内部含有两个独立的十进制计数器，两个计数器可单独使用，也可级联起来扩大其计数范围。图 4-33 所示为 CC4518 的引脚功能，表 4-9 所示为其逻辑功能表，图 4-34 所示为其状态转换图。

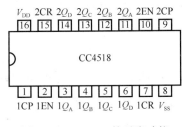

图 4-33　CC4518 的引脚功能

表 4-9　CC4518 的逻辑功能表

CR	CP	EN	功　能
1	×	×	复位
0	↑	1	加计数
0	0	↓	加计数
0	↓	×	保持
0	×	↑	保持
0	↑	0	保持
0	1	↓	保持

注：×表示取任意值。

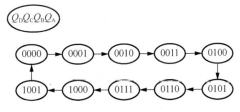

图 4-34　CC4518 的状态转换图

引脚说明：

1）V_{DD}——电源端（+5V），V_{SS}——接地端。

2）1CP、2CP——两计数器的计数脉冲输入端。

3）1CR、2CR——两计数器的复位信号输入端（高电平有效）。

4）1EN、2EN——两计数器的控制信号输入端（高电平有效）。

5）$1Q_A \sim 1Q_D$、$2Q_A \sim 2Q_D$——两计数器的状态输出端。

功能说明：

1）CR=1 时，无论 CP、EN 情况如何，计数器都将置零。

2）CR=0，EN=1 时，CP 上升沿计数；CR=0，CP=0 时，EN 下降沿计数。

1）从 CC4518 的逻辑功能表可以看出 CC4518 的清零信号是什么？

2）从 CC4518 的逻辑功能表可以看出要使计数器处于计数状态，必须满足什么条件？

读一读

由 CC4518 构成的二十四进制计数器

CC4518 内部含有两个独立十进制（BCD 码）计数器，要实现二十四进制计数，可以将两片独立的十进制计数器分别构成二进制计数器和四进制计数器，分别称为十位片和个位片，状态转换图分别如图 4-35 和图 4-36 所示。

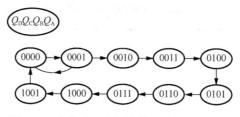

图 4-35　十位片二进制计数器的状态转换图

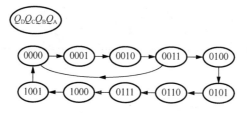

图 4-36　个位片四进制计数器的状态转换图

图 4-35 展示了十位片二进制计数器状态转换图中复位信号的形成。当计数器的状态变成 0010，即一旦 $Q_B=1$，就将 Q_B 的高电平信号作为复位信号，使计数器立即归零。由于该状态出现的时间极短，所以它是过渡状态，电路的有效状态只有 0000 和 0001 两个，这就构成了二进制计数器，所以复位信号 $CR=Q_B$。

图 4-36 展示了个位片四进制计数器状态转换图中复位信号的形成。当计数器的状态变成 0100，即一旦 $Q_C=1$，就将 Q_C 的高电平信号作为复位信号，使计数器立即归零。由于该状态出现的时间极短，所以它是过渡状态。电路的有效状态分别为 0000、0001、0010、0011，这就构成了四进制计数器，所以复位信号 $CR=Q_C$。

根据前面介绍的二进制和四进制计数器的构成原理，画出如图 4-37 所示的用 CC4518 构成的二十四进制计数器的逻辑电路。

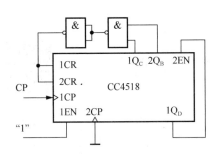

图 4-37　用 CC4518 构成的二十四进制计数器的逻辑电路

由图 4-37 所示的二十四进制计数器的计数原理可知，当 1EN=1 时，计数脉冲从 1CP 输入，每来一个 CP 上升沿，个位片计数一次；2CP=0，2EN=$1Q_D$，每来一个 $1Q_D$ 下降沿，十位片计数一次。

计数脉冲输入到个位片的 1CP 端，当第 10 个计数脉冲上升沿到来时，$1Q_D$ 由 1 变 0，作为下降沿送到 2EN，使十位片计数一次，$2Q_A$ 由 0 变 1；当第 20 个计数脉冲上升沿到来时，$1Q_D$ 又由 1 变为 0，作为下降沿送到 2EN，使十位片又计数一次，$2Q_A$ 由 1 变为 0，而 $2Q_B$ 由 0 变为 1；当 24 个计数脉冲上升沿到来时，$1Q_C$ 由 0 变为 1，此时 $1Q_C$、$2Q_B$ 同时为 1，经与非门送到 1CR、2CR，使十位片、个位片同时复位，即使其个位片和十位片的输出全部为 0，从而完成一个计数循环。

想一想

图 4-37 中，各信号的流向为：个位片的计数脉冲从_____（CC4518/CC4011）的第____脚输入，十位片的计数脉冲来自_____（CC4518/CC4011）的第____脚，个位片和十位片的复位信号来自_____（CC4518/CC4011）的第____脚，$1Q_C$、$2Q_B$ 的信号分别送到 CC4011 的 8、9 两脚的作用是_____。

做一做

由集成十进制计数器构成的二十四进制计数器的功能仿真

1. 仿真目的

1）进一步了解构成任意进制计数器的方法。

2）通过仿真实现由 CC4518 十进制计数器构成的二十四进制计数器的功能。

2. 仿真步骤及操作

（1）创建两片 CC4518 集成计数器构成的二十四进制计数器仿真测试电路

1）进入 NI Multisim 14.0 用户操作界面。

2）按图 4-38 所示电路从 NI Multisim 14.0 元器件库、仪器仪表库选取相应器件和仪器，连接电路。

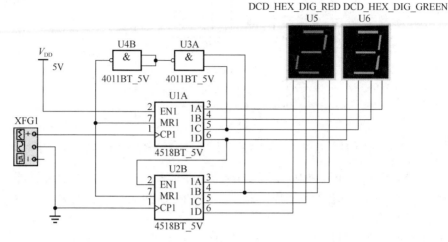

图 4-38　由两片 CC4518 集成计数器构成的二十四进制计数器仿真测试电路

从 CMOS 元器件库中选择 CMOS_5V 系列，从弹出窗口的器件列表中选取 CC4518。从仪表仪器工具栏中拽出函数信号发生器图标，为计数器提供时钟控制信号。

单击指示器件库按钮，选取译码数码管用来显示编码器的输出代码。该译码数码管自动将 4 位二进制数代码转换为十六进制数显示出来。

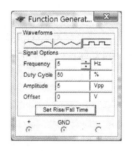

图 4-39　函数信号发生器面板参数设置

3）对电路中的全部元器件按图 4-38 所示进行标识和设置。

双击函数信号发生器图标，打开其参数设置面板，按图 4-39 所示完成各项设置。

（2）运行电路并完成电路逻辑功能分析

单击工具栏中的仿真运行按钮，运行电路。核对译码数码管显示的数值与输出代码是否一致。为了便于观察输出代码，可以在图 4-38 所示的仿真电路中给 CC4518 的输出端接入电平指示灯，灯亮为高电平（"1"），灯灭为低电平（"0"）。

注意：当译码数码管显示不停闪烁时，应检查时钟的频率是否为 5Hz 或再次予以确认。

二十四进制计数器的构成原理是什么？

由 CC4518 构成的六十进制计数器

与二十四进制计数器的构成原理一样，用 CC4518 中两个独立的十进制计数器可分别构成六进制计数器和十进制计数器，这样就能实现六十进制计数。

图 4-40 所示为六进制加法计数器的状态转换图。

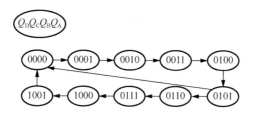

图 4-40 六进制加法计数器的状态转换图

根据前面所学知识,画出图 4-41 所示的用 CC4518 构成的六十进制计数器逻辑电路。

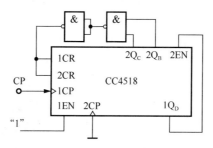

图 4-41 由 CC4518 构成的六十进制计数器逻辑电路

想一想

1)与二十四进制计数器复位信号的形成相似, 在图 4-41 中,当计数器的状态变成_____, 即一旦 Q_C 和 Q_B 同时为_____, 就将形成复位信号,使计数器立即归零。由于该状态出现的时间极短,所以它是过渡状态,电路的有效状态为_____、_____、_____、_____、_____、_____, 这就构成了六进制计数器, 所以复位信号 CR= _____。

2)与图 4-37 所示的二十四进制计数器的计数原理相似,图 4-41 所示的六十进制计数器的计数原理是计数脉冲输入到_____(个位片/十位片)的 CP 端,个位片本来就是十进制计数器,当每输入 10 个计数脉冲的上升沿到来时,$1Q_D$ 都由_____变_____,作为下降沿送到 2EN,使_____(个位片/十位片)计数一次。当第 60 个计数脉冲上升沿到来时,$2Q_C$、$2Q_B$ 同时为_____, 经与非门送到 1CR、2CR,使十位片、个位片同时_____, 即使其_____和_____的输出全部为 0,完成一个计数循环。

做一做

由集成十进制计数器构成的六十进制计数器的功能仿真

1. **仿真目的**

1)进一步了解构成任意进制计数器的方法。
2)通过仿真实现 CC4518 十进制计数器完成六十进制计数器的功能。

2. 仿真步骤及操作

（1）创建两片 CC4518 集成计数器构成的六十进制计数器仿真测试电路

1）进入 NI Multisim 14.0 用户操作界面。

2）按图 4-42 所示电路从 NI Multisim 14.0 元器件库、仪器仪表库选取相应器件和仪器，连接电路。

从 CMOS 元器件库中选择 CMOS5V 系列，从弹出窗口的器件列表中选取 CC4518。

从仪表仪器工具栏拽出函数信号发生器图标，为计数器提供时钟控制信号。

单击指示器件库按钮，选取译码数码管用来显示编码器的输出代码。该译码数码管自动将 4 位二进制数代码转换为十六进制数显示出来。

3）对电路中的全部元器件按图 4-42 所示进行标识和设置。

图 4-42　由两片 CC4518 构成的六十进制计数器仿真测试电路

双击函数信号发生器图标，打开其参数设置面板，按图 4-43 所示完成各项设置。

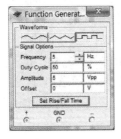

图 4-43　函数信号发生器面板参数设置

（2）运行电路并完成电路逻辑功能分析

单击工具栏中的仿真运行按钮，运行电路。核对译码数码管显示的数值与 CC4518 输出代码是否一致。为了便于观察输出代码，可以在图 4-42 所示的仿真电路中给 CC4518 的输出端接入电平指示灯，灯亮为高电平（"1"），灯灭为低电平（"0"）。

注意：当译码数码管显示不停闪烁时，应检查时钟的频率是否为 5Hz 或再次予以确认。

制作六十进制计数器

1. 实训目的

1）进一步熟悉任意进制计数器的搭建方法。

2）验证用 CC4518 十进制计数器构成的六十进制计数器的逻辑功能。

2. 所需器材

数字逻辑箱 1 台、函数信号发生器 1 台、稳压电源 1 台、工具 1 套、万用表 1 只，元器件清单如表 4-10 所示。

表 4-10　CC4518 构成的六十进制计数器电路元器件清单

序号	品名	型号/规格	数量	配件图号
1	数字集成电路	CC4518	1	U1
2	数字集成电路	CC4011	1	U2
3	发光二极管	2EF10	8	LED0～LED7
4	碳膜电阻	RTX-0.25W-500Ω-II	1	R_0～R_7

3. 操作步骤

1）查找 CC4011 和 CC4518 集成电路芯片的相关资料，详细了解 CC4518 内部电路（CC4518 由两个独立的十进制计数器构成）和引脚功能。

2）根据 CC4518 内部两个独立的十进制计数器，可分别将其构成六进制计数器和十进制计数器，从而实现六十进制计数的制作。

根据图 4-41 画出如图 4-44 所示的由 CC4518 构成的六十进制计数器的电路接线图。

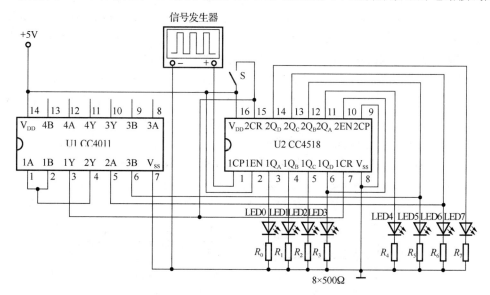

图 4-44　由 CC4518 构成的六十进制计数器电路接线图

3）根据图 4-44 用 CC4518 搭建六十进制计数器的实验电路。计数脉冲由函数信号发生器提供，六十进制计数器的输出状态用 8 个发光二极管表示（其中，LED0～LED3 表示六十进制的低位，LED4～LED7 表示六十进制的高位）。调节函数信号发生器，使其输出频率为 1Hz 的方波，观察发光二极管的工作情况是否符合六十进制的计数规律。

4）读者可自行画出计数器状态表，并验证其逻辑功能。

议一议

1）开关 S 的作用是什么？

2）各信号的流向：个位片的计数脉冲从_____（CC4518/CC4011）的第____脚输入，十位片的计数脉冲来自_____（CC4518/CC4011）的第_____脚；个位片和十位片的复位信号来自_____（CC4518/CC4011）的第_____脚；$2Q_B$、$2Q_C$ 的信号分别送到 CC4011 的 1、2 两脚的作用是_____。

3）指示个位片计数的发光二极管有_____，指示十位片计数的发光二极管有_____。

4）二十四进制计数器与六十进制计数器的构成原理一样吗？还可用什么方法实现它？

读一读

两种典型集成计数器的介绍

1. 同步可逆（递增/递减）计数器

同步可逆（递增/递减）计数器在数字电路中应用十分广泛，常见的集成电路芯片有 74LS192、74LS193 等型号。其中，74LS192 是同步可逆（递增/递减）BCD 计数器，74LS193 是同步可逆（递增/递减）4 位二进制计数器，它们在电路中的功能完全一样。下面以 74LS193 为例讲解同步 4 位二进制可逆（递增/递减）计数器。

74LS193 的主要特点：电路可进行反馈，从而可很容易地被级联，即把借位输出端和进位输出端分别反馈到后级计数器的减计数输入端和加计数输入端即可。芯片内部有级联电路，可同步操作，每个触发器有单独的预置端和完全独立的清零输入端。

（1）74LS193 的引脚功能和应用说明

1）74LS193 的引脚图和引脚功能分别如图 4-45（a）、（b）所示。

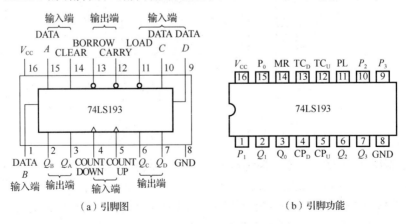

（a）引脚图　　　　　　　　（b）引脚功能

图 4-45　74LS193 的引脚图和引脚功能

对引脚功能说明如下。

BORROW/TC$_D$：借位输出端（低电平有效）。

CARRY/TC$_U$：进位输出端（低电平有效）。

COUNT DOWN/CP$_D$：减计数时钟输入端（上升沿有效）。

COUNT UP/CP$_U$：加计数时钟输入端（上升沿有效）。

CLEAR/MR：异步清除端。

DATA $A\sim D/P_0\sim P_3$：并行数据输入端。

LOAD/PL：异步并行置入控制端（低电平有效）。

$Q_A\sim Q_D/Q_0\sim Q_3$：输出端。

2）74LS193 应用说明。

74LS193 的计数是同步的，它的特点是有两个时钟脉冲输入端 COUNT DOWN（CDOWN）和 COUNT UP（CUP），通过 CDOWN、CUP 同时加在 4 个触发器上而实现计数。当进行加计数或减计数时可分别将计数脉冲输入 CUP 或 CDOWN，此时另一个时钟应为高电平。即在 CLEAR=0、LOAD=1 的条件下，令 CDOWN＝1，计数脉冲从 CUP 输入，此时为加计数；令 CUP＝1，计数脉冲从 CDOWN 输入，此时为减计数。

74LS193 的清除端是异步的。当清除端（CLEAR）为高电平时，不管时钟端（CDOWN、CUP）状态如何，即可完成清除功能。

74LS193 的预置是异步的。当置入控制端（LOAD）为低电平时，不管时钟（CDOWN、CUP）的状态如何，输出端（$Q_A\sim Q_D$）即可预置成与数据输入端（$A\sim D$）相一致的状态，称为异步预置数功能。

在 CDOWN、CUP 上升沿作用下 $Q_A\sim Q_D$ 同时变化，从而消除了异步计数器中出现的计数尖峰。当计数上溢出时，进位输出端（CARRY）输出一个低电平脉冲，其宽度为 CUP 低电平部分的低电平脉冲；当计数下溢出时，借位输出端（BORROW）输出一个低电平脉冲，其宽度为 CDOWN 低电平部分的低电平脉冲。

当把 BORROW 和 CARRY 分别连接后一级的 CDOWN、CUP，即可进行级联。

（2）74LS193 的真值表

74LS193 的真值表如表 4-11 所示。

表 4-11　74LS193 的真值表

MR	PL	CP$_U$	CP$_D$	工作模式
H	×	×	×	清除
L	L	×	×	预置
L	H	H	H	保持
L	H	↑	H	加计数
L	H	H	↑	减计数

注：×表示取任意值。

（3）74LS193 的时序图

74LS193 的时序图如图 4-46 所示。

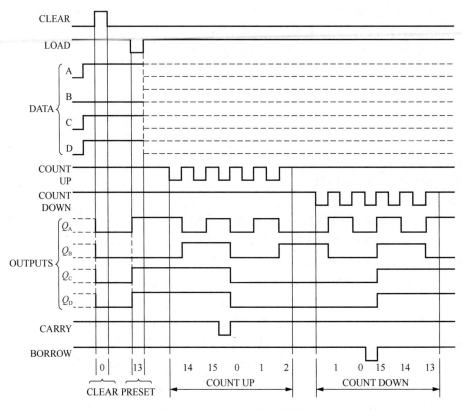

图 4-46   74LS193 的时序图

（4）74LS193 典型应用电路

74LS193 具有同步可逆（递增/递减）计数功能，因此在实际应用电路中得到广泛使用。图 4-47 就是 74LS193 在数字调节电路中的应用，人们常用的跳绳计数器就可以参考该电路进行设计，只需将电路进行扩展，以满足 3 位数码管显示需要。在本项目后续的数控可调稳压电源的制作中也使用了该电路。

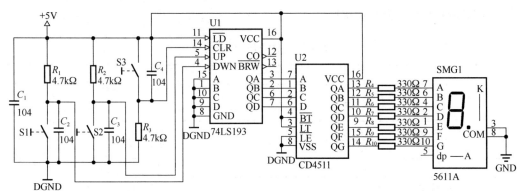

图 4-47   数字调节电路

74LS193 内部的清零、计数和置数等输入端都是缓冲过的，从而降低了驱动的要求，可以直接像图 4-47 所示用按键进行操作。由电路分析可知，在未操作之前，计数脉冲输入端 COUNT DOWN、COUNT UP 都处于高电平，清除端 CLEAR 处于低电平，置入控制端 LOAD 直接连接电源（处于高电平）。当 S2 按键完成一次开、关后，COUNT UP 端完成了由高电平变低电平再回高电平的脉冲跳变，此时输出端（$Q_A \sim Q_D$）输出信号为 0001，该信号经 CD4511 译码和驱动后在共阴数码管上显示数字"1"，再次通断一次 S2 后，数码管上则显示数字"2"。以此类推，完成了数字增加功能。同理，当 S1 按键完成一次开、关后，COUNT DOWN 端完成了由高电平变低电平再回高电平的脉冲跳变，数码管上显示的数字随之减 1，完成了数字减小功能。

在 S1、S2 未被按下时，计数脉冲输入端 COUNT DOWN、COUNT UP 都处于高电平，此时按下 S3（S3 处于高电平），迫使 74LS19 输出端（$Q_A \sim Q_D$）输出信号全部为低电平，数码管上显示的数字立即变成 0，完成了数字清除功能。

2. 同步十进制译码计数器

CD4017 是一种同步十进制约翰逊码计数器/脉冲分配器，其内部由计数器和译码器两部分组成。CD4017 在电路中应用十分广泛，常用于计数显示电路、分频电路等。

CD4017 提供了 16 引线多层陶瓷双列直插（D）、熔封陶瓷双列直插（J）、塑料双列直插（P）和陶瓷片状载体（C）4 种封装形式。

（1）CD4017 的引脚功能

CD4017 的引脚功能如图 4-48 所示。

CR 为异步清零端：高电平有效，CR=1 时计数被清零为 0000 状态，强制译码器输出 $Y_1 \sim Y_9$ 全为低电平，而 Y_0 和进位输出 CO 为高电平。CR 为低电平时，计数器工作。

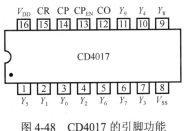

图 4-48 CD4017 的引脚功能

CP 为时钟输入端：CP 时钟输入端的施密特触发器具有脉冲整形功能，可对输入时钟脉冲进行整形，每输入一个时钟脉冲，输出端 $Q_0 \sim Q_9$ 随时钟脉冲的输入而依次出现高电平。

$\overline{CP_{EN}}$ 为时钟允许控制端：低电平有效，$\overline{CP_{EN}}$ =0 时，在 CP 上升沿进行计数。当 CP=1 时，在 $\overline{CP_{EN}}$ 的下降沿也能进行计数。

$Y_0 \sim Y_9$：10 个译码输出端，高电平有效，其中的每一个输出仅在 10 个 CP 计数脉冲周期的一个周期内能有序地变为高电平。

CO 为进位输出端：当计数到 5~9 时 CO 输出为低电平；当计数到 0~4 或者在 CR=1 时，CO 输出高电平，进位输出 CO 可以作为十分频输出，也可以用级联输出，以扩展其功能。

（2）CD4017 的真值表

CD4017 的真值表如表 4-12 所示。

表 4-12　CD4017 的真值表

输入			计数输出										
CR	$\overline{CP_{EN}}$	CP	Y_0	Y_1	Y_2	Y_3	Y_4	Y_5	Y_6	Y_7	Y_8	Y_9	CO
1	×	×	1	0	0	0	0	0	0	0	0	0	1
0	0	第 1 个↑	0	1	0	0	0	0	0	0	0	0	1
0	0	第 2 个↑	0	0	1	0	0	0	0	0	0	0	1
0	0	第 3 个↑	0	0	0	1	0	0	0	0	0	0	1
0	0	第 4 个↑	0	0	0	0	1	0	0	0	0	0	1
0	0	第 5 个↑	0	0	0	0	0	1	0	0	0	0	0
0	0	第 6 个↑	0	0	0	0	0	0	1	0	0	0	0
0	0	第 7 个↑	0	0	0	0	0	0	0	1	0	0	0
0	0	第 8 个↑	0	0	0	0	0	0	0	0	1	0	0
0	0	第 9 个↑	0	0	0	0	0	0	0	0	0	1	0
0	0	第 10 个↑	1	0	0	0	0	0	0	0	0	0	1

注：×表示取任意值。

（3）CD4017 的时序图

CD4017 的时序图如图 4-49 所示。

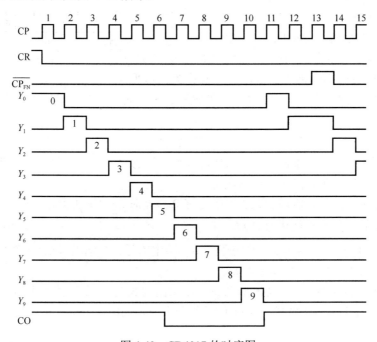

图 4-49　CD4017 的时序图

1）74LS193 为同步 4 位二进制可逆（递增/递减）计数器，在什么情况下它是加计数器？在什么情况下它是减计数器？在什么情况下处于异步预置数功能？

2）当 CD4017 的 CP=1，$\overline{CP_{EN}}$ 接时钟信号时，$Y_0 \sim Y_9$ 会输出怎样的波形？

做一做

74LS193 同步可逆 4 位二进制计数器的功能仿真

1. 仿真目的

1）进一步熟悉同步可逆 4 位二进制计数器的功能和特点。

2）理解 74LS193 芯片的功能和引脚作用。

3）掌握 74LS193 同步可逆 4 位二进制计数器在实际电路中的应用。

2. 仿真步骤及操作

（1）创建 74LS193 同步可逆 4 位二进制计数器实验电路

1）进入 NI Multisim 14.0 用户操作界面。

2）按图 4-50 所示电路，从 NI Multisim 14.0 元器件库中选取相应器件，连接好电路。

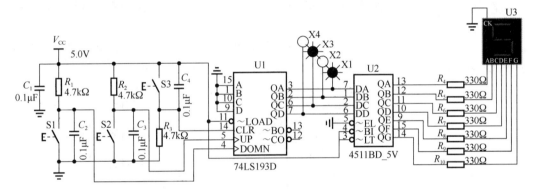

图 4-50　74LS193 同步可逆 4 位二进制计数器仿真电路

（2）运行电路并完成电路逻辑功能分析

单击工具栏右边的仿真启动按钮，运行电路。

该电路的工作原理及 74LS193 的同步加计数、同步减计数、异步清零等功能的实现详见本任务中"74LS193 典型应用电路"相关内容。

为了便于观察 74LS193 同步加计数、同步减计数、异步清零输出端（$Q_A \sim Q_D$）的信号变化情况，可以在 $Q_A \sim Q_D$ 输出端接入电平指示灯 X1～X4，观察通断 S1、S2、S3 按键时，$Q_A \sim Q_D$ 输出端指示灯的状态变化和数码管显示的数字变化；验证 74LS193 的加计数、减计数和清零功能。

议一议

1）74LS193 电路可以被直接级联而不需要外接电路。借位和进位两输出端可通过级联实现递增计数和递减计数两种功能。请绘出相应的级联电路简图。

2）借位输出在计数器下溢时，产生宽度等于递减计数输入的脉冲宽度；同样，进位输出在计数器上溢时，产生宽度等于递加计数输入的脉冲宽度。请分别绘出相应的时序图。

CD4017 的逻辑功能测试

1. 仿真目的

1）进一步了解 CD4017 的基本结构。
2）进一步了解 CD4017 的逻辑功能。

2. 仿真步骤及操作

（1）创建 CD4017 的逻辑功能测试电路

1）进入 NI Multisim 14.0 用户操作界面。

2）按图 4-51 所示电路从 NI Multisim 14.0 元器件库、仪器仪表库选取相应器件和仪器，连接电路。

① 单击 CMOS 集成电路库图标，选出 CMOS+5V 集成电路图形，从其器件列表中选出 CD4017。在基本元器件库中选出发不同光的二极管，作为指示灯。

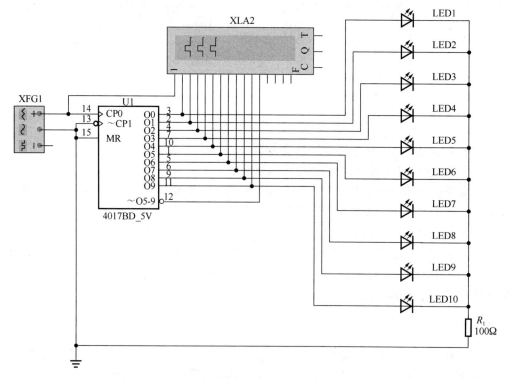

图 4-51 CD4017 的逻辑功能测试电路

② 在仪器库图标中，分别选出函数信号发生器和逻辑信号分析仪。其中，用函数信号发生器产生时钟控制信号；用逻辑信号分析仪实时观察输出波形并进行电路逻辑功能分析。

3）对电路中的全部元器件按图 4-51 所示进行标识和设置。

双击函数信号发生器的图标，打开其参数设置面板，按图 4-52 所示完成各项设置。

双击逻辑信号分析仪图标，打开其参数设置面板，按图 4-53 所示完成各项设置。

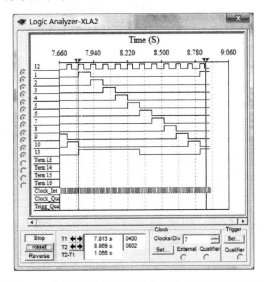

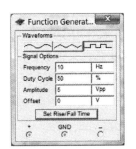

图 4-52 函数信号发生器参数设置面板　　图 4-53 逻辑信号分析仪参数设置面板及波形显示

4）将有关导线设置为适当颜色，以便观察波形。

（2）运行电路并完成电路逻辑功能分析

单击工具栏右边的仿真启动按钮，运行电路，完成电路逻辑功能分析，并观察波形。

注意：当 LED 不停闪烁时，应检查时钟的频率是否为 10Hz 或再次予以确认。

 议一议

1）根据图 4-53 所示画出 CD4017 的功能表。

2）当 $CP_0=1$，在 $\overline{CP_{EN}}$ 加时钟脉冲信号时进行仿真。画出此时的功能表。

 知识拓展

分 频 电 路

在数字电路中往往需要多种频率的时钟脉冲作为驱动源，这样就需要对振荡器输出的较高频率的脉冲信号进行分频。在实际应用电路中，分频通常是通过计数器的循环计数来实现的。

1. 分频器的原理与制作

分频器是一种可以进行频率变换的电路，其输入、输出信号是频率不同的脉冲序列。输入、输出信号频率的比值称为分频比。例如，二分频器的输出信号频率是输入信号频率的 1/2，八分频器的输出信号频率是输入信号频率的 1/8。

二分频信号由计数器的最低位输出，其工作波形如图 4-54 所示。由计数器工作原理可知，每来一个计数脉冲该位加 1，即状态翻转。计数脉冲在上升沿有效，下降沿无效。由图 4-54 可见，从 CP 端输入 2 个时钟脉冲，在 OUT_1 端只输出 1 个脉冲，实现了二分频，即 $f_{o1}=f_i/2$。

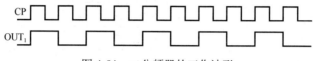

图 4-54　二分频器的工作波形

1000 分频信号由计数器的最高位输出，其工作波形如图 4-55 所示。由计数器工作原理可知，每计数 998 时该位由 0 翻转为 1，直到在计数 999 后再来计数脉冲时计数器清零复位，该位转 0。由图 4-55 可见，从 CP 端输入 1000 个时钟脉冲，在 OUT_2 端只输出 1 个脉冲，实现了 1000 分频，即 $f_{o2}=f_i/1000$。

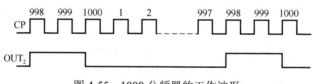

图 4-55　1000 分频器的工作波形

将 1000Hz 脉冲信号经二分频获得 500Hz 脉冲信号，再经 1000 分频获得 1Hz 脉冲信号。电路由两个 CC4518 中的 3 个十进制计数单元组成。由前面所学知识可知，实际上就是一个 1000Hz 计数器。图 4-56 所示为 1000 分频器的原理图。

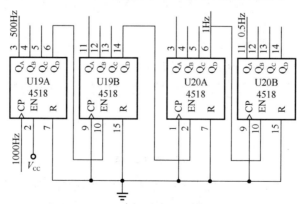

图 4-56　1000 分频器的原理图

2. 其他分频电路介绍

用于 N=2～4 分频比的电路，常用双 D 触发器或双 JK 触发器来构成，如图 4-57 所示。分频比 N >4 的电路，则常采用计数器来实现，一般无须再用单个触发器来组合。

图 4-57 所示为用 D 触发器和 JK 触发器构成的分频器，输出占空比均为 50%。用 JK 触发器构成的分频器容易实现并行式同步工作，因而适合于频率较高的应用场合。而触发器中的强制置"0"端、强制置"1"端等如果不使用，则必须按其功能要求连接到非有效电平的电源或地线上。

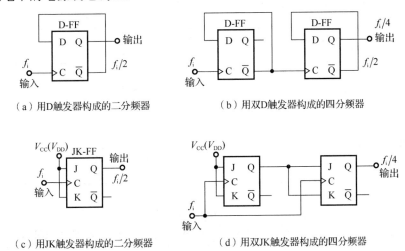

（a）用D触发器构成的二分频器　　　　（b）用双D触发器构成的四分频器

（c）用JK触发器构成的二分频器　　（d）用双JK触发器构成的四分频器

图 4-57　用 D 触发器和 JK 触发器构成的分频器

图 4-58（a）所示是用 JK 触发器构成的三分频器。用 JK 触发器实现三分频器很方便，不需要附加任何逻辑电路就能实现同步计数分频。但用 D 触发器实现三分频时，必须附加译码反馈电路，如图 4-58（b）所示，强制计数状态返回初始全零状态就是用与非门电路把 Q_2Q_1=11B 的状态译码产生高电平复位脉冲，强迫触发器 FF$_1$ 和触发器 FF$_2$ 同时瞬间（在下一时钟输入 f_i 的脉冲到来之前）复零，于是 Q_2Q_1=11B 的状态仅瞬间作为"毛刺"存在而不影响分频的周期，这种"毛刺"仅在 Q_1 中存在，实用中可能会造成错误，应当附加时钟同步电路或阻容低通滤波电路来滤除，或者仅使用 Q_2 作为输出。D 触发器的三分频，还可以用与门对 Q_2、Q_1 译码来实现返回复零。

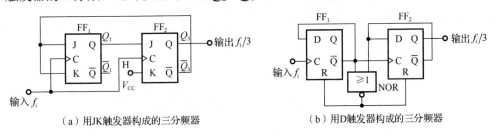

（a）用JK触发器构成的三分频器　　　　（b）用D触发器构成的三分频器

图 4-58　用 JK 触发器和 D 触发器构成的三分频器

评一评

填写表 4-13。

表 4-13　任务检测与评估

	检测项目	评分标准	分值	学生自评	教师评估
知识内容	集成二进制计数器构建任意进制计数器的原理	能用二进制计数器构建任意进制计数器	15		
	集成十进制计数器构建任意进制计数器的原理	能用十进制计数器构建任意进制计数器	25		
操作技能	能对用二进制、十进制计数器构建的任意进制计数器进行仿真	能熟练使用仿真软件完成仿真操作，步骤清晰并获得正确参数	20		
	用数字逻辑实验箱完成任意进制计数器的制作	能按照工艺要求完成元器件的安装，制作产品功能正常，相关参数正确	30		
	安全操作	安全用电，安装操作，遵守实训室管理制度	5		
	现场管理	按 6S 企业管理体系要求进行现场管理	5		

任务三　由 555 定时器构成的振荡器的应用

任务目标

- 掌握 555 定时器的内部结构、逻辑功能、引脚功能。
- 熟悉 555 定时器构成的多谐振荡、单稳态和双稳态触发电路的特点及工作过程。
- 掌握 555 定时器常见的应用电路，并能对典型电路进行分析和测试。

任务教学方式

教学步骤	时间安排	教学方式
阅读教材	课余	学生自学、查资料、相互讨论
任务知识点讲授	4 学时	讲解 555 电路的结构特点，理解其构成多谐振荡、单稳态、双稳态电路的特点及工作原理，能对其典型应用电路进行分析
实践操作	4 课时	上机仿真验证 555 电路的功能及常用的应用电路，提高对 555 典型电路的分析能力、测试能力和运用能力
评估检测	与课堂同时进行	教师与学生共同完成任务的检测与评估，并能对出现的问题进行分析与处理

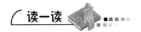

读一读

555 定时器的内部结构及工作原理

1. 矩形脉冲信号形成方法

在数字电路中，经常要用到各种频率的矩形信号，如前面所讲到的时钟信号。这些矩形脉冲的获得常采用两类方法：一是利用方波振荡电路直接产生所需要的矩形脉冲；二是利用整形电路将其他类型的信号转变为矩形脉冲。

前一类方法采用的电路称为多谐振荡电路或多谐振荡器。习惯上又把矩形波振荡器称为多谐振荡器。多谐振荡器一旦振荡起来后，电路没有稳态，只有两个暂稳态，它们做交替变化，输出矩形波脉冲信号，因此它又被称为无稳态电路。

后一类方法是利用整形电路。这一类电路包括单稳态触发器和施密特触发器。这些电路可以由集成逻辑门构成，也可以由集成定时器构成。现在 555 集成定时器运用较多，因此下面将重点介绍该集成定时器。

2. 555 定时器简介

555 电路于 1972 年问世，由美国 SIGNETICS 公司首度研发并命名为 NE555。555 定时器是一种数字电路和模拟电路相结合的中规模集成电路，可产生精确的时间延迟和振荡，由于内部有 3 个 $5k\Omega$ 的电阻分压器，故称 555。555 定时器的应用十分广泛，通常只需外接几个阻容元件就可以构成各种不同用途的脉冲电路，如单稳态触发器、双稳态触发器、多谐振荡器等。由于其成本低、易使用、适应性广和稳定性高，于是成为人们常用的集成定时器。其常见名称有 555 定时器、555 时基电路、三五集成电路等。

555 定时器有 TTL 集成定时器和 CMOS 集成定时器两种。CMOS 型的优点是功耗低、电源电压低、输入阻抗高，但输出功率较小，输出驱动电流只有几毫安；TTL 型的优点是输出功率大，驱动电流达 200mA，其他指标则不如 CMOS 型的。命名时 TTL 单定时器型号的最后 3 位数字为 555，TTL 双定时器的为 556；CMOS 单定时器的最后 4 位数字为 7555，CMOS 双定时器的为 7556。它们的逻辑功能和外部引线排列完全相同。

3. 555 定时器的内部结构和功能说明

555 定时器的实物外形如图 4-59 所示。

N
DIP8

D
SO8

图 4-59　555 定时器的实物外形

555 定时器的引脚及内部结构如图 4-60 所示。

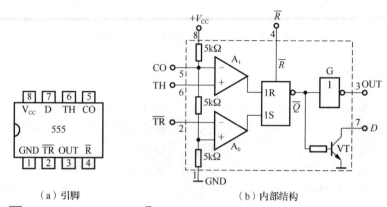

（a）引脚　　　　　　　　　（b）内部结构

GND—接地端；$\overline{\text{TR}}$—低触发端；OUT—输出端；$\overline{R}$—复位端；CO—控制电压端；TH—高触发端；D—放电端；V_{CC}—电源端。

图 4-60　555 定时器的引脚及内部结构

由 555 定时器集成电路内部结构图可知，555 电路是由一个分压器、两个电压比较器、一个 RS 触发器、一个功率输出级和一个放电晶体管组成的。

比较器 A_1 为上比较器，其反相输入端固定设置在 $2V_{\text{CC}}/3$ 上，它的同相输入端称为高触发端，常用来测外部时间常数回路电容上的电压。

比较器 A_2 为下比较器，其同相输入端固定设置在 $V_{\text{CC}}/3$ 上，反向输入端称为低触发输入端，用来启动电路。

电路中比较器的主要功能是对输入电压和分压器形成的基准电压进行比较，把比较的结果用高电平"1"或低电平"0"两种状态在其输出端表现出来。

3 只精密度高的 5kΩ 电阻构成了一个电阻分压器，为上比较器和下比较器提供基准电压。

555 电路中的 RS 触发器是由两个与非门交叉连接的，A_1 控制 R 端，A_2 控制 S 端。为了使 RS 触发器直接置零，触发器还引出一个复位端，只要在复位端置入低电平"0"，不管触发器原来处于什么状态，也不管它输入端加的是什么信号，触发器会立即置零，输出端 $u_o=0$。

555 定时器的第 3 脚为输出端，电路内的输出信号经内部反相器再接到输出端，其最大输出电流可达 200mA，在应用时可直接驱动小型电动机、继电器、扬声器等功率负荷。

555 定时器的第 7 脚为放电端，电路中放电开关电路由晶体管 VT 组成。当 $u_o=0$ 时，开关闭合，为电容提供一个接地的放电通路；当 $u_o=1$ 时，开关断开，电容不能放电。

555 定时器的第 5 脚称为控制端，它是上比较器的基准电压端。若此端外接电压源，则比较器的基准电压由外接电压源所决定，从而实现了外电压控制；如果第 5 脚不接外部电压源，则上、下比较器的基准电压分别是 $2V_{\text{CC}}/3$ 和 $V_{\text{CC}}/3$。若第 5 脚接 6V 的电压源，则上比较器的基准电压就是 6V，而下比较器的基准电压为外接电压源的一半，为3V。如果第 5 脚接一交变电压，则上比较器和下比较器的基准电压都随时间变化，从而使外部定时元件的充放电时间也随之变化，可以起到调制的作用。当第 5 脚不接外部电

压时，通常接入一个 0.01～0.1μF 的电容至地，以防外接干扰。

555 定时器的第 8 脚为电源正极，电源电压范围是 4.5～18V，第 1 脚为电源负极（地）端。

4. 555 定时器的工作原理

当 555 定时器的第 6 脚电位高于 $2V_{CC}/3$，第 2 脚电位高于 $V_{CC}/3$ 时，上比较器 A_1 输出为高电平，下比较器 A_2 输出为低电平，因而 RS 触发器中的输出端 $\overline{Q}$ 为高电平，第 3 脚输出为低电平。

当 555 定时器的第 6 脚电位低于 $2V_{CC}/3$，第 2 脚电位低于 $V_{CC}/3$ 时，上比较器 A_1 输出为低电平，下比较器 A_2 输出为高电平。因而 RS 触发器中的输出端 $\overline{Q}$ 为低电平，第 3 脚输出为高电平。

当 555 定时器的第 6 脚电位低于 $2V_{CC}/3$，第 2 脚电位高于 $V_{CC}/3$ 时，上比较器 A_1 输出为低电平，下比较器 A_2 输出为高电平，此时 RS 触发器中的输出端 $\overline{Q}$ 状态保持不变，第 3 脚输出状态也不变。

当 555 定时器的第 6 脚电位高于 $2V_{CC}/3$，第 2 脚电位低于 $V_{CC}/3$ 时，上比较器 A_1 输出为高电平，下比较器 A_2 输出也为高电平，此时第 3 脚输出低电平。

555 定时器的逻辑功能如表 4-14 所示。

表 4-14　555 定时器的逻辑功能

R	$\overline{S}$	Q	第 7 脚
1	1	0	接地
0	0	1	开路
0	1	Q	保持
1	0	不定	不定

555 定时器的输入、输出关系如表 4-15 所示。

表 4-15　555 定时器的输入、输出关系

输入			输出	
阈值输入（第 6 脚）	阈值输入（第 2 脚）	复位输入（第 4 脚）	第 3 脚	第 7 脚
×	×	L	L	导通
$<U_{REF1}$	$<U_{REF2}$	H	H	截止
$>U_{REF1}$	$>U_{REF2}$	H	L	导通
$<U_{REF1}$	$>U_{REF2}$	H	不变	不变
$>U_{REF1}$	$<U_{REF2}$	H	L	导通

注：×表示取任意值。$U_{REF1}=2V_{CC}/3$，$U_{REF2}=V_{CC}/3$。

从简化的内部电路结构和逻辑功能表中可以看出，555 电路有以下几个特点。

1）两个输入端触发电平的要求不同。在第 6 脚加上大于 $2V_{CC}/3$（或 V_{CC}），可以把触发器置于"0"状态，即 $u_o=0$。在第 6 脚加上小于 $2V_{CC}/3$（或 $V_{CC}/2$）的电压时可以把

触发器置于"1"状态，即 $u_o=1$。

2）复位端（第 4 脚）低电平有效，平时应为高电平。

3）对于放电开关（第 7 脚），当 u_o 为低电平时，第 7 脚接地；当 u_o 为高电平时，第 7 脚对地开路。

555 定时器的各引脚的功能是什么？为什么说 555 定时器是一种模拟电路和数字电路相结合的器件？

555 集成电路的逻辑功能测试

1. 仿真目的

1）进一步了解 555 集成电路的基本结构。

2）测试 555 集成电路的逻辑功能。

2. 仿真步骤及操作

（1）创建 555 逻辑功能仿真测试电路

1）进入 NI Multisim 14.0 用户操作界面。

2）按图 4-61 所示 555 定时器实验电路从 NI Multisim 14.0 元器件库、仪器仪表库选取相应器件和仪器，连接电路。

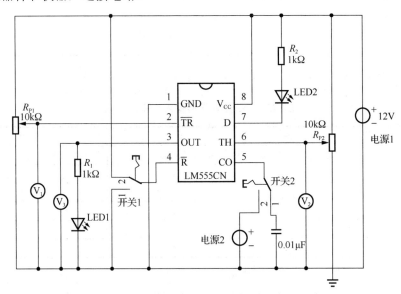

图 4-61　555 定时器实验电路

单击模数混合芯片元器件库图示按钮，在 555TIMER 器件列表中选取定时器集成电路图形，从中选出 LM555CN。

单击虚拟仪表库按钮，选取数字电压表。

3）对电路中的全部元器件按图 4-62 所示进行标识和设置。

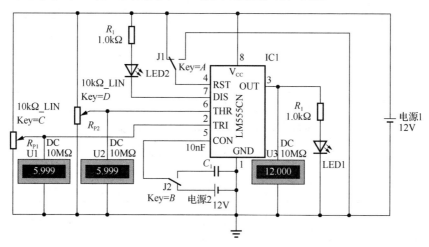

图 4-62　555 定时器的输入、输出关系测试电路

（2）运行电路

单击工具栏右边的仿真按钮，运行电路，并完成电路逻辑功能分析。

注意：连接 LM555CN 的接线端子时，合理布线，以使电路简捷清楚，并注意空余接线端子的处理。

（3）测试电路说明

1）开关 1 打到 2 端时，4 脚复位端 $\overline{R}$ 接电源，也就是接高电平，在表 4-16 和表 4-17 中用 1 表示；开关 1 打到 1 端时，4 脚复位端 $\overline{R}$ 接地，也就是接低电平，在表 4-16 和表 4-17 中用 0 表示。

2）开关 2 打到 2 端时，5 脚控制电压端 CO 接电源 2，也就是接高电平，在表 4-16 和表 4-17 中用 1 表示；开关 2 打到 1 端时，5 脚控制电压端 CO 悬空，在表 4-16 和表 4-17 中用 0 表示。

3）调整可调电阻 R_{P1}，控制 2 脚低触发端 U_{TR} 的电压，其值可由电压表 U1 读取；调整可调电阻 R_{P2}，控制 5 脚高触发端 U_{TH} 的电压，其值可由电压表 U2 读取。

4）发光二极管 LED1 亮，说明输出端 3 脚 U_{OUT} 输出高电平，用 U_{OH} 表示；发光二极管 LED1 灭，说明输出端 3 脚 U_{OUT} 输出低电平，用 U_{OL} 表示。

5）发光二极管 LED2 亮，说明 555 定时器内部晶体管 VT 饱和，放电端 7 脚对地近似短路，用导通表示；发光二极管 LED2 灭，说明 555 定时器内部晶体管 VT 截止，放电端 7 脚对地近似断路，用截止表示。

参照上述条件，当电源 1、电源 2 均为 12V 时，将测试结果记录到表 4-16 中。

表 4-16   555 定时器性能测试记录（一）

$\bar{R}$	CO	U_{TH}	U_{TR}	U_{OUT}	LED2 的状态
0					
1	0				
	1				

当电源 1 为 9V、电源 2 为 6V 时，将测试结果记录到表 4-17 中。

表 4-17   555 定时器性能测试记录（二）

$\bar{R}$	CO	U_{TH}	U_{TR}	U_{OUT}	LED2 的状态
0					
1	0				
	1				

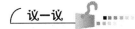

发光二极管 LED2（或内部晶体管 VT）的状态与 $\bar{R}$、CO、U_{TH}、U_{TR} 的关系是什么？

555 定时器构成的单稳态触发器

555 定时器构成的单稳态触发器电路十分简单，它主要由 555 芯片和输入端的定时电阻和定时电容构成。

（1）单稳态触发器的特点

1）它有一个稳定状态和一个暂稳状态。

2）在外来触发脉冲作用下，能够由稳定状态翻转到暂稳状态。

3）暂稳状态维持一段时间后，将自动返回稳定状态，而暂稳状态时间的长短与触发脉冲无关，仅决定于电路中定时元件的参数。

（2）555 定时器构成的单稳态触发器的电路组成及其工作原理

单稳电路常用于定时延时控制。常见的 555 定时器构成的单稳态触发器有两种：人工启动型和脉冲启动型。

1）人工启动型。将 555 电路的 2、6 脚并接起来接在 RC 定时电路上，在定时电容

C 两端接按钮开关 SB，这样就构成了人工启动型 555 单稳电路，如图 4-63 所示。

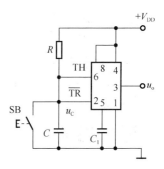

人工启动型 555 单稳电路的工作原理如下。

稳定状态：接上电源后，V_{DD} 经 R 向电容 C 充电，当 u_C 上升到大于 $2V_{DD}/3$ 时，555 电路的 2、6 脚触发端均为高电平，555 的输出端为低电平，$u_o=0$，这是它的稳态。

暂稳态：当人工按下开关 SB，电容 C 上的电荷很快放到零，此时 555 电路的 2、6 脚触发器均为低电平，555 电路的输出端立即翻转成高电平，$u_o=1$，暂稳态开始。

图 4-63 人工启动型单稳电路

当 SB 开关放开后，电源 V_{DD} 经 R 又向 C 充电，当 u_C 上升到大于 $2V_{DD}/3$ 时，555 的输出端又翻转成低电平，$u_o=0$，暂稳态结束。暂稳态维持时间 t_W 取决于 RC 定时元件的大小。经计算，$t_W \approx 1.1RC$。

2）脉冲启动型。脉冲启动型单稳电路相比人工启动型单稳电路，应用更为广泛。

将 555 电路的 6、7 脚并接起来接在 RC 定时电路上，脉冲信号从 2 脚输入，即可构成脉冲启动型单稳电路，电路如图 4-64（a）所示。

说明：555 电路的 2 脚平时接高电平，只有当 2 脚输入低电平或输入负脉冲时单稳电路才会启动。

脉冲启动型 555 单稳电路的工作原理如下。

稳定状态：接通电源的瞬间，V_{DD} 经 R 向电容 C 充电，当 u_C 上升到大于 $2V_{DD}/3$ 时，555 电路的 6 脚为高电平，因 555 电路的 2 脚在负脉冲未到前也为高电平，此时 555 的输出端为低电平，$u_o=0$。又因 555 内部的放电管 VT 导通，导致 555 电路的 7 脚为低电平，6 脚同时也变为低电平，电容 C 放电，555 电路处于保持状态，$u_o=0$ 仍然不变。这就是它的稳态。

暂稳态（$t_1 \sim t_2$）：555 电路的 2 脚输入负脉冲后变为低电平，此时 6 脚也是低电平，555 电路的输出端立即翻转为高电平，$u_o=1$，暂稳态开始。

进入暂稳态后，6 脚仍为低电平，即使 555 电路 2 脚输入的负脉冲结束后（2 脚变为高电平），$u_o=1$ 仍然不变，电路处于保持状态。电源 V_{DD} 经 R 又向 C 充电，当 u_C 上升到大于 $2V_{DD}/3$ 时，555 电路的输出端立即翻转为低电平，$u_o=0$，555 内部的放电管 VT 导通，7 脚变为低电平，电容 C 放电，暂稳态结束，电路恢复到稳定状态。其工作波形如图 4-64（b）所示。图中暂稳态的脉冲宽度 $t_W \approx 1.1RC$。

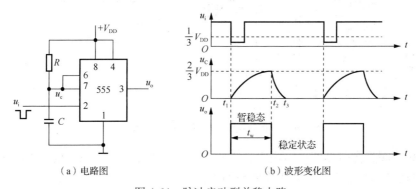

（a）电路图　　　　　　　　　　　（b）波形变化图

图 4-64 脉冲启动型单稳电路

在 555 定时器构成的单稳态触发器电路中，555 电路的 7 脚与 6 脚相连接的意义是什么？认真分析单稳态触发器电路，可以发现 555 电路的 7 脚与 3 脚之间的电平变化有什么关联？

相片曝光定时器的功能仿真

1. 仿真目的

1）进一步了解 555 定时器构成的单稳态触发电路的工作过程。

2）掌握相片曝光定时器的工作原理。

3）验证相片曝光定时器的功能。

2. 仿真步骤及操作

（1）创建相片曝光定时器功能仿真测试电路

1）进入 NI Multisim 14.0 用户操作界面。

2）按图 4-65 所示，从 NI Multisim 14.0 元器件库、仪器仪表库选取相应器件和仪器，连接电路。

单击模数混合芯片元器件库图示按钮，在 555TIMER 器件列表中选取定时器集成电路图形，从中选出 LM555CN。

单击虚拟仪表库按钮，选取数字电压表。

3）对电路中的全部元器件按图 4-65 所示进行标识和设置。

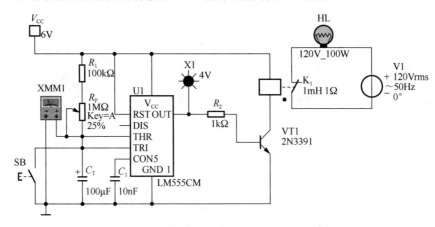

图 4-65　相片曝光定时器功能仿真测试电路

4）相片曝光定时器的电路说明。相片曝光定时器是用 555 单稳态电路制成的，属于人工启动型单稳态电路。其工作原理如下。

电源接通后，定时器进入稳态。此时定时电容 C_T 的电压为 V_{CC}。555 电路的输入端 2、6 脚都是高电平，输出端 3 脚为低电平，$u_o=0$，电平指示灯 X1 不亮，继电器 KA 不吸合，常开触点处于断开状态，曝光照明灯 HL 不亮。

按一下按钮开关 SB 之后，定时电容 C_T 立即放电，555 电路的 2、6 脚两个输入端都变成低电平，输出端 3 脚变成高电平，$u_o=1$，电平指示灯 X1 点亮，继电器 KA 吸合，常开触点闭合，曝光照明灯 HL 点亮。

按一下按钮开关后立即放开，于是电源电压就通过 R_T 向电容 C_T 充电，暂稳态开始。当电容 C_T 上的电压升到 $2V_{CC}/3$（约 4V）时，555 单稳态电路触发，输出端 3 脚又翻转成低电平，$u_o=0$，电平指示灯 X1 不亮，继电器 KA 释放，曝光灯 HL 熄灭。暂稳态结束，重新恢复到稳态。

定时元件（R_1、R_{P1}、C_T）的充电时间就是曝光时间。根据 $T=1.1RC$ 的计算公式可估算出本电路曝光时间（延时时间）为 1s～2min。调节电位器 R_P 的阻值，可改变定时时间。

（2）运行电路

单击工具栏仿真按钮，运行电路，并完成电路逻辑功能分析。

观察按下按钮开关 SB 的前后，电容 C_T 两端电压表的读数变化、电平指示灯 X1 的状态和曝光灯 HL 的亮灭情况，并将结果填写在表 4-18 中。

注意：由于仿真软件运行时有延时现象，仿真时 HL 的曝光时间会与实际电路有较大的差异。为了减少仿真操作时对电容 C_T 充电的等待时间，可以将电容 C_T 的容量减小，以便能更快地观察到仿真结果。

表 4-18 相片曝光定时电路的仿真结果及分析

序号	仿真内容	仿真结果			
		U_{CT}/V	X1 状态	K 常开触点状态	HL 状态
1	SB 闭合前				
2	SB 闭合时				
3	SB 闭合后断开，$U_{CT}=2V_{CC}/3$ 时	4.0			

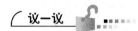

可以用脉冲启动型单稳电路来制作相片曝光定时电路吗？如能，请绘出相应的电路；如不能，请说明理由。

由 555 定时器构成的双稳态触发器

由 555 定时器构成的双稳态触发器的工作特点：有两个稳定状态——0 态和 1 态；能根据输入信号将触发器置成 0 或 1 态；输入信号消失后，被置成的 0 或 1 态能保存下来，即具有记忆功能；触发方式有单端触发式和计数触发式。

由 555 定时器构成的双稳态触发器有两种，分别是施密特触发器型双稳态电路和 RS 触发器型双稳态电路。下面以施密特触发器为主介绍该两种双稳态触发电路。

　　（1）由 555 定时器构成的施密特触发器

　　施密特触发器是一种双稳态触发电路，输出有两个稳定的状态。双稳态触发电路的输入电压端一般没有定时电阻和定时电容，这是双稳态触发电路的结构特点。

　　施密特触发器与一般触发器不同的是它属于电平触发。对于正向增加和减小的输入信号，电路有不同的阈值电压 U_{T+} 和 U_{T-}，也就是引起输出电平两次翻转（1→0 和 0→1）的输入电压不同，具有如图 4-55（a）、（c）所示的滞后电压传输特性，此特性又称回差特性。所以，凡输出和输入信号电压具有滞后电压传输特性的电路均称为施密特触发器。

　　施密特触发器有同相输出和反相输出两种类型。同相输出的施密特触发器是当输入信号正向增加到 U_{T+} 时，输出由 0 态翻转到 1 态，而当输入信号正向减小到 U_{T-} 时，输出由 1 态翻转到 0 态；反相输出只是输出状态转换时与上述相反。它们的回差特性和逻辑符号如图 4-66 所示。

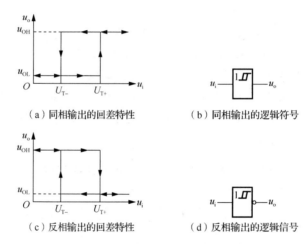

（a）同相输出的回差特性　　　　　　（b）同相输出的逻辑符号

（c）反相输出的回差特性　　　　　　（d）反相输出的逻辑信号

图 4-66　施密特触发器的回差特性和逻辑符号

　　1）由 555 定时器构成的施密特触发器原理分析。

　　由 555 定时器构成的施密特触发器电路如图 4-67（a）所示，工作波形如图 4-67（b）所示。只要将 555 定时器的 2 脚和 6 脚接在一起，就可以构成施密特触发器。通常简记为"二六一搭"。

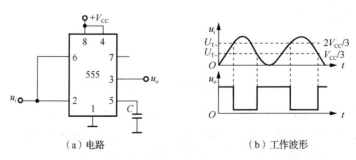

（a）电路　　　　　　　　　（b）工作波形

图 4-67　由 555 定时器构成的施密特触发器

由 555 定时器构成的施密特触发器的工作原理如下：

① 当 u_i=0 时，555 定时器的输出端 3 脚为高电平，触发器置 1，u_o=1。u_i 升高时，在未到达 V_{CC}/3 以前，u_o=1 的状态不会改变。

② 当 u_i 升高到 $2V_{CC}$/3 时，555 定时器的输出端 3 脚为低电平，触发器置 0，u_o=0。此后，u_i 上升到 V_{CC}，然后再降低，但在未到达 V_{CC}/3 前，u_o=0 的状态不会改变。

③ 当 u_i 下降到 V_{CC}/3 时，555 定时器的输出端 3 脚为高电平，触发器置 1，u_o=1。此后，u_i 继续下降到 0，但 u_o=1 的状态不会改变。

2）施密特触发器的滞回特性及主要参数。

① 滞回特性。图 4-68 所示是施密特触发器的电压传输特性曲线，即输出电压 u_o 与输入电压 u_i 的关系曲线。当 $u_i<V_{CC}$/3 时，$u_o=U_{OH}$；当 V_{CC}/3$<u_i<2V_{CC}$/3 时，u_o 保持原状态不变；当 $u_i>2V_{CC}$/3 时，$u_o=U_{OL}$。

② 主要参数。正向阈值电压（或称上触发电平）U_{T+}：指 u_i 上升过程中，施密特触发器状态翻转，输出电压 u_o 由高电平跳变到低电平时所对应的输入电压值称为正向阈值电压，用 U_{T+} 表示，在图 4-68 中 $U_{T+}=2V_{CC}$/3。

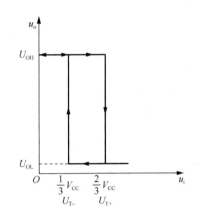

图 4-68　施密特触发器的电压传输特性曲线

负向阈值电压（或称下触发电平）U_{T-}：指 u_i 下降过程中，施密特触发器状态翻转，输出电压 u_o 由低电平跳变到高电平时所对应的输入电压 u_i 值称为负向阈值电压，并用 U_{T-} 表示，在图 4-68 中，$U_{T-}=V_{CC}$/3。

回差电压 ΔU_T 又称滞回电压：正向阈值电压 U_{T+} 与负向阈值电压 U_{T-} 之差，即 $\Delta U_T=U_{T+}-U_{T-}$。在图 4-68 中，$\Delta U_T=U_{T+}-U_{T-}=2V_{CC}$/3$-V_{CC}$/3$=V_{CC}$/3。

3）施密特触发器的应用。

施密特触发器具有很强的抗干扰性，应用十分广泛，不仅可以应用于波形的变换、整形，还可应用于鉴别脉冲幅度、构成多谐振荡器、单稳态触发器等。

① 波形的变换。施密特触发器能够将变化平缓的信号波形变换为较理想的矩形脉冲信号波形，即可将正弦波或三角波变换成矩形波。图 4-69 所示为将输入的正弦波转换为矩形波，其输出脉冲宽度 t_W 可由回差 ΔU 调节。

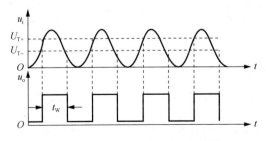

图 4-69　施密特触发器的波形变换作用

② 波形的整形。在数字系统中，矩形脉冲信号经过传输之后往往会发生失真或带有干扰信号。利用施密特触发器可以有效地将波形整形和去除干扰信号（要求回差 ΔU 大于干扰信号的幅度），如图 4-70 所示。

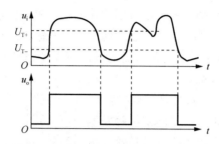

图 4-70　施密特触发器的波形整形作用

③ 鉴别脉冲幅度。如果有一串幅度不相等的脉冲信号，要剔除其中幅度不够大的脉冲，可利用施密特触发器构成脉冲幅度鉴别器，如图 4-71 所示，可以鉴别幅度大于 U_{T+} 的脉冲信号。

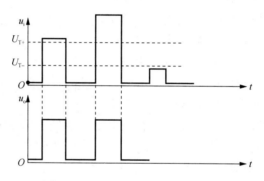

图 4-71　施密特触发器的鉴幅作用

④ 构成多谐振荡器。施密特触发器的特点是电压传输具有滞后特性。如果能使它的输入电压在 U_{T+} 与 U_{T-} 之间不停地往复变化，在输出端即可得到矩形脉冲，因此，利用施密特触发器外接 RC 电路就可以构成多谐振荡器，电路如图 4-72（a）所示。

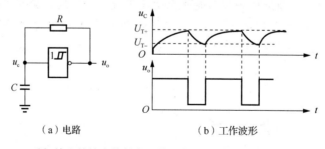

（a）电路　　　　　　　　　（b）工作波形

图 4-72　反相输出的施密特触发器构成的多谐振荡器电路及其工作波形

工作过程：接通电源后，电容 C 上的电压为 0，输出 u_o 为高电平，u_o 的高电平通过电阻 R 对 C 充电，使 u_C 上升，当 u_C 到达 U_{T+} 时，触发器翻转，输出 u_o 由高电平变为低电平。然后 C 经 R 到 u_o 放电，使 u_C 下降，当 u_C 下降到 U_T 时，电路又发生翻转，输出 u_o 变为高电平，u_o 再次通过 R 对 C 充电，如此反复，形成振荡。工作波形如图 4-72（b）所示。

（2）由 555 定时器构成的 RS 双稳态触发器

RS 触发器型双稳态电路又称 RS 双稳态触发器，简称 RS 触发器。将 555 定时器电路的 2、6 脚作为两个控制输入端，7 端不用，就成为一个 RS 触发器，如图 4-73（a）所示。该电路的两个输入端的触发电平和阈值电压是不同的，其中 6 脚为触发器的 R 端，高电平有效；2 脚为触发器的 $\overline{S}$ 端，低电平有效（这种方式不同于前面介绍的基本 RS 触发器，应给予注意）。当 R 端出现正脉冲（$>\frac{2}{3}V_{CC}$）时，$Q=0$，U_o 输出信号为低电平；而当 $\overline{S}$ 端出现负脉冲（$<\frac{1}{3}V_{CC}$）时，$Q=1$，U_o 输出信号为高电平。RS 双稳态触发器的工作波形如图 4-74 所示。

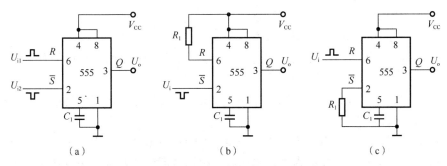

图 4-73　RS 触发器型双稳态电路

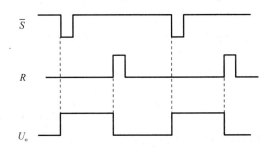

图 4-74　RS 双稳态触发器的工作波形

RS 双稳态触发器在实际应用中有时可能只有一个控制端，这时就应将另外一个控制端的电位固定。如输入是低电平触发信号，则将输入信号接触发器 $\overline{S}$ 端，同时将触发器 R 端经过电阻接到电源正极端，如图 4-73（b）所示。如输入是高电平触发信号，则将输入信号接触发器 R 端，同时将触发器 $\overline{S}$ 端经过电阻接到地，如图 4-73（c）所示。

在实际应用中，有两个输入端的 RS 双稳态触发器常用作电机调速、电源上下限告警等用途。有一个输入端的 RS 双稳态触发器多用在单端比较器中，适用于各种检测电路。

施密特触发器型双稳态电路和 RS 触发器型双稳态电路在电路结构和工作原理上有

什么区别？它们在电路应用时各有什么特点？

触摸控制开关的功能仿真

1. 仿真目的

1）进一步熟悉由 555 定时器电路构成的单稳态触发器的工作原理。

2）进一步熟悉由 555 定时器电路构成的双稳态触发器的工作原理。

3）掌握触摸控制开关的电路构成和工作原理。

2. 仿真步骤及操作

（1）创建触摸控制开关的仿真测试电路

1）进入 NI Multisim 14.0 用户操作界面。

2）按图 4-75 从 NI Multisim 14.0 元器件库、仪器仪表库选取相应器件和仪器，连接电路。

单击模数混合芯片元器件库图示按钮，在 555TIMER 器件列表中选取定时器集成电路图形，从中选出 LM555CN。

从仪器仪表库中选取电压表，用于观察 U1 触发端 6 脚电压和 U2 输出端电压。由于单稳态、双稳态输出的波形为跳变单次波，用示波器较难观察，所以在仿真电路中用 X1 灯泡来显示单稳电路 U1 输出端的电平状态，用 X2 灯泡来显示双稳电路 U2 输出端的电平状态。

3）对电路中的全部元器件按图 4-75 所示进行标识和设置。

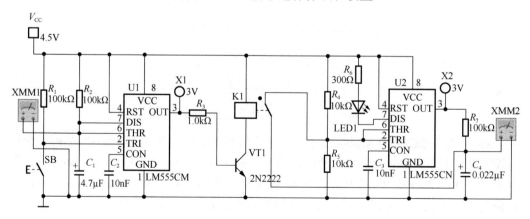

图 4-75　触摸控制开关功能仿真测试电路

（2）触摸控制开关的电路说明

触摸控制开关的功能：当触按 SB 开关，照明灯 LED1 点亮，并保持该状态；再次触按 SB 开关，照明灯 LED1 熄灭，并保持该状态。在实际应用中，SB 开关可用其他控制器件代替，如用人体感应传感器代替，即可制作成感应开关。

触摸控制开关仿真测试电路是由两只 555 集成电路组成的，第一只 555 集成电路（U1）构成单稳态触发电路，第二只 555 集成电路（U2）构成双稳态触发电路。

单稳态触发电路（U1）：R_2、C_1 构成充电电路，SB 按键给 U1 的 2 脚提供低电平触发信号，具体工作过程可参考前面讲解的单稳态触发器的原理分析。

双稳态触发电路（U2）：R_4、R_5 构成分压电路，为 U2 的 2、6 脚提供 $V_{CC}/2$ 的状态保持电压，R_7、C_4 连接在 U2 的输出端，构成充放电电路。C_4 通过继电器触点与 U2 的 2、6 脚相连，达到控制 U2 触发端电平的作用。当 U2 的 3 脚输出高电平时，C_4 经 R_7 迅速充电，C_4 端电压经继电器触点加到 U2 的 2、6 脚，当充电电压高于触发电平 $2V_{CC}/3$ 时，U2 触发翻转，LED1 点亮；当 U2 的 3 脚输出低电平时，C_4 经 R_7 放电，当放电电压低于触发电平 $V_{CC}/3$ 时，U2 再次触发翻转，LED1 熄灭，电路又处于另一种稳态。

（3）运行电路并完成电路逻辑功能分析

单击工具栏右边的仿真启动按钮，运行电路。

根据上述触摸控制开关仿真测试电路的原理分析，进行以下测试：

1）按下 SB，低电平触发单稳态电路，U1 输出端 3 脚为高电平，继电器 K1 吸合，常开触点闭合，C_4 的非地端与 U2 的 2、6 脚连接。此时 X1 灯泡点亮。

2）随着 R_2、C_1 的充电，当 C_1 充电电压达到 $2V_{CC}/3$ 时，U1 触发翻转，3 脚变为低电平，X1 灯泡熄灭，继电器 K1 断电，常开触点断开，C_4 的非地端与 U2 的 2、6 脚连接断开。

3）当 U2 的 3 脚输出高电平时，X1 灯泡点亮，C_4 充电至接近 V_{CC} 电压。当继电器 K1 常开触点闭合后，U2 的 2、6 脚大于 $2V_{CC}/3$，U2 触发翻转，U2 的 3 脚输出低电平，X2 灯泡熄灭，LED1 灯点亮。由于 R_4、R_5 分压将 U2 的 2、6 脚触发电压钳位在 $V_{CC}/2$，U2 就处于状态保持阶段，无论此时继电器 K1 常开触点是否闭合，LED1 一直点亮，状态保持。同时 C_4 经 R_7 对 U2 的 3 脚进行放电，直至 C_4 两端电压变为低电平。

4）再次按下 SB，单稳态电路再次触发，U1 输出端 3 脚为高电平，继电器 K1 吸合，常开触点闭合。因 C_4 两端电压为低电平，继电器 K1 闭合的触点将 C_4 的低电平接入 U2 的 2、6 脚，双稳态电路再次触发，U2 输出端 3 脚变为高电平，X2 灯泡点亮，LED1 熄灭，同时 3 脚高电平经 R_7 对 C_4 进行充电。同样，由于 R_4、R_5 分压将 U2 的 2、6 脚触发电压钳位在 $V_{CC}/2$，U2 就处于状态保持阶段，无论此时继电器 K1 常开触点是否闭合，LED1 一直熄灭。

将上述运行和测试结果记录在表 4-19 中。

3. 仿真结果及分析

按照仿真步骤完成表 4-19。

表 4-19　触摸控制开关电路的仿真结果及分析

序号	仿真内容	仿真结果				
		X1 状态	K 常开触点状态	X2 状态	LED1 状态	U_{C4}/V
1	SB 闭合后断开					
2	当 $U_{C1}=2V_{CC}/3$ 时					
3	SB 第二次闭合后断开					
4	当 $U_{C1}=2V_{CC}/3$ 时					

1）继电器触点闭合时间的长短是否会影响 LED1 的状态？为什么？

2）继电器触点断开前与断开后，电容 C_4 两端的电压会发生什么变化？该电压变化对 U2 的触发翻转有什么影响？

知识拓展

单键触摸式电灯开关电路的仿真测试

前面讲解了由 555 定时器构成的施密特触发器型双稳态电路和 RS 触发器型双稳态电路，它们都是典型的双稳态触发电路。双稳态触发电路还可以用 D 触发器来构成，即 D 触发器双稳态电路。该电路触发能力强、性能稳定、抗干扰能力强，在实际电路中应用十分广泛，常用于波形的变换、整形和电子控制开关等电路中。

下面通过对单键触摸式电灯开关电路的仿真测试来了解 D 触发器双稳态电路。

1. 仿真目的

1）检测 D 触发器的逻辑功能。

2）熟悉 D 触发器双稳态电路的构成和工作特点。

3）熟悉单键触摸式电灯开关电路的工作原理。

2. 仿真步骤及内容

单键触摸式电灯开关仿真电路如图 4-76 所示。在单键触摸式电灯开关电路中，两个 D 触发器接成了不同的单元电路。U1A 接成了单稳态触发器，数据输入端 D_1 接高电平 V_{DD}，即 $D_1=1$，当 J1 闭合（模拟人手触摸）时，相当于给时钟端 CP_1 输入一个时钟脉冲，使 $Q_1=D_1=1$，即 Q_1 端为高电平，它通过 R_3 向 C_2 充电，置零端 R_D（即 CD1 端）的电位随之升高，上升到复位电平时，单稳态触发器 U1A 的输出 Q_1 又返回低电平 0。这样，每触摸一次开关 J1，Q_1 端就输出一个固定宽度的正脉冲，作为 U1B 的时钟信号。D 触发器 U1B 接成了双稳态触发器。

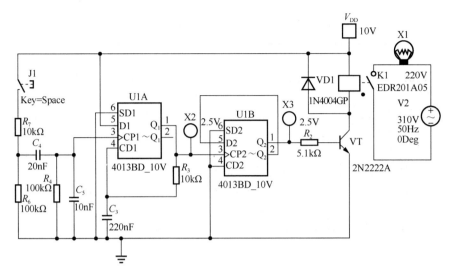

图 4-76 单键触摸式电灯开关仿真电路

双稳态电路 U1B 的数据输入端 $D_2=\overline{Q_2}$，假定时钟脉冲没有到来之前（$CP_2=0$），U1B 的输出状态是 $Q_2=0$（$\overline{Q_2}=1$），那么在时钟脉冲 CP_2 到来后，$Q_2=D_2=1$，$\overline{Q_2}$ 就变成了 0，也就是 D_2 端变成了 0，再来一个时钟脉冲，Q_2 将翻转为 0。这就说明，双稳态触发器的功能是每来一个时钟脉冲，Q_2 端的状态就改变一次。

单键触摸式开关实现电灯开关的过程：

开关 J1 每闭合和断开一次，U1A 就发出一个正脉冲，继而作为 U1B 的 CP_2，使 CP_2 的 Q_2 端由 0 变 1，又由 1 变 0。当 Q_2 为高电平 1 时，晶体管 VT 导通，灯 X1 点亮，当 Q_2 为低电平 0 时，晶体管 VT 截止，灯 X1 熄灭。

3. 仿真步骤及操作要领

1）参照图 4-76 在 NI Multisim 14.0 仿真软件环境下创建单键触摸式开关电路，并连接测试探针。

2）仿真时将开关 J1（控制键 Space）闭合，观察灯 X1 和逻辑探头 X2、X3 的变化。

3）将开关 J1 断开，观察灯 X1 和逻辑探头 X2、X3 的变化。

4）继续表 4-20 中步骤，将观察结果记录下来。

5）更换 R_3、C_3 的参数，重复表 4-20 中步骤。

4. 仿真结果及分析

根据实验步骤，并观察逻辑探头和灯的变化，将结果填入表 4-20 中。

表 4-20 单键触摸式电灯开关仿真记录表

序号	仿真内容	仿真结果			D 触发器的状态					
		X1	X2	X3	CP$_1$	D$_1$	Q$_1$	CP$_2$	D$_2$	Q$_2$
1	闭合开关 J1 一次									
2	断开开关 J1 一次									
3	闭合开关 J1 一次									
4	断开开关 J1 一次									
5	闭合开关 J1 一次									
6	断开开关 J1 一次									
7	闭合开关 J1 一次									
8	断开开关 J1 一次									

议一议

1）为什么仿真开始，闭合开关 J1 需等待几秒后，灯 X1 才会亮？

2）为什么每次断开 J1，灯 X1 的状态不会改变？

3）两个 D 触发器 U1A 和 U1B 在电路中各起什么作用？

读一读

由 555 定时器构成的多谐振荡器

由 555 定时器构成的多谐振荡器电路如图 4-77（a）所示，其工作波形如图 4-77（b）所示。根据其工作波形图可知，该电路工作时没有稳定状态，只有两个暂稳态，电路输出端有两个连续的、交替变化的矩形波脉冲信号，故又称无稳态电路。通常讲的 555 无稳态电路就是多谐振荡器。

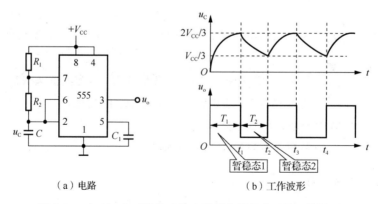

（a）电路 （b）工作波形

图 4-77 由 555 定时器构成的多谐振荡器电路及其工作波形

1. 由 555 定时器构成的多谐振荡器的工作原理

1）电路接通电源后，电源 V_{DD} 通过 R_1 和 R_2 对电容 C 充电，当 $u_C < V_{DD}/3$ 时，振荡

器输出电压 $u_o=1$，555 内部的放电管 VT 截止。

2）当 u_C 充电到大于或等于 $2V_{DD}/3$ 后，振荡器输出电压 u_o 翻转成 0，此时 555 内部的放电管 VT 导通，555 的 7 脚变成低电平，电容 C 通过 R_2 对 7 脚放电，使 u_C 下降。

3）当 u_C 下降到小于或等于 $V_{DD}/3$ 后，振荡器输出电压 u_o 又翻转成 1，此时 555 内部的放电管 VT 又截止，555 的 7 脚与内部电路断开，电源 V_{DD} 通过 R_1 和 R_2 又对电容 C 充电，又使 u_C 从 $V_{DD}/3$ 上升到 $2V_{DD}/3$，触发器又发生翻转。

如此周而复始，从而在输出端 u_o 得到连续变化的矩形振荡脉冲波形。

2. 多谐振荡器的振荡频率和占空比的估算

1）电容 C 充电时间：

$$T_1 \approx 0.7(R_1+R_2)C$$

2）电容 C 放电时间：

$$T_2 \approx 0.7R_2C$$

3）电路谐振频率 f 的估算：
振荡周期为

$$T=T_1+T_2=0.7(R_1+2R_2)C$$

振荡频率为

$$f = \frac{1}{T} = \frac{1}{0.7(R_1+2R_2)C}$$

4）占空比为

$$q = \frac{T_1}{T_1+T_2} > 50\%$$

3. 多谐振荡器应用举例

（1）1kHz 矩形波脉冲信号发生器

由 555 定时器构成的多谐振荡器在实际电路中得到了广泛应用。图 4-78 就是由 555 定时器构成的 1kHz 多谐振荡器，在电路应用中可作为矩形波脉冲信号发生器使用。

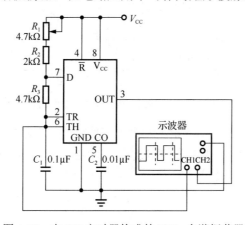

图 4-78   由 555 定时器构成的 1kHz 多谐振荡器

该振荡器的工作原理：接通 V_{CC} 后，V_{CC} 经 R_1、R_2 和 R_3 对 C_1 充电。当 u_C 上升到 $2V_{CC}/3$ 时，$u_o=0$，555 内部的放电管 VT 导通，C_1 通过 R_3 和放电管 VT 放电，u_C 下降。当 u_C 下降到 $V_{CC}/3$ 时，u_o 又由 0 变为 1，放电管 VT 截止，V_{CC} 又经 R_1、R_2 和 R_3 对 C_1 充电。如此重复上述过程，在输出端 u_o 产生连续的矩形脉冲。

根据电路工作原理可知，电容 C_1 的充电时间 $T_1=0.7(R_1+R_2+R_3)C_1$，放电时间 $T_2=0.7R_3C_1$，电路振荡周期 $T=T_1+T_2=0.7(R_1+R_2+2R_3)C_1$，由此可计算出多谐振荡器输出的矩形波频率 $f=\dfrac{1}{T}=\dfrac{1}{0.7(R_1+R_2+2R_3)C_1}$。电路中 R_1 为可调电位器，改变 R_1 的阻值大小即可实现 1kHz 矩形波信号的输出。

（2）"叮咚"门铃

用 555 定时器构成的多谐振荡器制作"叮咚"门铃，是电子爱好者学习和理解多谐振荡器的一种典型应用。

图 4-79 所示为用 555 定时器构成的"叮咚"门铃电路。由图可以看出，该电路就是在前面讲的 555 多谐振荡电路的基础上改进而来的。具体工作原理分析如下：按钮 S、VD2、R_4、C_1 构成充放电电路，555 定时器的 4 脚的电压是充放电电路中 C_1 的电压。当按下 S，电源经 VD_2 对 C_1 充电，当 555 电路的 4 脚（复位端）电压大于 1V 时，电路开始振荡，扬声器中发出"叮"声。松开按钮 S，C_1 电容储存的电能经 R_4 电阻放电，但 555 电路的 4 脚继续维持高电平，电路保持振荡，这时因 R_1 电阻也接入振荡电路，振荡频率变低，使扬声器发出"咚"声。当 C_1 电容上的电能释放一定时间后，集成电路 4 脚电压低于 1V 时，电路将停止振荡。再按一次按钮，电路将重复上述过程。

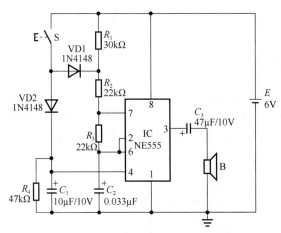

图 4-79　用 555 定时器构成的"叮咚"门铃电路

电路中 R_2、R_3、C_2 的大小决定了发出"叮"声的频率，R_1、R_2、R_3、C_2 的大小决定了发出"咚"声的频率。调节 R_1 的阻值可以单独改变"咚"声的频率（如改变余音的长短），而"叮"声不会受其影响。

想一想

在图 4-78 所示的多谐振荡器中，如输出矩形波频率 f 为 1kHz，占空比 q 为 67%，则必须选 R_1=_____kΩ，R_3=_____kΩ，C_1=0.1μF，R_2=2kΩ 的元件。

做一做

555 集成电路构成 1kHz 多谐振荡器的功能仿真

1. 仿真目的

1）进一步了解 555 集成电路的基本结构。

2）进一步理解 555 构成的多谐振荡器的工作原理。

3）通过仿真软件实现 555 构成的 1kHz 多谐振荡器的功能。

2. 仿真步骤及操作

本仿真实训是用来验证图 4-78 所示由 555 定时器构成的 1kHz 多谐振荡器的功能。

电路说明：555 集成电路的 8 脚、1 脚分别接 5V 直流电源的正、负端。复位端接电源正极，为高电平，使电路处于非复位状态。5 脚 CO 端通过小电容接地而不起作用，电容起防干扰作用。R_1、R_2、R_3、C_1 构成充电电路。7 脚和 555 内部放电管 VT 构成放电电路。6 脚是高电平触发端，2 脚是低电平触发端，它们并接于充放电电路中的 R_3 和 C_1 之间，控制输出端 3 脚的状态。

（1）创建 1kHz 多谐振荡器仿真测试电路

1）进入 NI Multisim 14.0 用户操作界面。

2）按图 4-78 从 NI Multisim 14.0 元器件库、仪器仪表库选取相应器件和仪器，连接电路。

单击模数混合芯片元器件库图示按钮，在 555TIMER 器件列表中选取定时器集成电路图形，从中选出 LM555CN。

从仪器仪表库中选取示波器，用于观察 555 输出波形及测出波形的频率。

3）对电路中的全部元器件按图 4-80 所示进行标识和设置。

（2）运行电路并完成电路逻辑功能分析

单击工具栏右边的仿真启动按钮，运行电路。

观察 555 定时器的 3 脚输出电压 u_o 和电容 C_1 两端电压 u_C 的波形如图 4-81 所示。调节 R_1 可调电位器的阻值，观察 3 脚输出电压 u_o 和电容 C_1 两端电压 u_C 波形的变化，并读出输出电压 u_o 的周期和频率。

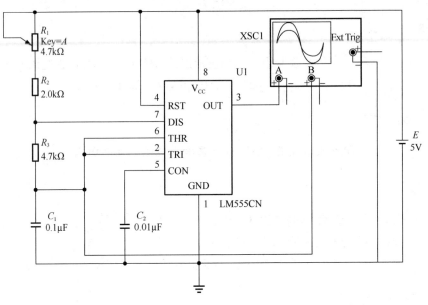

图 4-80   由 555 定时器构成的 1kHz 脉冲多谐振荡器仿真电路

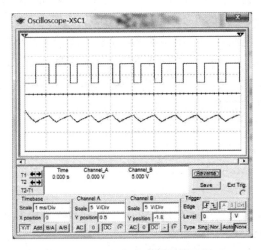

图 4-81   通过示波器观察的输出波形

调节 R_1 至适当的阻值，使输出矩形脉冲波的频率为 1kHz。

 议一议

调整 R_1，同时用示波器观察输出信号 u_o 的波形变化，并使 u_o 的频率固定为 1kHz，读出此时电阻 R_1 的阻值为_____。根据振荡频率计算公式 $f = \dfrac{1}{T} = \dfrac{1}{0.7(R_1 + R_2 + 2R_3)C_1}$，将 f、R_2、R_3、C_1 代入即可计算出 R_1 的理论值为_____。将 R_1 的计算值与测量值进行比较。

知识拓展

由 CMOS 门电路构成的多谐振荡器和单稳态触发器

1. 由 CMOS 门电路构成的多谐振荡器

由于 CMOS 门电路的输入阻抗高（$>10^8\Omega$），对电阻 R 的选择基本上没有限制，不需要大容量电容就能获得较大的时间常数，而且 CMOS 门电路的阈值电压 U_{TH} 比较稳定，因此常用来构成振荡电路，尤其适用于频率稳定度和准确度要求不太严格的低频时钟振荡电路。

（1）电路组成及工作原理

图 4-82 所示为一个由 CMOS 反相器与 R、C 元件构成的多谐振荡器。接通电源 V_{DD} 后，电路中将产生自激振荡，因 RC 串联电路中电容 C 上的电压随电容充放电过程不断变化，从而使两个反相器的状态不断发生翻转。

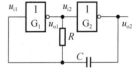

图 4-82 CMOS 多谐振荡器

接通电源后，假设电路初始状态 $u_{i1}=0$，门 G_1 截止，$u_{o1}=1$，门 G_2 导通，$u_{o2}=0$，这一状态称为第 1 暂稳态。此时，电阻 R 两端的电位不相等，于是电源经门 G_1、电阻 R 和门 G_2 对电容 C 充电，使得 u_{i1} 的电位按指数规律上升，当 u_{i1} 达到门 G_1 的阈值电压 U_{TH} 时，门 G_1 由截止变为导通，电路发生以下正反馈过程：

$$u_{i1}\uparrow \longrightarrow u_{o1}\downarrow \longrightarrow u_{o2}\uparrow$$

即门 G_1 导通，门 G_2 截止，$u_{o1}=0$，$u_{o2}=1$，这称为电路的第 2 暂稳态。这个暂稳态也不能稳定保持下去。电路进入该状态的瞬间，门 G_2 的输出电位 u_{o2} 由 0 上跳至 1，幅度约为 V_{DD}。由于电容两极间电位不能突变，u_{i1} 的电压值也上跳至 V_{DD}。由于 CMOS 门电路的输入电路中二极管的钳位作用，u_{i1} 略高于 V_{DD}。此时电阻两端电位不等，电容通过电阻 R、门 G_1 及门 G_2 放电，使得 u_{i1} 电位不断下降，当 u_{i1} 下降到 U_{1H} 时，电路发生以下正反馈过程：

$$u_{i1}\downarrow \longrightarrow u_{o1}\uparrow \longrightarrow u_{o2}\downarrow$$

使得门 G_1 截止，门 G_2 导通，即 $u_{o1}=1$，$u_{o2}=0$，电路发生翻转，又回到第 1 暂稳态。

此后，电容 C 重复充电、放电，在输出端即获得矩形波输出。

（2）振荡周期 T 和振荡频率 f 的计算

在 CMOS 电路中，若 $V_F\approx0V$，且 $U_{TH}=V_{DD}/2$，则第 1 暂稳态时间和第 2 暂稳态时间相等，为 t，门 G_2 的输出 u_{o2} 为方波。

振荡周期 $T\approx1.4RC$，则振荡频率 $f=\dfrac{1}{T}=\dfrac{1}{1.4RC}$。

（3）用 TTL 门电路构成振荡器

如图 4-83 所示，由 TTL 门构成的振荡器的工作频率可比 CMOS 提高一个数量级。在图 4-83（a）中，R_1、R_2 一般为 1kΩ 左右，C_1、C_2 取 100pF～100μF，输出频率为几赫至几十兆赫。图 4-83（b）中增加了调频电位器 R_P，R_1、R_2 取值为 300～800Ω，R_P 取 0～600Ω。若取 C_1、C_2 为 0.22μF，R_1、R_2 为 300Ω，则输出为几千赫至几十千赫，用 R_P 进行调节。由 TTL 门构成的振荡器适合于在几兆赫到几十兆赫的中频段工作。由于 TTL 门电路功耗大于 CMOS 门电路，并且最低频率因受输入阻抗的影响，很难做到几赫兹，一般不适合低频段工作。

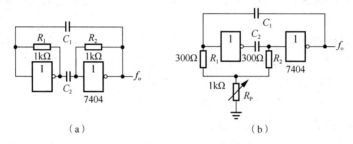

（a）   （b）

图 4-83　TTL 门电路构成的振荡器

2. 由 CMOS 门电路构成的单稳态触发器

单稳态触发器可以由 TTL 或 CMOS 门电路与外接 RC 电路组成，其中 RC 电路称为定时电路。根据 RC 电路的不同接法，可以将单稳态触发器分为微分型和积分型两种。

（1）CMOS 或非门微分型单稳态触发器

1）电路组成。CMOS 或非门微分型单稳态触发器如图 4-84 所示。

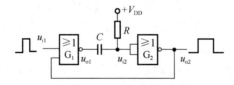

图 4-84　CMOS 或非门微分型单稳态触发器

2）工作原理。假定 CMOS 或非门的电压传输特性曲线为理想化折线，即开门电平 V_{ON} 和关门电平 V_{OFF} 相等，这个理想化的开门电平或关门电平称为阈值电压 U_{TH}（一般 $U_{TH}=V_{DD}/2$），当输入 $u_i \geqslant U_{TH}$ 时，输出 $u_o=0$；当 $u_i < U_{TH}$ 时，$u_o=V_{DD}=1$。

① 稳态。接通电源，无触发信号（$u_{i1}=0$），电路处于稳态，电源 V_{DD} 通过电阻 R 对 C 充电达到稳态值，故 $u_{i2}=V_{DD}=1$，门 G_2 导通，输出 $u_{o2}=0$，门 G_1 截止，输出 $u_{o1}=V_{DD}=1$，电容 C 上的电压为 0。

② 外加触发信号到来，电路由稳态翻转到暂稳态。

当外加触发信号 u_{i1} 正跳变，使 u_{o1} 由 1 跳到 0 时，由于 RC 电路中电容 C 上电压不能突变，因此，u_{i2} 也由 1 跳变到 0，使门 G_2 输出由 0 变 1，并返送到门 G_1 的输入。这

时输入信号 u_{i1} 高电平撤销后，u_{o1} 仍维持为低电平，这一过程可描述如下：

然而，这种状态是不能长久保持的，故称为暂稳态。

③ 由暂稳态自动返回稳态。

在暂稳态期间，电源 V_{DD} 通过电阻 R 和门 G_1 的导通工作管对电容 C 充电。随着充电的进行，u_{i2} 逐渐上升，当 $u_{i2}=U_{TH}$ 时，电路发生下述正反馈（设此时触发脉冲已消失）：

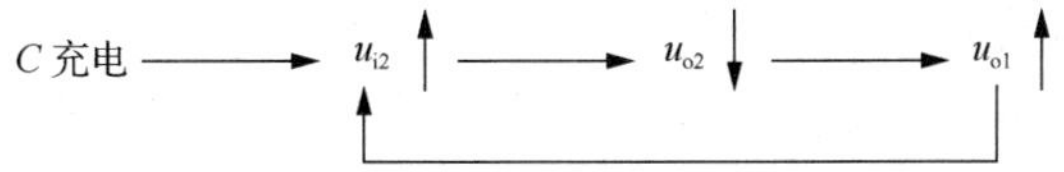

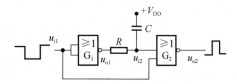

这一正反馈过程使电路迅速返回到门 G_1 截止、门 G_2 导通的稳定状态。最后 $u_{o1}=V_{DD}$，$u_{o2}=0$，电路退出暂稳态，回到稳态。值得注意的是，u_{o1} 由 0 跳变到 V_{DD}，由于电容电压不能突变，按理 u_{i2} 也应由 U_{TH} 上跳到 $U_{TH}+V_{DD}$，但 CMOS 门电路的内部输入端有二极管限幅保护电路，因此 u_{i2} 只能跃升到 $V_{DD}+0.8V$。

暂稳态结束后，电容 C 通过电阻 R 经门 G_1 的输出端和门 G_2 的输入端保护二极管放电，使 u_{i2} 恢复到稳态时的初始值 V_{DD}。

3）主要参数计算。

① 输出脉冲宽度 t_W。从电路的工作过程可知，输出脉宽 t_W 是电容 C 的充电时间。可得

$$t_W \approx 0.7RC$$

② 恢复时间 t_{re}。从暂态结束至电路恢复到稳态初始值所需的时间，即电容 C 放电所需的时间

$$t_{re} \approx 3\tau_d$$

式中，τ_d 为电容 C 放电过程的时间常数。

③ 最高工作频率 f_{max}。为保证单稳态电路能正常工作，在第一个触发脉冲作用后，必须等待电路恢复到稳态初始值才能输入第二个触发脉冲。因此，触发脉冲工作最小周期 $T_{min}>t_W+t_{re}$，则电路的最高工作频率为

$$f_{max} = \frac{1}{T_{min}} < \frac{1}{t_W+t_{re}}$$

（2）CMOS 或非门积分型单稳态触发器

1）电路组成。CMOS 或非门积分型单稳态触发器是由两个 CMOS 或非门组成的，如图 4-85 所示。门 G_1 和门 G_2 采用 RC 积分电路耦合，u_{i1} 加至门 G_1 和门 G_2 输入端。

图 4-85　CMOS 或非门积分型单稳态触发器

2）工作原理。

① 稳态。当电路的输入 u_{i1} 为高电平时，电路处于稳态，门 G_1、G_2 均导通，u_{o1}、u_{i2}、u_{o2} 均为低电平。

② 暂稳态。当输入信号 u_{i1} 下跳为低电平时，门 G_1 截止，u_{o1} 则跳变为高电平，但由于电容 C 上电压不能突变，u_{i2} 仍为低电平，故门 G_2 亦截止，u_{o2} 正跳变到高电平，电路进入暂稳态。

③ 暂稳态自动恢复到稳态。在门 G_1、门 G_2 截止时，由于电阻 R 两端电位不等，电容 C 通过 R_o（门 G_1 的输出电阻）和 R 放电，u_{i2} 逐渐上升，当升高到该门的阈值电压 U_{TH} 时（假定 u_{i1} 仍为低电平），门 G_2 导通，u_{o2} 变为低电平。

当 u_{i1} 回到高电平后，门 G_1 导通，u_{o1} 为低电平，此时电容充电，电路恢复到原来的稳定状态。

3）参数计算。

① 脉冲宽度 t_W。t_W 的估算公式和微分型电路相同，即

$$t_W \approx 0.7RC$$

这种电路要求输入信号 u_{i1} 的脉冲宽度（低电平时间）大于输出脉冲宽度 t_W。

② 恢复时间 t_{re}：

$$t_{re} \approx 3RC$$

微分型单稳态触发器要求窄脉冲触发，具有展宽脉冲宽度的作用；而积分型单稳态触发器则相反，需要宽脉冲触发、输出窄脉冲，故有压缩脉冲宽度的作用。

在积分型单稳态触发电路中，由于电容 C 对高频干扰信号有旁路滤波作用，故与微分型电路相比，抗干扰能力较强。

由于单稳态触发器在数字系统中的应用日益广泛，所以有集成单稳态触发器产品，同上面介绍的 CMOS 单稳态电路一样，其正常工作时，需外接阻容元件。在此不再详细介绍。

填写表 4-21。

表 4-21　任务检测与评估

	检测项目	评分标准	分值	学生自评	教师评估
知识内容	555 定时器的内部构成和引脚功能	能熟悉 555 定时器的构成和逻辑关系	10		
	555 定时器构成的多谐振荡器及应用	能用 555 定时器构成多谐振荡器并分析其工作过程	10		
	555 定时器构成的单稳态电路及应用	能用 555 定时器构成单稳态电路并分析其工作过程	10		
	555 定时器构成的施密特触发器及应用	能用 555 定时器构成施密特触发器并分析其工作过程	10		

续表

	检测项目	评分标准	分值	学生 自评	教师 评估
操作技能	能对 555 定时器电路的输入、输出逻辑关系进行仿真测试	能完成仿真电路的功能测试并得出正确的逻辑关系	15		
	能用 555 定时器制作多谐振荡器并能进行计算机仿真	能完成仿真电路的搭建，并能对 1kHz 多谐振荡器进行功能测试	15		
	能用 555 定时器制作触摸控制开关并能进行计算机仿真	能完成仿真电路的搭建，并能分析和测试电路功能	20		
	安全操作	安全用电，安装操作，遵守实训室管理制度	5		
	现场管理	按 6S 企业管理体系要求进行现场管理	5		

任务四 广告灯的制作与调试

任务目标

- 熟悉集成电路 CD4017 的内部结构和基本功能。
- 掌握广告灯的电路构成及其工作原理。
- 掌握广告灯的制作与调试方法。

任务教学方式

教学步骤	时间安排	教学手段
阅读教材	课余	学生自学、查资料、相互讨论
知识点讲授	4 学时	1. 利用仿真课件讲解 CD4017 的逻辑功能 2. 利用实物来讲解广告灯的结构、功能和原理
实践操作	6 学时	1. 通过仿真完成 CD4017 逻辑功能测试，加深对 CD4017 逻辑功能的理解 2. 完成广告灯的制作与调试
评估检测	与课堂同时进行	教师与学生共同完成任务的检测与评估，并能对出现的问题进行分析与处理

 读一读

广告灯的工作原理

本广告灯电路采用贴片 LED 依次累加式显示"科学出版社"5 个文字，当 5 个字符全部显示后再整体闪烁两次，完成一个显示周期后又继续开始下一个显示循环。如此循环往复，达到广告显示的效果。实际应用时，可以根据用户需要调整贴片 LED 的排列方式，实现不一样的显示内容。如果显示的内容较多，可以通过增加 CD4017 电路的数量来实现，它们的电路构成完全一样。广告灯的电路原理图如图 4-86 所示。广告灯显示的"科学出版社"5 个字分别是由 A1-A2、A3-A4、A5-A6、A7-A8、A9-A10 端口内的 LED 灯组按字形排布而成的，各字符显示端口 LED 灯的排布如图 4-87 所示。

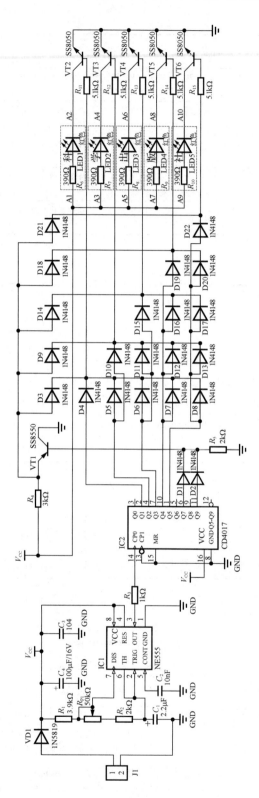

图 4-86 广告灯的电路原理图

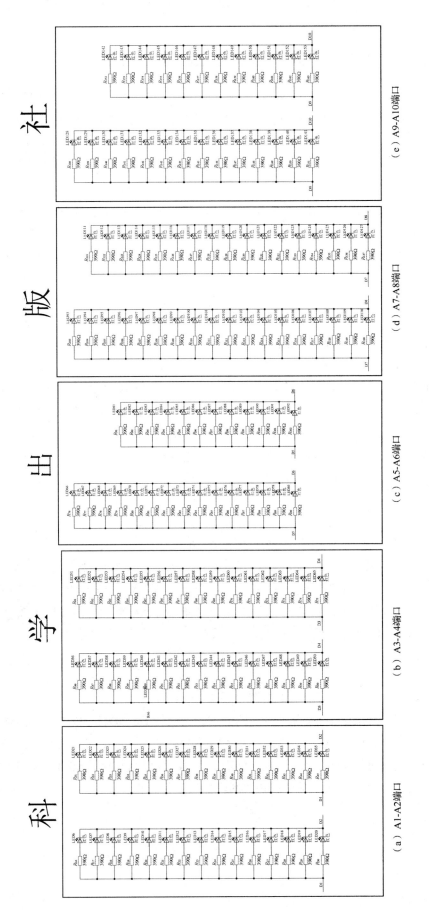

图 4-87 广告灯字符显示端口对应 LED 灯的排布

广告灯电路主要由 NE555 和 CD4017 构成。其中，NE555 构成多谐振荡电路，R_1、R_2、R_{P1}、C_1 是多谐振荡电路的定时元件，由 555 多谐振荡器的频率计算公式可知，调节 R_{P1} 的大小可使多谐振荡电路的振荡频率在 6～80Hz 范围内变化。NE555 电路 3 脚输出的矩形脉冲信号接至 CD4017 的计数输入端，经 CD4017 十进制计数后再译码输出。CD4017 十个译码输出端（Q_0～Q_9）输出高电平的顺序分别是 3、2、4、7、10、1、5、6、9、11 脚，本电路是将 CD4017 的 2、4、7、10、1 脚和 6、11 脚输出的高电平经二极管、限流电阻后使晶体管 VT2～VT6 饱和导通，再由晶体管 VT2～VT6 依次驱动对应的 LED 灯组（灯组排列成对应的字符），从而达到广告灯循环显示和闪烁显示的效果。

1. 广告灯显示"科" 1 个字

广告灯显示"科" 1 个字时的电路如图 4-88 所示。

CD4017 的 2 脚输出的高电平脉冲经二极管 D4、电阻 R_{11} 接入晶体管 VT2 的基极，VT2 迅速饱和导通，A1-A2 端口内的 LED 灯组点亮。A1-A2 端口内由若干并联的 LED 灯组成，这些 LED 灯按"科"字形排布，当这些 LED 灯点亮后，呈现在人们眼前的就是"科"字了。与 LED 灯串联的电阻有两个作用：一是起限流作用，防止 LED 灯工作电流过大而损坏；二是防止并联的 LED 灯中有一个击穿损坏时造成 A1-A2 端口内的所有 LED 灯均不亮，同时也保护了 VT2 不被过电流损坏。

2. 广告灯显示"科学" 2 个字

广告灯显示"科学" 2 个字时的电路如图 4-89 所示。

CD4017 的 4 脚输出的高电平脉冲分两路分别经二极管 D5、D10 接入晶体管 VT2、VT3 的基极，VT2、VT3 迅速饱和导通，并驱动其对应的 A1-A2、A3-A4 端口内的 LED 灯组点亮。因 A1-A2 端口内的 LED 灯按"科"字形排布，A3-A4 端口内的 LED 灯按"学"字形排布，当这些 LED 灯点亮后，呈现在人们眼前的就是"科学"二字了。

3. 广告灯显示"科学出" 3 个字

广告灯显示"科学出" 3 个字时的电路如图 4-90 所示。

CD4017 的 7 脚输出的高电平脉冲分 3 路分别经二极管 D6、D11、D15 接入晶体管 VT2、VT3、VT4 的基极，VT2、VT3、VT4 迅速饱和导通，并驱动其对应的 A1-A2、A3-A4、A5-A6 端口内的 LED 灯组点亮。同理，当 A1-A2、A3-A4、A5-A6 端口内的 LED 灯组点亮后，呈现在人们眼前的就是"科学出" 3 个字了。

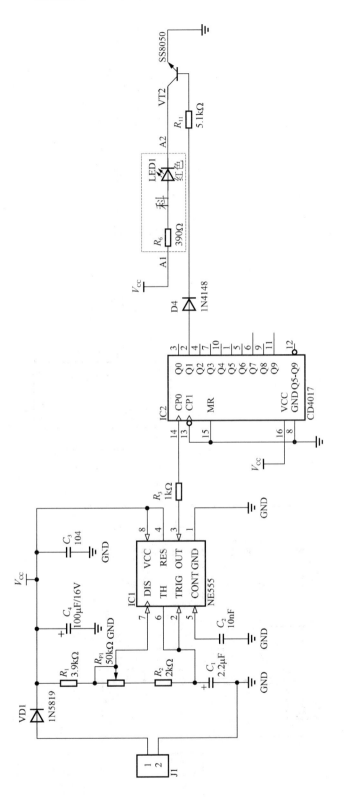

图 4-88 广告灯显示 "科" 1 个字时的电路

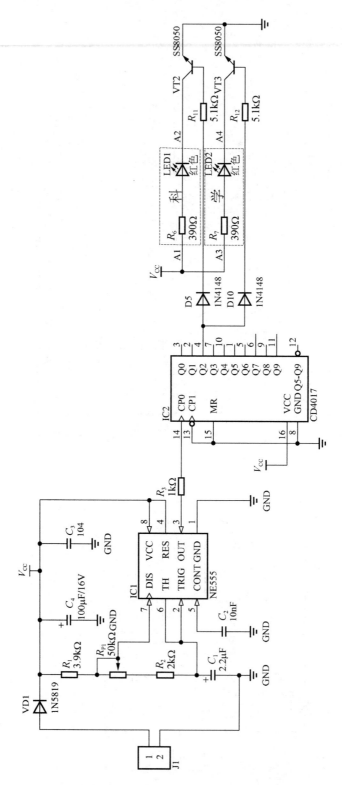

图 4-89　广告灯显示"科学"2 个字时的电路

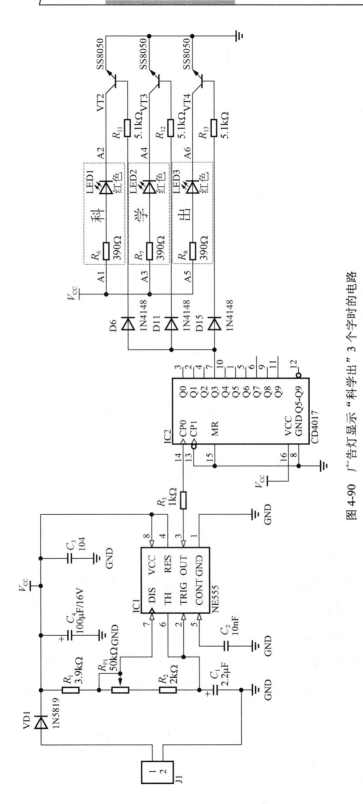

图4-90 广告灯显示"科学出"3个字时的电路

4. 广告灯显示"科学出版"4个字

广告灯显示"科学出版"4个字时的电路如图4-91所示。

CD4017的10脚输出的高电平脉冲分4路分别经二极管D7、D12、D16、D19接入晶体管VT2、VT3、VT4、VT5的基极，VT2、VT3、VT4、VT5迅速饱和导通，并驱动其对应的A1-A2、A3-A4、A5-A6、A7-A8端口内的LED灯组点亮。同理，当A1-A2、A3-A4、A5-A6、A7-A8端口内的LED灯组点亮后，呈现在人们眼前的就是"科学出版"4个字了。

5. 广告灯显示"科学出版社"5个字

广告灯显示"科学出版社"5个字时的电路如图4-92所示。

CD4017的1脚输出的高电平脉冲分5路分别经二极管D8、D13、D17、D20、D22接入晶体管VT2、VT3、VT4、VT5、VT6的基极，VT2、VT3、VT4、VT5、VT6迅速饱和导通，并驱动其对应的A1-A2、A3-A4、A5-A6、A7-A8、A9-A10端口内的LED灯组点亮。同理，当A1-A2、A3-A4、A5-A6、A7-A8、A9-A10端口内的LED灯组点亮后，呈现在人们眼前的就是"科学出版社"5个字了。

6. 广告灯"科学出版社"5个字同时闪烁

为了达到"科学出版社"5个字整体闪烁的效果，电路设计时空置了CD4017的5、9、3脚，其中CD4017的6、11脚输出的高电平脉冲分别通过D1、D2接入VT1的基极，使导通状态的VT1迅速截止，电源 V_{CC} 经 R_4、D3、D9、D14、D18、D21使VT2、VT3、VT4、VT5、VT6再次饱和导通，从而使"科学出版社"5个字再次同时点亮。因为5、9、3脚空置，全部点亮的"科学出版社"5个字会呈现"熄灭—全亮—熄灭—全亮—熄灭"闪烁两次的广告效果。

广告灯"科学出版社"5个字第一次闪烁时的电路如图4-93所示。第二次闪烁时，CD4017的11脚输出的高电平脉冲经D2接入VT1的基极，其电路结构和工作原理与第一次闪烁时完全一样。

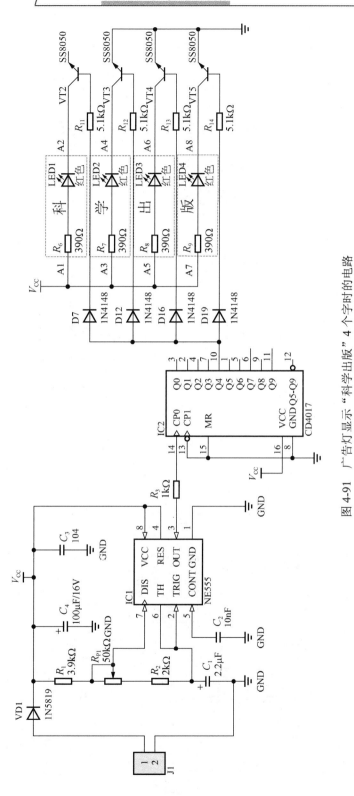

图 4-91 广告灯显示 "科学出版" 4 个字时的电路

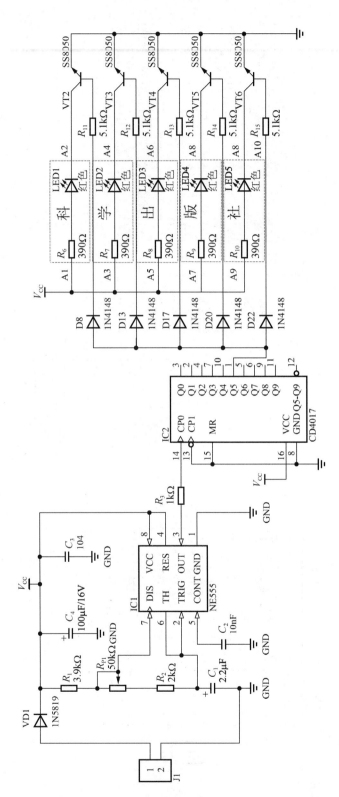

图 4-92 广告灯显示"科学出版社"5 个字时的电路

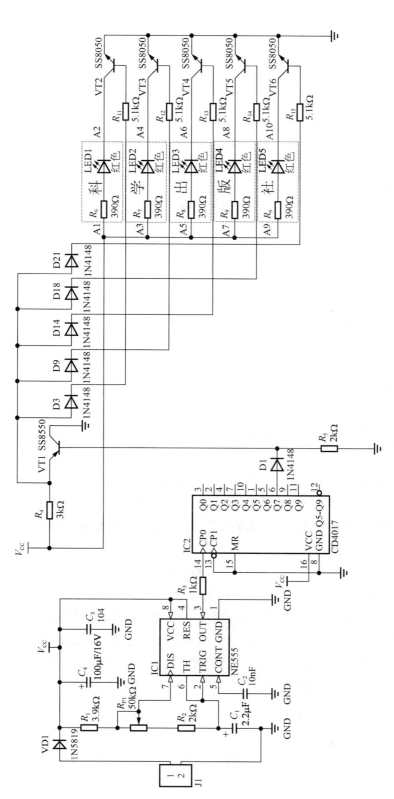

图 4-93 "科学出版社" 5 个字第一次闪烁时的电路

想一想

1）电位器 R_{P1} 减小，555 振荡频率将_____，广告灯闪烁速度将_____。C_1 减小，555 振荡频率将_____，广告灯闪烁速度将_____。

2）在 CD4017 的 6、11 脚为低电平时，VT1 处于_____状态，它对其他引脚驱动的显示字符_____（有/无）影响。

做一做

广告灯的功能仿真

1. 仿真目的

1）进一步了解 555 集成电路构成多谐振荡器的工作原理。

2）进一步了解 CD4017 集成电路的基本结构和功能应用。

3）熟悉广告灯的电路构成，理解广告灯电路的工作原理。

2. 仿真步骤及操作

（1）创建广告灯测试实验电路

1）进入 NI Multisim 14.0 用户操作界面。

2）按图 4-94 所示电路从 NI Multisim 14.0 元器件库、仪器仪表库选取相应器件和仪器，连接电路。

① 单击 CMOS 集成电路库图标，选出 CMOS+5V 集成电路图形，从它们的器件列表中选出 CD4017。在基本元器件库中选出发不同光的发光二极管，作为指示灯。

② 单击模数混合元器件芯片库按钮图标，拽出定时器集成电路图形，从它们的器件列表中选出 LM555CN。

③ 在二极管器件库中选出各色发光二极管作为指示灯。

3）对电路中的全部元器件按图 4-94 所示进行标识和设置。

为了便于观察输出脉冲的电平变化情况，在 LM555CN 的振荡信号输出端（3 脚）接入 3V 电平指示灯 X1，在 CD4017 的译码输出端（3、2、4、7、10、1、5、6、9、11 脚）接入 3V 电平指示灯 X2～X8。有兴趣的同学在仿真时可以将电平指示灯换成示波器，从而更直观地观察脉冲的波形变化。

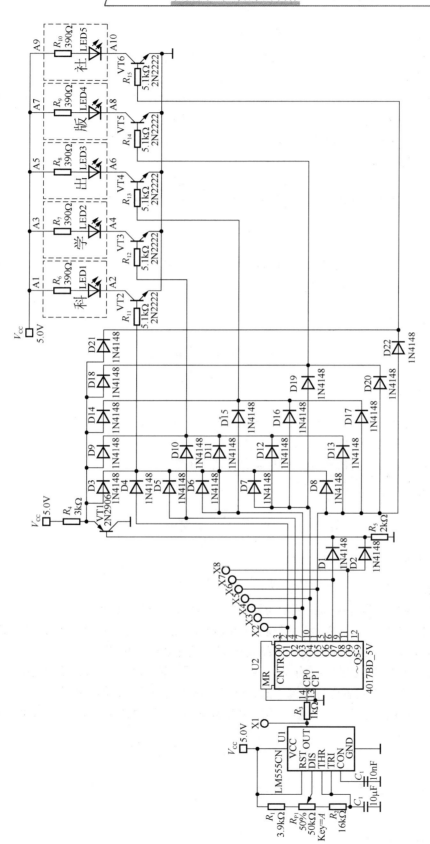

图4-94　广告灯的仿真测试电路

（2）运行电路并完成电路逻辑功能分析

1）单击工具栏右边的仿真启动按钮，运行电路。

2）观察电平指示灯 X1～X8 的状态和 LED1～LED5 的显示现象是否与前面广告灯工作原理分析的效果一致（即 LED1～LED5 以逐个累加方式点亮，当 LED1～LED5 全亮后又呈现"熄灭—全亮—熄灭—全亮—熄灭"闪烁两次的效果）。

从仪器仪表库中选用示波器，测量 LM555CN 输出端 3 脚的波形，读出波形的频率。

3）调节 R_{P1} 的阻值，观察 LED1～LED5 循环点亮的速度，同时观察电平指示灯 X1～X8 的亮灭速度和示波器中波形的变化（频率变化）。

注意：当 LED 不停闪烁时，应检查 555 定时器的振荡频率是否正常。

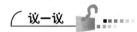

仿真时如果观察到 LED1～LED5 同时点亮，则说明 555 定时器的振荡频率偏_____，应该将电位器滑动臂向_____移动。

广告灯的制作与调试

1. 制作目的

1）加深对计数器电路的理解，熟悉 CD4017 电路功能。

2）进一步理解广告灯电路的结构和工作原理。

3）掌握广告灯电路的布局设计及装配、调试工艺。

2. 制作所需器材

广告灯元器件套件、焊接装配工具、万用表、可调稳压电源等。

3. 制作步骤

（1）安装制作

1）为了确保广告灯电路的装配与调试能够科学、合理、高效地进行，学生在进行制作前应根据装配工艺要求，利用课余时间编制好装配工艺文件并填写相应内容。工艺文件编制的方法和格式可参考电子产品装配工艺相关教材的内容。

2）在做好制作前的准备工作后，我们先对元器件清单中所列的元器件按类别和规格进行分类，并用万用表进行检测（部分难以检测的元器件，如集成电路芯片等，只需目检即可），确保安装制作时元器件的质量和数量。广告灯电路的元器件清单如表 4-22 所示。

表4-22 广告灯电路的元器件清单

序号	元器件标识符	元器件规格	元器件类型	引脚封装	数量
1	C_1	2.2μF	Capacitor	C 0805_L	1
2	C_2	10nF	Capacitor	C 0805_L	1
3	C_3	104	无极性贴片电容	C 0805_L	1
4	C_4	100μF/25V	贴片电解电容	CMD（6.3×7.7）	1
5	D1～D22	1N4148	高速开关二极管	MINI_MELF（LL34）	22
6	IC1	NE555	单路时基芯片	SOP8_L	1
7	J1	HDR-1X2	2P 接插件	KF128-5.08-2P	1
8	LED1～LED153	红色	贴片 LED	LED 0805R	153
9	VT1	SS8550	高频放大-PNP 型	SOT23-3N	1
10	VT2, VT3, VT4, VT5, VT6	SS8050	高频放大-NPN 型	SOT23-3N	5
11	R_1	3.9kΩ	Resistor	R 0805_L	1
12	R_2	2kΩ	Resistor	R 0805_L	1
13	R_3	1kΩ	贴片电阻	R 0805_L	1
14	R_4	3kΩ	贴片电阻	R 0805_L	1
15	R_5	2kΩ	贴片电阻	R 0805_L	1
16	R_6～R_{10}, R_{16}～R_{163}	390Ω	贴片电阻	R 0805_L	153
17	$R_{11}, R_{12}, R_{13}, R_{14}, R_{15}$	5.1kΩ	贴片电阻	R 0805_L	5
18	R_{P1}	50kΩ	插件单联电位器	3296W	1
19	IC2	CD4017	十进制计数器	SOP16_L	1
20	VD1	1N5819	整流二极管	SMA	1

3）根据 PCB 元器件的安装位置和装配工艺文件要求，将所有元器件对应地焊接、装配在 PCB 上。广告灯双面 PCB 布线图如图 4-95 所示，整机正面装配图如图 4-96 所示，整机反面装配图如图 4-97 所示。

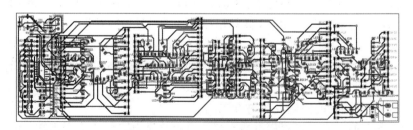

图 4-95 广告灯双面 PCB 布线图

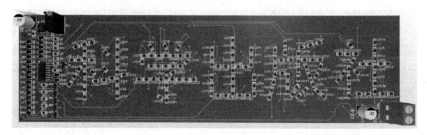

图 4-96 广告灯整机正面装配图

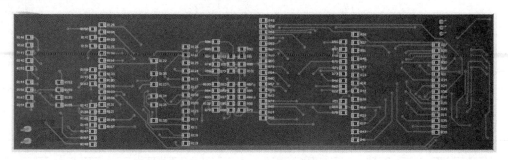

图 4-97　广告灯整机反面装配图

安装时一定要注意装配工艺和焊接工艺，防止出现元器件装错或极性装反、假焊或错焊、短路或断路等故障。由于广告灯 PCB 采用的是贴片元件与过孔元件混合的双面板设计，焊接时应先焊接安装贴片元器件，再焊接安装小型元器件（如电阻）和中型元器件，最后焊接安装大型元器件，同一种类元器件的高度应当尽量一致。焊接时电烙铁的功率不能太大（小于 35W），焊接时间不宜过长（正常为 2～3s），以防焊接时温度过高或时间过长损坏元器件和焊盘。

说明：在进行数字电路集成芯片焊接时，为防止电烙铁和人体静电对芯片造成损伤，焊接时应采用防静电电烙铁（若是普通电烙铁，则应将电烙铁金属外壳接地），同时操作者还需佩戴防静电手环。

（2）整机调试

在所有元器件均装配、焊接完成并仔细检查无误后，便可以进行整机调试了。

从电源接口 J1 处接入+6V 电源，为了防止电源极性接反而损坏数字电路集成芯片，在电路的电源正极输入口串联二极管 VD1，只有在电源极性连接正确时电路才能正常工作，反之电路不工作。

接通电源后 D1-D2、D3-D4、D5-D6、D7-D8、D9-D10 五个显示段的 LED 灯组应该能以逐个累加方式点亮，当由 LED 灯组排布的"科学出版社" 5 个字全部点亮后，显示的字符又进入"熄灭—全亮—熄灭—全亮—熄灭"的闪烁状态，然后电路自动进入下一次循环，重复刚才的显示过程。调节电位器阻值，改变 555 多谐振荡器的输出频率，字符显示的速度随之而变。

调试过程容易遇到的问题及解决方法：

1）如果所有的发光二极管都不能点亮：重点检查电路供电是否正常，IC1、IC2 及 LED 灯组是否有+5.3V（+6V 电源经防反接二极管降压后所得）左右的电压输入。常见的问题是 VD1 装反、电源极性接错、电路中有短路或断路故障等；如电压正常，则应检查 555 多谐振荡器是否有脉冲信号输出，维修时可以用万用表或示波器进行检测判断，常见的问题是 555 芯片装错或损坏、定时元件（R_1、R_2、R_{P1}、C_1）装错或损坏等；如检测 555 多谐振荡器 3 脚有脉冲信号输出，则重点检查 CD4017 芯片是否装错或损坏、二极管（含开关二极管、发光二极管）和驱动晶体管是否装错或损坏等。

2）有少量发光二极管不亮：因每个字符都是由二十多个并联的发光二极管排布而成的，某个发光二极管的损坏不会影响其他元器件，因此只需检查不发光二极管是否极

性装反或已损坏。初学者常会出现因焊接时间过长而损坏元器件的现象。

3）显示正常，但不能调节字符显示的速度：这是由 555 多谐振荡器输出的脉冲信号频率不能调节所致。重点检查 R_{P1} 电位器是否损坏或引脚脱焊。

4）"科学出版社" 5 个字全部点亮后，不能进入 "熄灭—全亮—熄灭—全亮" 的闪烁状态：先检查 CD4017 的 6、11 脚是否有高电平输出，再检查 VT1 晶体管是否会由饱和导通状态变为截止状态。如果元器件安装及焊接正确，多为 VT1 损坏。

议一议

1）当广告灯电路中的 R_{P1} 电位器滑动臂处于中间位置时，试计算出 555 多谐振荡器的输出频率。

2）晶体管 VT1 在电路中的作用是什么？如果它击穿或断路，电路显示分别会出现什么故障？

知识拓展

寄存器的分类及工作原理

寄存器是用于存放二进制代码的逻辑电路，由前面所学知识可知，一个触发器只能存放 1 位二进制代码（0 或 1），几个二进制代码须对应由几个触发器组成，同时，寄存器还有控制电路去控制数据接收和数据消除的功能。寄存器包括数码寄存器和移位寄存器两大类。

1. 数码寄存器

数码寄存器是由若干个触发器组成的，图 4-98 所示是由 4 个 D 触发器组成的寄存器，它能接收、存放 4 位二进制代码。

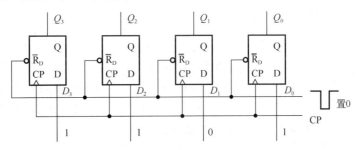

图 4-98　4 位数码寄存器

假设在 D 触发器的输入端输入 $D_3D_2D_1D_0$=1101 数码，当时钟脉冲 CP 的上升沿到来时，可将这 4 个数码存到触发器中，即 $Q_3Q_2Q_1Q_0$=1101，所以也称 CP 脉冲为接收命令脉冲；4 个触发器的 $\overline{R}_D$ 端连在一起，当给 $\overline{R}_D$ 负脉冲时，可将 4 个触发器全部清零，所以数码寄存器具有清零、接收、保存和输出的功能，常用在缓冲寄存器、存储寄存器、暂存器、累加器等中。74LS175 是一个常用的 4 位数码寄存器。

2. 单向移位寄存器

移位寄存器不仅具备数码寄存器的所有功能，还具有移位功能，即在 CP 脉冲作用下，实现寄存器中的数码向左或向右或双向移位的功能。右移寄存器是指寄存器中的数码自左向右移，左移寄存器是指寄存器中的数码自右向左移。移位寄存器主要用于二进制的乘、除法运算。图 4-99 是 4 位左移移位寄存器。

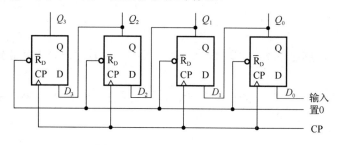

图 4-99　4 位左移移位寄存器

$\overline{R}_D$ 输入负脉冲，将各触发器清零。输入信号从 D_0 端输入。假设要输入的信号为 1101，并且当第 1 个 CP 脉冲到来前，4 个触发器的输入端分别是：$D_0=1$，$D_1=Q_0=0$，$D_2=Q_1=0$，$D_3=Q_2=0$。所以在第 1 个 CP 脉冲上升沿到来时，分别将 4 个触发器置为 $Q_0=1$，$Q_1=0$，$Q_2=0$，$Q_3=0$；在第 2 个时钟脉冲到来前，$D_0=1$，$D_1=Q_0=1$，$D_2=Q_1=0$，$D_3=Q_2=0$，所以在第 2 个 CP 脉冲上升沿到来时，$Q_0=1$，$Q_1=1$，$Q_2=0$，$Q_3=0$。以此类推，当第 4 个 CP 脉冲上升沿到来时，$Q_0=1$，$Q_1=0$，$Q_2=1$，$Q_3=1$，将数码 1101 左移到了触发器中。

由于输入数码 1101 经过 4 个时钟脉冲依次左移，所以称之为串行输入，而各触发器的输出端是并行输出，称这种移位寄存器为串行输入-并行输出；当然还有并行输入-串行输出、并行输入-并行输出的工作方式。

3. 双向移位寄存器

双向移位寄存器是功能齐全且常用的移位寄存器，在控制电路的作用下，有左移、右移、清零、保持、并行输入等功能。图 4-100 是 74LS194 的逻辑功能框图，它是常用的 4 位双向寄存器。

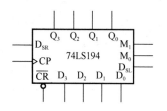

图 4-100　74LS194 的逻辑功能框图

在图 4-100 中，M_1 和 M_0 组成了工作方式控制端。

$M_1M_0=00$，保持；

$M_1M_0=01$，右移；

$M_1M_0=10$，左移；

$M_1M_0=11$，并行置数，数据从 $D_3 \sim D_0$ 输入。

$\overline{CR}$ 是异步清零端，所以 M_1M_0 只有在 $\overline{CR}=1$，CP 脉冲上升沿到来时有效。

D_{SR} 为右移串行数据输入端，数据从低位开始输入。

D_{SL} 为左移串行数据输入端，数据从高位开始输入。

74LS194 的功能表如表 4-23 所示。

表 4-23　74LS194 的功能表

输入变量										输出变量				说明
$\overline{CR}$	M_1	M_0	CP	D_{SL}	D_{SR}	D_0	D_1	D_2	D_3	Q_0	Q_1	Q_2	Q_3	
0	×	×	×	×	×	×	×	×	×	0	0	0	0	置0
1	×	×	0	×	×	×	×	×	×	保持				
1	1	1	↑	×	×	d_0	d_1	d_2	d_3	d_0	d_1	d_2	d_3	并行置数
1	0	1	↑	×	1	×	×	×	×	1	Q_0	Q_1	Q_2	右移输入1
1	0	1	↑	×	0	×	×	×	×	0	Q_0	Q_1	Q_2	右移输入0
1	1	0	↑	1	×	×	×	×	×	Q_1	Q_2	Q_3	1	左移输入1
1	1	0	↑	0	×	×	×	×	×	Q_1	Q_2	Q_3	0	左移输入0
1	0	0	×	×	×	×	×	×	×	保持				

注：×表示取任意值。

想一想

如何用计数器构成 100 分频器？试画出其电路图。

评一评

填写表 4-24。

表 4-24　任务检测与评估

检测项目		评分标准	分值	学生自评	教师评估
知识内容	CD4017 介绍及应用	掌握 CD4017 的逻辑功能和应用特点；了解其引脚功能	10		
	广告灯电路的工作原理	掌握广告灯电路的电路构成、工作原理及各单元电路的作用	20		
操作技能	CD4017 的逻辑功能测试	能用仿真软件进行 CD4017 的逻辑功能测试	15		
	广告灯的整机制作	能按照 PCB 装配工艺要求完成元器件的检测、布局和电路装配	30		
	广告灯的整机调试和检测	能对广告灯整机进行调试，并能对产品出现的故障进行检测和维修	15		
	安全操作	安全用电，按章操作，遵守实训室管理制度	5		
	现场管理	按 6S 企业管理体系要求进行现场管理	5		

项 目 小 结

1）时序逻辑电路的特点是在任一时刻的输出不仅与输入各变量的状态组合有关，还与电路原来的输出状态有关，它具有记忆功能。

2）时序逻辑电路的分析方法：写出驱动方程、输出方程、状态方程；列出状态转换表（真值表）；画出时序图或状态转换图；写出逻辑功能说明。

3）计数器电路是一种由门电路和触发器构成的时序逻辑电路，它是对门电路和触发器知识的综合运用。计数器是用以统计输入时钟脉冲 CP 个数的电路。计数器不仅可以用来计数，也可以用于脉冲信号的分频、程序控制、逻辑控制等。计数器的种类很多，按触发器的翻转次序来划分有同步计数器和异步计数器；按照计数值增、减情况，可以分为加法计数器、减法计数器和可逆计数器（即在同一电路中，由加、减控制信号可控制其进行加法或减法的计数器）；按计数的进制不同，可分为二进制、十进制及 N 进制计数器。计数器是一种能累计脉冲数目的数字电路，在计时器、交通信号灯装置、工业生产流水线等中有着广泛的应用。

4）同步计数器的优缺点：由于各触发器同步翻转，因此工作速度较异步计数器快，大大提高了计数器的工作频率，但接线较复杂，需要门电路配合。各级触发器输出相差小，译码时能避免出现干扰毛刺现象，但是如果同步计数器级数增加，就会使得计数脉冲的负载加重。电路进位方式有串行和并行两种形式，并行进位方式可进一步提高计数工作速度。异步计数器的优缺点：异步二进制加法计数器线路连接简单，各触发器不同步翻转，因而工作速度较慢。各级触发器输出相差大，译码时容易出现干扰毛刺现象。但是如果异步计数器级数增加，对计数脉冲的影响不大。

同步计数器和异步计数器的清零方式是不同的。同步计数器的清零和计数是同步的。例如上升沿计数，如果不到时钟的上升沿，即使给出清零信号，输出也不会清零；只有到了时针的上升沿，输出才会变成零。异步计数器的清零和计数是异步的，就是可以在任意时刻清零。例如上升沿计数，清零不一定要在上升沿，在任意时刻只要给出清零信号，输出就会立刻清零。

5）寄存器：寄存器是用于存放二进制代码的逻辑电路，有数码寄存器和移位寄存器之分。

6）LM555/LM555C 系列是使用极为广泛的通用集成电路，由于内部电压标准使用了 3 个 5kΩ 电阻，故取名 555 电路。555 电路含有 2 个电压比较器、1 个基本 RS 触发器和 1 个放电开关管 VT。比较器的参考电压由 3 只 5kΩ 的电阻器构成的分压器提供，它们分别使高电平比较器 A_1 的反相输入端和低电平比较器 A_2 的同相输入端的参考电平为 $2V_{CC}/3$ 和 $V_{CC}/3$。A_1 与 A_2 的输出端控制 RS 触发器的状态和放电管的开关状态。

555 定时器可构成单稳态触发器：包括一个稳态和一个暂态，由于只有一个稳态，故称为单稳态。

555 构成多谐振荡器（又称无稳态电路）：包括两个暂稳态，没有稳态，故称为无稳态。

555 组成施密特触发器（又称双稳态电路）：包括两个稳态，两个稳态之间触发后可相互转换，故称为双稳态。

7）CD4017 是一种同步十进制约翰逊码计数器/脉冲分配器，其内部由 5 个触发器和一些门电路构成的译码器组成，由译码输出实现对脉冲信号的分配，整个输出时序就是 00、01、02、…、09 依次出现与时钟同步的高电平，宽度等于时钟周期。

8）掌握广告灯的电路构成和整机工作原理，并能完成广告灯 PCB 的布局和整机装配、调试及检测工作。

思考与练习

一、选择题

1. CD4017 有（　　）个时钟输入端，（　　）个译码输出端。
   A. 3 10　　　　B. 2 10　　　　C. 3 11　　　　D. 2 11

2. 施密特触发器一般不适用于（　　）电路。
   A. 延时　　　　B. 波形变换　　　C. 波形整形　　　D. 幅度鉴别

3. 多谐振荡器是一种自激振荡器，能产生（　　）。
   A. 矩形脉冲波　　B. 三角波　　　C. 正弦波　　　　D. 尖脉冲

4. 单稳态触发器的暂稳态维持时间由（　　）所决定。
   A. 外加信号　　　B. 电容器　　　C. 充电时间　　　D. 放电速度

二、填空题

1. 555 电路由_____、_____和_____3 个主要部分所组成，其功能是_____。

2. 555 的比较电压由_____个_____kΩ 的电阻分压提供，555 因此得名。

3. 555 集成时基电路的 3 种基本应用电路分别为_____、_____、_____。

4. 555 的 2 脚和 6 脚是互补的，2 脚只对_____起作用，即电压小于_____时，3 脚输出_____。6 脚只对_____起作用，即输入电压大于_____时，3 脚输出_____，但有一个先决条件，即 2 脚电位必须大于_____才有效。

5. 多谐振荡器是一种能输出矩形脉冲信号的_____器，电路的输出不停地在_____和_____间翻转，没有_____状态，所以又称为_____。

6. 用来累计输入脉冲数目的器件称为_____。

7. 单稳态触发器的暂稳态持续时间 t_W 取决于电路中的_____，即 t_W=_____；图 4-77 所示的多谐振荡器的周期 T=_____。

8. 在"叮咚"门铃电路（图 4-79）中，试估算扬声器发出"叮咚"声时，555 定时器组成的振荡器的振荡频率分别是_____、_____。

三、判断题

1. 555 电路是一种数字和模拟混合的中规模集成电路。（　　）
2. 双极型和 CMOS 555 电路内部结构基本相同，使用时可以互换。（　　）
3. CD4017 内部由计数器及译码器两部分组成。（　　）
4. 二进制计数器和十进制计数器的电路结构相同，但复位方式不同。（　　）
5. 555 是时基电路，只能做成与定时相关的应用电路。（　　）
6. 同步计数器的运行速度不如异步计数器。（　　）
7. 施密特触发器是一种单稳态电路。（　　）

8．异步计数器在任意时刻只要给出清零信号，输出就会立刻清零。　　　　（　　）

四、计算题和作图题

1．用 JK 触发器接成 3 位二进制异步加法器，试画出其逻辑电路图和波形图。

2．图 4-86 所示的广告灯电路中，R_1 为 3.9kΩ，R_2 为 2kΩ，C_1 为 2.2μF，要使循环周期为 5s，R_{P1} 约为多大？

3．在图 4-77（a）所示的多谐振荡器中，若 R_1=15kΩ，R_2=10kΩ，C=0.01μF，V_{CC}=9V，估算该电路的振荡频率 f 和占空比 q。

五、简答与分析题

1．用 CT74LS112 双 JK 触发器制作一个二分频器。

2．试用集成同步 4 位二进制加法计数器 74LS161 实现二十四进制计数器，试用 NI Multisim 14.0 仿真软件搭建该电路，并简要说明电路的工作过程。

3．试用集成同步 4 位二进制加法计数器 74LS161 实现六十进制加法计数器，试用 NI Multisim 14.0 仿真软件搭建该电路，并简要说明电路的工作过程。

项目五

数控可调稳压电源的制作

在电子电气设备的检测、控制系统中，模拟量与数字量之间的相互转换应用十分广泛，如压力、流量、温度、速度、位移等经传感器产生的模拟信号，必须转换成数字信号后才能送入计算机进行处理。处理后的数字信号又必须转换为模拟信号才能实现对执行机构的自动控制。本项目以数控可调稳压电源的制作为例，详细讲解了 A/D 转换器（模/数转换器）的基本工作原理及其应用电路的仿真与制作，同时也详细分析了 D/A 转换器（数/模转换器）的工作原理及其典型芯片的仿真和应用电路的功能测试。

知识目标

- 掌握 D/A 转换、A/D 转换电路的基本概念和功能。
- 掌握倒 T 型电阻网络 D/A 转换器的电路工作原理，并能进行简单的 D/A 转换计算。
- 掌握比较型逐次逼近式 A/D 转换器和双积分式 A/D 转换器的转换工作原理及电路框图。
- 了解典型集成 D/A 转换、A/D 转换电路的内部结构、引脚功能和应用方法。

技能目标

- 能查阅集成电路手册，识读典型 D/A 转换及 A/D 转换集成电路的引脚及功能。
- 能对 D/A 转换、A/D 转换典型芯片（DAC0832、ADC0809）进行仿真与应用电路的功能测试。
- 能分析数控可调稳压电源的电路组成和工作原理，并能完成该电路的装配与调试。

任务一　D/A 转换电路的功能测试

任务目标

- 掌握 D/A 转换器的基本概念、功能和工作原理。
- 掌握倒 T 型电阻网络 D/A 转换器的工作原理和转换结果的计算方法。
- 了解 D/A 转换器的主要参数指标和 DAC0832 的内部结构与引脚功能。
- 掌握 DAC0832 仿真电路功能测试和应用电路功能测试的方法。

任务教学方式

教学步骤	时间安排	教学手段
阅读教材	课余	学生自学、查资料、相互讨论
知识点讲授	3 学时	讲解 4 位倒 T 型电阻网络 D/A 转换器的工作原理时可以使用课件进行动态演示，同时还要复习运算放大器"虚地"概念及加法器的工作原理
任务操作	3 学时	运用仿真软件对 DAC0832 转换器进行仿真功能测试；运用数字电路实验箱对其进行转换电路功能测试
评估检测	与课堂教学同步进行	教师与学生共同完成任务的检测与评估，并能对出现的问题进行分析与处理

读一读

D/A 转换器的工作原理

能够把有限位数的数字量转换为相应模拟量的电路称为数字–模拟转换电路，简称数/模（D/A）转换器或 DAC（digital to analog converter）。

1. D/A 转换器的功能

D/A 转换器的功能是将数字量转换为模拟量，并使输出模拟电压的大小与输入数字量的数值成正比。

2. D/A 转换原理

D/A 转换器可将数字量(二进制数码)转换成与其数值成正比的模拟量(模拟电压)，其内部有一个解码网络。按照转换方式的不同，D/A 转换器可分为并行 D/A 转换器和串行 D/A 转换器两大类。并行 D/A 转换器的解码网络常由权电阻或 T 型电阻网络及模拟开关、运算放大器等组成。输入数字量的各位代码同时送到解码网络的输入端，由该网络解码后得到相应的模拟电压。D/A 转换器组成框图如图 5-1 所示。

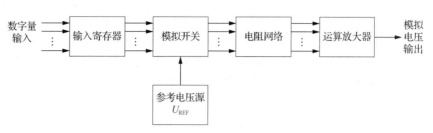

图 5-1   D/A 转换器组成框图

3. 4 位倒 T 型电阻网络 D/A 转换器的电路组成与工作原理

D/A 转换的方法很多，有正 T 型和倒 T 型电阻网络 D/A 转换器等，这里只讨论 4 位倒 T 型电阻网络 D/A 转换器的电路组成与工作原理。

（1）电路组成

4 位倒 T 型电阻网络 D/A 转换器的工作原理如图 5-2 所示。它由输入寄存器、模拟电子开关、基准电压、T 型电阻网络和运算放大器等组成。

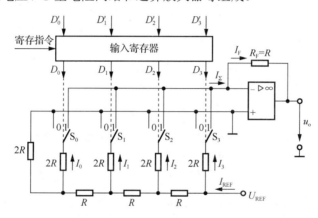

图 5-2   4 位倒 T 型电阻网络 D/A 转换器的工作原理

输入寄存器是并行输入、并行输出的缓冲寄存器，它用来暂存 4 位二进制数码。由于该缓冲寄存器是具有 CP 缓冲门的寄存器，故其能减少交、直流噪声干扰，有利于数据的传送和保持。当发出寄存指令后，4 位数据线上送来一组二进制代码，如 $D_3'D_2'D_1'D_0' = 1101$，存入寄存器中。同时，寄存器的输出线上出现该组二进制代码 $D_3D_2D_1D_0 = 1101$。

4 个模拟电子开关 S_3、S_2、S_1、S_0 分别受相应数位的二进制代码所控制，当某位代码 $D_i = 1$ 时，对应位的电子开关 S_i 将该位阻值为 $2R$ 的电阻接到运算放大器的反相输入端；当 $D_i = 0$ 时，对应位的电子开关 S_i 将该位阻值为 $2R$ 的电阻接到运算放大器的同相输入端。由于同相输入端接地，因而运算放大器的反相输入端为"虚地"，它们的电压大小均为 0。

T 型电阻网络由 R 和 $2R$ 电阻构成，由于只用 R 和 $2R$ 两种电阻元件，因而电路在进行转换时容易保证精度。

运算放大器的作用是对各位代码所对应的电流进行求和，并将其转换成相应的模拟电压输出。

（2）工作原理

在倒 T 型电阻网络 D/A 转换器中，模拟电子开关不是接地（接同相输入端）就是接虚地（接反相输入端），所以无论输入的代码 $D_3 D_2 D_1 D_0$ 是何种情况，T 型电阻网络的等效电路均如图 5-3 所示。因为该电路等效电阻值是 R，所以由基准电压 U_{REF} 向倒 T 型电阻网络提供的总电流 I_{REF} 是固定不变的，其值为 $I_{REF} = U_{REF}/R$。

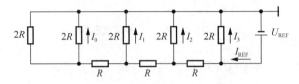

图 5-3　倒 T 型电阻网络的等效电路

根据分流原理，电流每流过一个节点，都相等地分成两股电流，故倒 T 型电阻网络内各支路电流分别为 $I_3 = \frac{1}{2} I_{REF}$，$I_2 = \frac{1}{4} I_{REF}$，$I_1 = \frac{1}{8} I_{REF}$，$I_0 = \frac{1}{16} I_{REF}$。

当输入代码为 $D_3 D_2 D_1 D_0 = 1111$ 时，所有电子开关都将通过阻值为 $2R$ 的电阻接到运算放大器的反相输入端，则流入反相输入端的总电流为 $I_\Sigma = I_3 + I_2 + I_1 + I_0 = I_{REF}\left(\dfrac{1}{2} + \dfrac{1}{4} + \dfrac{1}{8} + \dfrac{1}{16}\right)$。

当输入代码为任意值时，I_Σ 的一般表达式为

$$I_\Sigma = I_3 D_3 + I_2 D_2 + I_1 D_1 + I_0 D_0$$

$$= \frac{1}{2^4} \cdot I_{REF}(D_3 \cdot 2^3 + D_2 \cdot 2^2 + D_1 \cdot 2^1 + D_0 \cdot 2^0)$$

$$= \frac{1}{2^4} \cdot \frac{U_{REF}}{R}(D_3 \cdot 2^3 + D_2 \cdot 2^2 + D_1 \cdot 2^1 + D_0 \cdot 2^0)$$

由于图 5-2 所示电路中，$R_F = R$，则 I_Σ 经运算放大器运算后，输出电压 u_o 为

$$u_o \approx -I_\Sigma R_F$$

$$= -\frac{U_{REF}}{2^4} \cdot \frac{R_F}{R}(D_3 \cdot 2^3 + D_2 \cdot 2^2 + D_1 \cdot 2^1 + D_0 \cdot 2^0)$$

$$= -\frac{U_{REF}}{2^4}(D_3 \cdot 2^3 + D_2 \cdot 2^2 + D_1 \cdot 2^1 + D_0 \cdot 2^0)$$

推广到一般情况（即输入代码为 n 位二进制代码，且 $R_F = R$），输出电压为

$$u_o = -\frac{U_{REF}}{2^n}(D_{n-1} \cdot 2^{n-1} + D_{n-2} \cdot 2^{n-2} + \cdots + D_0 \cdot 2^0)$$

上式括号内为 n 位二进制数的十进制数值，常用 N_B 表示，此时 D/A 转换器输出的模拟电压又可写为

$$u_o = -\frac{U_{REF}}{2^n} \cdot N_B$$

由该式可见，输出的模拟电压 u_o 与输入的数字量成正比，比例系数为 $\dfrac{U_{REF}}{2^n}$，也即完成

了 D/A 转换。

倒 T 型电阻网络 D/A 转换器具有动态性能好、转换速度快等优点，因此得到了广泛使用。

例 5-1　有一个 5 位倒 T 型电阻 D/A 转换器，U_{REF}=10V，R_F=R，5 位数据线上传送来的二进制代码分别为 $D_4D_3D_2D_1D_0$=11010，试求输出电压 u_o。

解：由公式 $u_o = -\dfrac{U_{REF}}{2^n}(D_{n-1} \cdot 2^{n-1} + D_{n-2} \cdot 2^{n-2} + \cdots + D_0 \cdot 2^0)$ 可知，

$$u_o = -\frac{10}{2^5}(2^4 \times 1 + 2^3 \times 1 + 2^2 \times 0 + 2^1 \times 1 + 2^0 \times 0)$$

$$= -\frac{10}{32}(16 + 8 + 0 + 2 + 0)$$

$$= -8.125(V)$$

想一想

1）D/A 转换电路功能是什么？我们身边常见的 D/A 转换电路有哪些？

2）倒 T 型电阻网络 D/A 转换器电路中运算放大器的作用是什么？

3）4 位倒 T 型电阻网络 D/A 转换器，若 U_{REF}=5V，R_F=R，输入数字信号为 1100 时，输出模拟电压 u_o 为多少？

读一读

D/A 转换器的主要性能指标

1. 分辨率

D/A 转换器的转换精度与它的分辨率有关。分辨率是指 D/A 转换器对最小输出电压的分辨能力，可定义为输入数码只有最低有效位为 1 时的输出电压与输入数码所有有效位全为 1 时的满度输出电压之比。对于 n 位 D/A 转换器，其分辨率为 $\dfrac{1}{2^n-1}$。随着输入数字信号位数的增多，D/A 转换器的分辨率也相应提高。例如，一个 10 位的 D/A 转换器，其分辨率为

$$\frac{1}{2^n - 1} = \frac{1}{2^{10} - 1} = \frac{1}{1023} \approx 0.1\%$$

2. 转换误差

在 D/A 转换过程中，某些原因的影响会导致转换过程中出现误差，这就是转换误差。它实际上是输出实际值与理论计算值的差。转换误差通常包括以下几种。

1）比例系数误差：输入数字信号一定时，参考电压 U_{REF} 的偏差 ΔU_{REF} 可引起输出电压的变化，二者成正比，这称为比例系数误差。

2）漂移误差或平移误差：这种误差多是由于运算放大器的零点漂移而使输出电压

偏移造成的。其产生与输入数字量的大小无关，结果会使输出电压特性曲线向上或向下平移。

3）非线性误差：由于模拟电子开关存在一定的导通内阻和导通压降，而且不同开关的导通压降不同，开关接地和接参考电源的压降也不同，故它们的存在均会导致输出电压产生误差；同时，电阻网络中电阻值的积累误差，不同位置上电阻值受温度等影响的积累偏差对输出电压的影响程度是不一样的。以上这些性质的误差，均属于非线性误差。

3. 转换时间

转换时间也称为输出建立时间，是从输入数字信号时开始，至输出电压或电流达到稳态值时所需要的时间。

4. 温度系数

在满刻度输出的条件下，温度变化 1℃ 所引起输出信号（电压或电流）变化的百分数，就是温度系数。

5. 电源抑制比

在 D/A 转换电路中，要求开关电路和运算放大器在使用的电源电压发生变化时，输出电压不受影响。通常将输出电压的变化量与相应电源电压的变化量之比，称为电源抑制比。

想一想

1）D/A 转换器的分辨率与什么参数有关？如何用电路测试的方法计算出其分辨率？
2）D/A 转换器的转换误差与分辨率有什么关系？如何减少转换误差？

做一做

D/A 转换器仿真电路的功能测试

1. 仿真目的

1）熟悉在 NI Multisim 14.0 仿真软件中进行 D/A 转换器仿真电路的组建和功能测试的方法。
2）熟悉 D/A 转换器数字输入量与模拟输出量之间的关系，并对模拟输出量的测量值和计算值进行对比和误差分析。
3）掌握用测量方式计算 D/A 转换器分辨率的方法。

2. 仿真步骤及操作

1）在 NI Multisim 14.0 仿真软件中，按图 5-4 所示电路组建仿真电路。
2）+5V 电源经过开关 $K_0 \sim K_7$ 连接到集成 D/A 转换器的 $D_0 \sim D_7$ 数字信号输入端，

改变开关的状态即可改变 D/A 转换器的数字信号输入量。经 D/A 转换后，VDAC8 输出端的电压表所显示的数值就是转换后的模拟量。

3）+10V 电源接在 D/A 转换器的 U_{REF} 正端，作为转换器的基准电压，U_{REF} 负端接地。

4）共阴数码管 U1、U2 所显示的数值为十六进制数，它说明了 VDAC8 集成电路 $D_0 \sim D_7$ 数字输入端的数值大小。

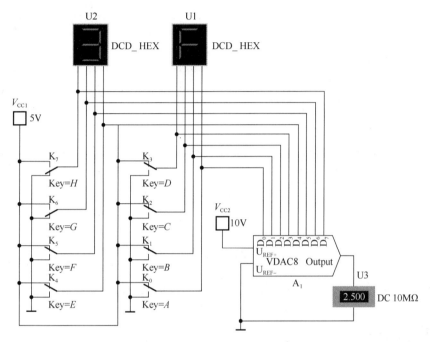

图 5-4　D/A 转换器仿真功能测试

3. 仿真结果及分析

改变开关 $K_0 \sim K_7$ 的状态，观察数字直流电压表的读数，将测量结果记录在表 5-1 中。由于 VDAC8 为 D/A 转换虚拟器件，其输出端得到的是经运算放大器和反相器处理后的正电压，即数字直流电压表测量值（简称 $u_{测}$）。为了验证和分析 D/A 转换后结果的准确性，可以根据 D/A 转换输出模拟电压值的计算公式，计算出 D/A 转换器输出的理论计算值（简称 $u_{计}$）。为了便于与 D/A 转换器的仿真结果进行比较和分析，在表 5-1 中 $u_{计}$ 取绝对值。

表 5-1　数字记录表

输入数字量								数码管显示值	输出模拟量/V	
D_7	D_6	D_5	D_4	D_3	D_2	D_1	D_0		$u_{测}$	$|u_{计}|$
0	0	0	0	0	0	0	0			
0	0	0	0	0	0	0	1			
0	0	0	0	0	0	1	0			

续表

输入数字量								数码管显示值	输出模拟量/V	
D_7	D_6	D_5	D_4	D_3	D_2	D_1	D_0		$u_{测}$	$|u_{计}|$
0	0	0	0	0	1	0	0			
0	0	0	0	1	0	0	0			
0	0	0	1	0	0	0	0			
0	0	1	0	0	0	0	0			
0	1	0	0	0	0	0	0			
1	0	0	0	0	0	0	0			
1	1	1	1	1	1	1	1			

根据上面的数据分析可知：

1）当 $D_0 \sim D_7$ 数字信号输入端全为 0 时，D/A 转换器的输出模拟量 u_o 为_____V；当 $D_0 \sim D_7$ 数字信号输入端全为 1 时，D/A 转换器的输出模拟量 u_o 为_____V。说明该 D/A 转换电路的满度输出电压为_____V。

2）将表 5-1 中的 $u_{测}$ 和 $|u_{计}|$ 进行对比，分析转换误差产生的原因。

议一议

1）如要改变该 D/A 转换器电路的满度输出电压值，则应如何调整电路？

2）该 D/A 转换器分辨率的计算值 $\left(即\dfrac{1}{2^n-1}\right)$ 与电路测量值相比较有何区别？

读一读

集成 D/A 转换器典型芯片 DAC0832 的结构及应用

DAC0832 是与微机兼容的 8 位 D/A 转换器，其内部结构和引脚功能如图 5-5 所示。它的内部主要由 8 位 $R\text{-}2R$ 倒 T 型译码网络及两个缓冲寄存器（输入寄存器和 D/A 转换寄存器）组成，外接运算放大器。

1. DAC0832 的引脚功能介绍

$\overline{WR_1}$：写信号 1，低电平有效。低电平时，将输入数据写入输入寄存器；高电平时，信号锁存于输入寄存器。

$\overline{WR_2}$：写信号 2，低电平有效，与 $\overline{XFER}$ 组合，使输入寄存器信号传输到 D/A 寄存器。

ILE：允许输入，高电平有效。

$\overline{CS}$：片选，低电平有效，与 ILE 配合选通 $\overline{WR_1}$。

$\overline{XFER}$：传输控制信号，低电平有效。低电平时选通 $\overline{WR_2}$。

$D_7 \sim D_0$：8 位待转换的数码输入端。

I_{OUT1}、I_{OUT2}：电流输出端，接运算放大器的两个输入端。

R_F：反馈电阻端，一般直接接运算放大器的输出端，若串入外接反馈电阻，可使输出量程大于5V。

U_{REF}：参考电压端，取+5V 或−5V。

V_{CC}：电源端，取+5V。

AGND：模拟量接地端。

DGND：数字量接地端，可和 GND 并接。

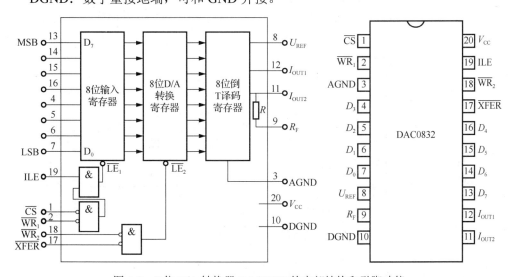

图 5-5　8 位 D/A 转换器 DAC0832 的内部结构和引脚功能

2. D/A 转换器 DAC0832 的内部结构

DAC0832 内部含有两级缓冲数字寄存器，即输入寄存器和 D/A 转换寄存器，它们均采用标准 CMOS 数字电路设计。8 位待转换的输入数据由 13～16 端及 4～7 端送入第一级缓冲寄存器，其输出数据送 D/A 转换寄存器。

输入寄存器由 $\overline{CS}$、ILE 及 $\overline{WR_1}$ 这 3 个信号控制，当 $\overline{CS}$=0，ILE=1，$\overline{WR_1}$=0 时，数据进入寄存器。当 ILE=0 或 $\overline{WR_1}$=1 时，数据锁存在输入寄存器中。

D/A 转换寄存器由 $\overline{XFER}$、$\overline{WR_2}$ 两信号控制。当 $\overline{XFER}$=0，$\overline{WR_2}$=0 时，输入寄存器的数据送入 D/A 转换寄存器，并送 D/A 转换译码网络进行 D/A 转换。当 $\overline{XFER}$ 由"0"跳到"1"，或 $\overline{WR_2}$ 由"0"跳到"1"时，D/A 寄存器中的数据被锁存，转换结果也保持在 D/A 转换器的模拟输出端。

由此可见，数据在进入译码网络之前，必须经过两个独立控制的锁存器进行传输，因此，又有以下 3 个特点。

1）在一个系统中，任何一个 D/A 转换器都可以同时保存两组数据，即 D/A 寄存器中保存马上要转换的数据，而在输入寄存器中保存下一组数据。

2）允许在系统中使用多个 D/A 转换器。在微机系统中，$\overline{CS}$ 和 $\overline{XFER}$ 可与微机地址总线连接，作为转换地址入口。$\overline{WR_1}$、$\overline{WR_2}$、ILE 可与微机控制总线连接，以执行微机发出的转换和数据输入的信息和指令。

3）通过输入寄存器的 D/A 转换寄存器逻辑控制，可实现同时更新多个 D/A 转换器输出。

3．DAC0832 与 CPU 的连接

DAC0832 与 CPU 的连接有 3 种方式，分别是双缓冲连接方式、单缓冲连接方式和直通连接方式，可通过控制逻辑来实现。DAC0832 与 CPU 的 3 种连接方式如图 5-6 所示。

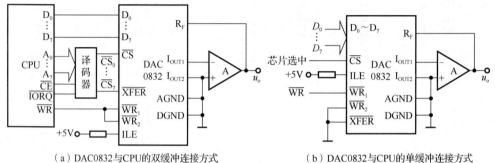

（a）DAC0832与CPU的双缓冲连接方式　　　　　　（b）DAC0832与CPU的单缓冲连接方式

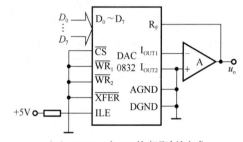

（c）DAC0832与CPU的直通连接方式

图 5-6　DAC0832 与 CPU 的 3 种连接方式

1）DAC0832 是如何实现工作逻辑控制的？

2）DAC0832 与 CPU 的 3 种连接方式有何异同？（重点分析 $\overline{WR_1}$、$\overline{WR_2}$、$\overline{CS}$、$\overline{XFER}$ 的连接方式对电路的影响。）

![做一做]

DAC0832 D/A 转换器应用电路的功能测试

1．实训目的

1）进一步了解 8 位 D/A 转换器 DAC0832 的内部结构和引脚功能。

2）熟悉 DAC0832 的 D/A 转换功能，并能对其转换功能进行测试。

3）掌握 D/A 转换器应用电路的组成和工作原理。

2. 所需器材

数字万用表 1 只、数字电路实验箱 1 台、DAC0832 芯片 1 块、LM324 芯片 1 块、1kΩ 电阻 9 只（部分数字电路实验箱已内置）。

3. 测试内容

通过对 DAC0832 应用电路的功能测试，理解 D/A 转换的工作原理，验证 D/A 转换的过程和结果。

DAC0832 功能测试电路如图 5-7 所示。

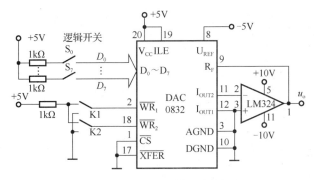

图 5-7　DAC0832 功能测试电路

4. 测试步骤

1）根据图 5-7 所介绍的 DAC0832 连接方式，将 DAC0832 和 LM324 芯片插入数字电路实验箱的 IC 座中，并分别引入正、负工作电源。利用实验箱中 +5V 电源和逻辑开关，按图 5-7 所示给 DAC0832 的 $D_0 \sim D_7$ 数字信号输入端送入高、低电平（即待转换的数码），其中 1kΩ 串阻为限流电阻（部分数字电路实验箱已内置并与逻辑开关串联）。电路输出端 u_o 接数字万用表（或数字直流电压表），测量转换后的电压值。

说明：测试电路中 LM324 的作用是把 DAC0832 输出的电流信号转换为电压信号输出。根据 D/A 转换计算公式 $u_o = -\dfrac{U_{REF}}{2^n}(D_{n-1} \cdot 2^{n-1} + D_{n-2} \cdot 2^{n-2} + \cdots + D_0 \cdot 2^0)$，将 $U_{REF} = -5V$、数字输入信号位数 $n=8$ 及 $D_0 \sim D_7$ 数字信号输入端状态（1 或 0）代入公式，即可计算出转换后的输出电压 u_o。

2）接线完毕，检查无误后，接通电源。拨动逻辑开关 K1 和 K2，置 $\overline{WR_1} = \overline{WR_2} = 0$。拨动逻辑开关 $S_0 \sim S_7$，分别置 $D_7 \sim D_0$ 为表 5-2 所示的高、低电平，用数字万用表测量输出电压的大小，并将测量结果记录在表 5-2 中。

3）置 $\overline{WR_1} = \overline{WR_2} = 0$、$D_7 \sim D_0$ 为 00000100，将 $\overline{WR_1}$ 置 1 后改 $D_7 \sim D_0$ 为 00100000，观测前、后输出电压值有无变化，并说明原因。

4）置 $\overline{WR_1} = \overline{WR_2} = 0$、$D_7 \sim D_0$ 为 00010000，将 $\overline{WR_2}$ 置 1 后改 $D_7 \sim D_0$ 为 01000000，

观测前、后输出电压值有无变化，并说明原因。

5）在步骤4）后，将$\overline{WR_2}$置为0，观测输出电压值有无变化，并说明原因。

5. 测试结果与分析

1）计算 D/A 转换输出模拟量的理论值，并将计算结果填入表 5-2 中。然后将测量值和理论计算值进行对比，分析转换误差产生的原因。

表 5-2　数据记录表

输入数字量								输出模拟量/V	
D_7	D_6	D_5	D_4	D_3	D_2	D_1	D_0	测量值	理论计算值
0	0	0	0	0	0	0	0		
0	0	0	0	0	0	0	1		
0	0	0	0	0	0	1	0		
0	0	0	0	0	1	0	0		
0	0	0	0	1	0	0	0		
0	0	0	1	0	0	0	0		
0	0	1	0	0	0	0	0		
0	1	0	0	0	0	0	0		
1	0	0	0	0	0	0	0		
1	1	1	1	1	1	1	1		

在进行理论值计算时应注意：此测试电路中电阻 R_F 内置于 DAC0832 内部 I_{O2} 与 R_F 脚之间，并且 $R_F=R$。

2）分析上述测试结果可以看到：当 $\overline{WR_1}$ =1 或 $\overline{WR_2}$ =1 时，D/A 转换寄存器被锁存，D/A 转换结果保持在模拟输出端，新的 $D_7 \sim D_0$ 值无法输入 D/A 转换寄存器；当 $\overline{WR_1}$ =0 或 $\overline{WR_2}$ =0 时，D/A 转换寄存器打开，允许新的 $D_7 \sim D_0$ 值输入 D/A 转换寄存器中，并在模拟输出端输出 D/A 转换结果。

 议一议

1）如果要数据输入不锁存，实时输出转换结果，控制逻辑端（$\overline{WR_1}$、$\overline{WR_2}$、$\overline{CS}$、$\overline{XFER}$、ILE）应如何连接？

2）根据表 5-2 所示的测量值和理论计算值，讨论上述转换误差产生的原因及如何减小该误差。

评一评

填写表 5-3。

表 5-3　任务检测与评估

	检测项目	评分标准	分值	学生自评	教师评估
知识内容	D/A 转换工作原理及主要参数指标	掌握 D/A 转换工作原理及其框图，了解其主要参数指标	10		
	倒 T 型电阻网络 DAC 分析	能进行 4 位倒 T 型电阻网络 D/A 转换电路转换方法的分析和转换计算	20		
	DAC0832 内部结构和功能	了解 DAC0832 内部结构和引脚功能，掌握其与 CPU 的 3 种连接方式	10		
操作技能	DAC0832 仿真电路功能测试	能运用 NI Multisim 14.0 仿真软件对 DAC0832 转换器进行仿真功能测试	20		
	DAC0832 应用电路功能测试	能使用数字电路实验箱对 DAC0832 转换器应用电路进行功能测试	30		
	安全操作	安全用电，按章操作，遵守实训室管理制度	5		
	现场管理	按 6S 企业管理体系要求进行现场管理	5		

任务二　A/D 转换电路的功能测试

任务目标

- 掌握 A/D 转换器的基本概念、功能和工作原理。
- 掌握逐次逼近式 A/D 转换器和双积分式 A/D 转换器的工作原理和框图。
- 了解 A/D 转换器的主要参数和 ADC0809 的内部结构与引脚功能。
- 掌握 ADC0809 仿真电路功能测试和应用电路功能测试的方法。

任务教学方式

教学步骤	时间安排	教学手段
阅读教材	课余	学生自学、查资料、相互讨论
知识点讲授	3 学时	讲解 A/D 转换器的工作过程（4 个步骤）和逐次逼近式 A/D 转换器、双积分式 A/D 转换器工作原理时，可以自制多媒体课件进行演示，并组织学生讨论
任务操作	3 学时	运用仿真软件对 ADC0809 转换器进行仿真功能测试，运用数字电路实验箱对其进行转换电路功能测试
评估检测	与课堂教学同步进行	教师与学生共同完成任务的检测与评估，并能对出现的问题进行分析与处理

 读一读

A/D 转换器的种类和工作原理

1. A/D 转换器的种类

根据 A/D 转换器的工作方式，可将其分为比较式和积分式两大类。比较式 A/D 转

换器的工作过程是将被转换的模拟量与转换器内部产生的基准电压逐次进行比较，从而将模拟信号转换成数字量；积分式 A/D 转换器是将被转换的模拟量进行积分，转换成中间变量，然后再将中间变量转换成数字量。目前广泛应用的 A/D 转换器有比较型逐次逼近式 A/D 转换器和双积分式 A/D 转换器。

2. A/D 转换的工作原理

A/D 转换器的功能是把连续变化的模拟信号转换成数字信号，这种转换一般要通过采样、保持、量化、编码这 4 个步骤，其转换过程如图 5-8 所示。

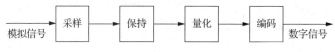

图 5-8　A/D 转换器工作过程示意图

（1）采样和保持

采样就是对连续变化的模拟信号定时进行测量，抽取样值。通过采样，一个在时间上连续变化的模拟信号就转换为随时间断续变化的脉冲信号。

采样过程如图 5-9 所示。采样开关 S 是一个受控的模拟开关，构成所谓的采样器。当采样脉冲 u_s 到来时，开关 S 接通，采样器工作（其工作时间受 u_s 脉冲宽度 T_C 控制），这时 $u_o=u_i$；当采样脉冲 u_s 一结束，开关 S 就断开（断开时间受 u_s 脉冲宽度 T_H 控制），此时 $u_o=0$。采样器在 u_s 的控制下，把输入的模拟信号 u_i 变换成为脉冲信号 u_o。为了便于量化和编码，需要将每次采样取得的样值暂存并保持不变，直到下一个采样脉冲的到来。所以在采样电路之后，都要接一个保持电路，通常可以利用电容器的存储作用来完成这一功能。

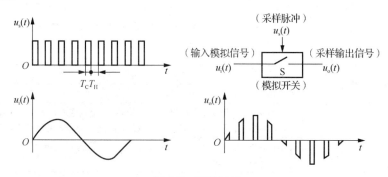

图 5-9　采样过程

实际上，采样和保持是一次完成的，统称为采样保持电路。图 5-10（a）所示是采样保持框图及波形，图 5-10（b）所示是一个简单的采样保持电路。该电路由采样开关管 VT（该管属增强型绝缘栅场效应管）、存储电容 C 和缓冲电压跟随器 A 组成。在采样脉冲 u_s 的作用下，模拟信号 u_i 变成了脉冲信号 u_o'，经过电容 C 的存储作用，从电压跟随器 A 输出的是阶梯形电压 u_o。

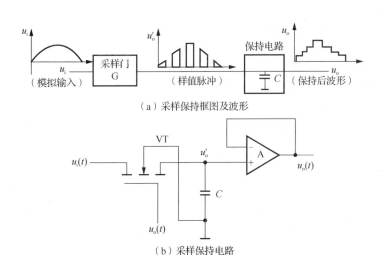

（a）采样保持框图及波形

（b）采样保持电路

图 5-10　采样保持电路及波形

（2）量化和编码

采样保持电路的输出信号虽然已成为阶梯形，但阶梯形的幅值仍然是连续变化的，为此，要把采样保持后的阶梯信号按指定要求划分成某个最小量化单位的整数倍，这一过程称为量化。例如，把 0～1V 的电压转换为 3 位二进制代码的数字信号，由于 3 位二进制代码只有 8（即 2^3）个数值，因此必须把模拟电压分成 8 个等级，每个等级就是一个最小量化单位 Δ，即 $\Delta=\dfrac{1}{2^3}=\dfrac{1}{8}$(V)，如图 5-11 所示。

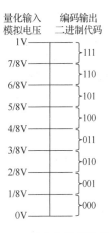

图 5-11　量化与编码的关系

用二进制代码表示量化位的数值称为编码（用编码器来实现）。将图 5-11 中 0～$\dfrac{1}{8}$V 之间的模拟电压归并为 $0\cdot\Delta$，用 000 表示；$\dfrac{1}{8}$～$\dfrac{2}{8}$V 之间的模拟电压归并为 $1\cdot\Delta$，用 001 表示；$\dfrac{2}{8}$～$\dfrac{3}{8}$V 之间的模拟电压归并为 $2\cdot\Delta$，用 010 表示等，经过上述处理后，就将模拟量转变为以 Δ 为单位的数字量了，而这些代码就是 A/D 转换的输出结果。

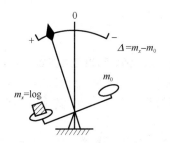

图 5-12　用天平测量质量的示意图

3. 比较型逐次逼近式 A/D 转换器的工作原理

比较型逐次逼近式 A/D 转换器具有转换速度快、准确度高、成本低等优点，是使用最广泛的一种 A/D 转换器。比较型逐次逼近式 A/D 转换器的工作原理如下。

为了便于理解这种转换器的工作过程，先来看一个用天平称物体质量的例子作为类比。如图 5-12 所示，假设被称物件的质量为 10g，将 8g、4g、2g、1g（正好是

8421 的关系）的标准砝码从大到小依次加到托盘上。

当砝码质量 m_0 小于物体质量 m_x（$m_x=10g$），即 $\Delta=m_x-m_0>0$ 时，保留该砝码；当 $\Delta<0$ 时，则要取下该砝码，更换下一个砝码进行测量，直到 $\Delta=0$。测量过程中，将天平托盘上保留的砝码称为"1"，没保留的砝码称为"0"，则称得该物体质量为 1（8g 砝码）、0（4g 砝码）、1（2g 砝码）、0（1g 砝码），即 1010（二进制表示）。

比较型逐次逼近 A/D 转换器就是根据上述思想设计的。利用一种"二进制搜索"技术来确定对被转换电压 u_x 的最佳逼近值，其原理框图如图 5-13 所示。这种 A/D 转换器由 D/A 转换器、比较器、逻辑控制及时钟等构成，其转换过程如下：转换开始时，先将数码寄存器清零。当向 A/D 转换器发出一个启动信号脉冲后，在时钟信号作用下，逻辑控制首先将 n 位逐次逼近寄存器（successive approximation register，SAR）最高位 D_{n-1} 置高电平 1，D_{n-1} 以下位均为低电平 0。这个数码经 D/A 转换器转换成模拟量 u_C 后，与输入的模拟信号 u_x 在比较器中进行比较，由比较器给出比较结果。当 $u_x \geq u_C$，将最高位的 1 保留，否则将该位置 0。接着逻辑控制器将逐次逼近寄存器次高位 D_{n-2} 置 1，并与最高位 D_{n-1}（D_{n-2} 以下位仍为低电平 0）一起进入 D/A 转换器，经 D/A 转换后的模拟量 u_C 再与模拟量 u_x 比较，以同样的方法确定这个 1 是否要保留。如此下去，直到最后一位 D_0 比较完毕为止。此时 n 位寄存器中的数字量，即为模拟量 u_x 所对应的数字量。当 A/D 转换结束后，由逻辑控制发出一个转换结束信号，表明本次 A/D 转换结束，可以读出数据。

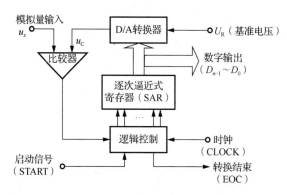

图 5-13　逐次逼近式 A/D 转换器原理框图

常用的 ADC0809 集成芯片就是采用 CMOS 工艺制成的 8 位 8 通道逐次逼近式 A/D 转换器。

4. 双积分式 A/D 转换器的工作原理

双积分式 A/D 转换器的工作过程是先对一段时间内的输入模拟量通过两次积分，变换为与输入电压平均值成正比的时间间隔，然后用固定频率的时钟脉冲进行计数，计数结果就是正比于输入模拟信号的数字信号。下面以 U-T 变换型双积分 A/D 转换器为例讲解双积分式 A/D 转换器的工作原理。

图 5-14 所示是双积分式 A/D 转换器的原理框图及相关波形。它由积分器（包括运

算放大器 A_1 和 RC 积分网络)、过零比较器 A_2、N 位二进制计数器、开关控制电路、门控电路、参考电压 U_{REF} 与时钟脉冲源 CP 组成。

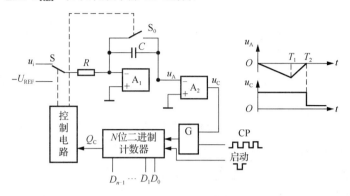

图 5-14　双积分式 A/D 转换器的原理框图及相关波形

A/D 转换开始前，先将计数器清零，并通过控制电路使开关 S_0 接通，使电容 C 充分放电。由于计数器进位输出 $Q_C=0$，控制电路使开关 S 接通 u_i，模拟电压与积分器接通，同时，门 G 被封锁，计数器不工作。积分器输出 u_A 线性下降，经零值比较器 A_2 获得一方波 u_C，打开门 G，计数器开始计数，当输入 2^n 个时钟脉冲后，$t=T_1$，触发器各输出端 $D_{n-1}\sim D_0$ 由 $111\cdots1$ 回到 $000\cdots0$，其进位输出 $Q_C=1$，作为定时控制信号，通过控制电路将开关 S 转换至基准电压源 U_{REF}，积分器向相反方向积分，u_A 开始线性上升，计数器重新从 0 开始计数，直到 $t=T_2$，u_A 下降到 0，比较器输出的正方波结束，此时计数器中暂存的二进制数字就是 u_i 相对应的二进制数码。

双积分式 A/D 转换器有以下特点：

1）工作性质稳定。数字量的输出与积分时间常数 RC 无关，时钟脉冲较长时间里发生的缓慢变化不会影响转换的结果。

2）抗干扰能力强。A/D 转换器的输入为积分器，能有效抑制电网的工频干扰。

3）工作速度低。完成一次转换需 T_1+T_2 时间，加上准备时间及转换结果输出时间，则所需的工作时间就更长。

4）由于工作速度低，只适用于对直流电压或缓慢变化的模拟电压进行 A/D 转换。

在实际应用电路中，双积分式 A/D 转换器得到了广泛使用，如数字显示电路中常用的 MC14433、GC7107C、GC7137A 等集成电路芯片就是一个双积分式 A/D 转换器。

 想一想

1）A/D 转换一般要经过哪些步骤？各部分的功能是什么？

2）逐次逼近式 A/D 转换器的工作原理是什么？它有何特点？

3）双积分式 A/D 转换器为什么具有抗干扰能力强和工作性能稳定的特点？它与逐次逼近式 A/D 转换器相比，有哪些优点？哪些缺点？

 读一读

A/D 转换器主要性能指标

不同种类的 A/D 转换器其性能指标也不相同,选用时应根据具体电路的需要合理选择 A/D 转换器。

1. 分辨率

分辨率也称为分解度,以输出二进制数码的位数来表示 A/D 转换器对输入模拟信号的分辨能力。一般来说,n 位二进制输出的 A/D 转换器能够区分输入模拟电压的 2^n 个等级,能够区分输入电压的最小差异为满量程输入的 $\dfrac{1}{2^n}$。输出二进制数的位数越多,说明误差越小,转换精度越高。例如,输入的模拟电压满量程为 5V,8 位 A/D 转换器可以分辨的最小模拟电压为 $\dfrac{5}{2^8}$ =19.53（mV）,而 10 位 A/D 转换器可以分辨的最小电压为 $\dfrac{5}{2^{10}}$ =4.88（mV）。

2. 输入模拟电压范围

A/D 转换器输入的模拟电压是可以改变的,但必须有一个范围,在这一范围内,A/D 转换器可以正常工作,否则将不能正常工作,如 AD57/JD 转换器的输入模拟电压范围为:单极性为 0~10V,双极性为-5~+5V。

3. 转换误差

转换误差指在整个转换范围内,输出数字量所表示的模拟电压值与实际输入模拟电压值之间的偏差。其值应小于输出数字最低有效位为 1 时所表示模拟电压值的一半。

4. 转换时间

转换时间是指完成一次 A/D 转换所用的时间,即从接收到转换信号起,到输出端得到稳定的数字信号输出为止的这段时间。转换时间短,说明转换速度快。

5. 温度系数

温度系数是指在正常工作条件下,温度每改变 1℃输出的相对变化。

6. 电源抑制

电源抑制是指输入模拟电压不变,当 A/D 转换器电源电压改变时,对输出的数字量的影响。电源抑制用输出数字信号的绝对变化量来表示。

 想一想

1）A/D 转换器的分辨率与什么参数有关? 如何计算其分辨率?

2）A/D 转换器的转换误差与分辨率有什么关系？如何减少转换误差？

 做一做

A/D 转换器仿真电路的功能测试

1. 仿真目的

1）熟悉在 NI Multisim 14.0 仿真软件中进行 A/D 转换器仿真电路的组建和功能测试的方法。

2）通过仿真测试，熟悉 A/D 转换器模拟输入量与数字输出量之间的关系，并能计算和分析转换误差。

2. 仿真步骤及操作

1）在 NI Multisim 14.0 仿真软件中，按图 5-15 所示组建好仿真电路。

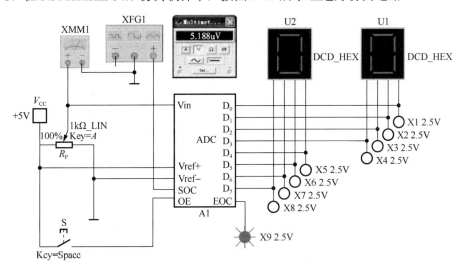

图 5-15　A/D 转换器仿真功能测试

2）将 +5V 电源分别接在 A/D 转换器 U_{ref} 正端，作为转换器的基准电压，U_{ref} 负端接地。同时 +5V 电源经电位器 R_P 分压后作为模拟量送入 A/D 转换器的 V_{in} 输入端。

3）将脉冲信号发生器输出的 100kHz 信号接入 A/D 转换器的 SOC 端，调整电位器，改变模拟输入量，然后按下开关 S，将 +5V 电压接入 A/D 转换器的 OE 使能端，作为输出控制信号（高电平有效），A/D 转换器开始工作。转换结束后，EOC 端输出高电平，同时在 $D_0 \sim D_7$ 端有数字信号输出。

4）共阴数码管 U1、U2 所显示的数值为十六进制数，它说明了 A/D 转换器 $D_0 \sim D_7$ 数字输出端的数值大小，同时指示灯泡即逻辑探针也能显示出 A/D 转换器 $D_0 \sim D_7$ 数字输出端的状态（高电平或低电平）。

3. 仿真结果及分析

调整电位器 R_P 的大小，即改变 A/D 转换器的模拟输入量，观察 A/D 转换器 $D_0 \sim D_7$ 端数字信号输出的状态（灯亮为 "1"，灯灭为 "0"），并将结果记录在表 5-4 中。同时为了分析 A/D 转换过程的误差情况，将输出的二进制数码转换成十进制电压值（即将 $D_7 \sim D_0$ 数码转为十进制数后乘以该转换器可以分辨的最小模拟电压值），并将其填入表 5-4 中。

表 5-4　数据记录表

输入	输出数字量									
模拟量 V_{in}/V	D_7	D_6	D_5	D_4	D_3	D_2	D_1	D_0	数码管显示值	十进制电压值/V
5.0										
4.0										
3.0										
2.0										
1.0										
0										

根据上面的数据分析可知：

1）当 $D_0 \sim D_7$ 数字信号输出端全为 0 时，A/D 转换器的输入模拟量 V_{in} 为_____V；$D_0 \sim D_7$ 数字信号输出端全为 1 时，A/D 转换器的输入模拟量 V_{in} 为_____V。说明该 A/D 转换电路的满度输入电压为_____V。

2）根据 A/D 转换器输出数字量转换后的十进制电压值与输入模拟量的对比情况，分析转换误差产生的原因。

在 A/D 转换器仿真功能测试电路中，脉冲信号发生器的作用是什么？如果 OE 端不用开关控制，直接连接到 +5V 电源端（高电平），仿真电路能否正常工作？

集成 A/D 转换器典型芯片 ADC0809 的结构及应用

ADC0809 是采用 CMOS 工艺制成的单片 8 位 8 通道逐次逼近式 A/D 转换器，它可同时接收 8 路模拟信号输入，共用一个 A/D 转换器，并由一个选通电路决定哪一路信号进行转换。

1. ADC0809 的内部结构组成

ADC0809 器件的核心部分是 8 位 A/D 转换器，其内部逻辑结构框图如图 5-16 所示，它由以下 4 个部分组成：

1）逻辑控制与时序部分，包含控制信号及内部时钟。

2）逐次逼近寄存器。

3）电阻网络与树状电子开关（相当于 D/A 转换器）。

4）比较器。

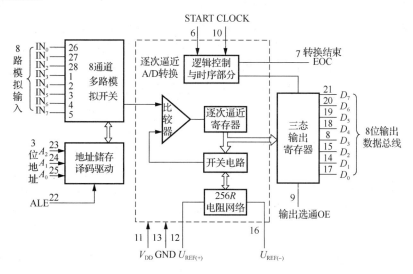

图 5-16　ADC0809 的内部逻辑结构框图

2. ADC0809 的引脚说明

ADC0809 引脚排列如图 5-17 所示，各引脚的功能说明如下。

$IN_0 \sim IN_7$：8 路模拟输入端。

START：启动信号输入端，应在此脚施加正脉冲，当上升沿到达时，内部逐次逼近寄存器复位；在下降沿到达后，开始 A/D 转换过程。

EOC：转换结束输出信号（转换结束标志），当完成 A/D 转换时发出一个高电平信号，表示转换结束。

A_2、A_1、A_0：模拟通道选择器地址输入端，根据其值选择 8 路模拟信号中的一路进行 A/D 转换。

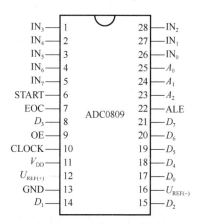

图 5-17　ADC0809 引脚排列

ALE：地址锁存信号，高电平有效，当 ALE=1 时，选中 $A_2A_1A_0$ 选择的一路，并将其代表的模拟信号接入 A/D 转换器中。

$D_0 \sim D_7$：8 路数字信号输出端。

$U_{REF(+)}$、$U_{REF(-)}$：基准电压端，提供 D/A 转换器权电阻的标准电平，一般 $V_{REF(+)}$ 端接+5V 电源，$V_{REF(-)}$ 端接地。

OE：允许输出控制端，高电平有效。

CLOCK：时钟信号输入端，外接时钟频率一般为 100kHz。

V_{DD}：+5V 电源。

GND：地端。

3．ADC0809 的典型应用

ADC0809 广泛用于单片微型计算机应用系统，可利用微机提供的 CP 脉冲接到 CLOCK 端，同时微机的输出信号对 ADC0809 的 START、ALE、A_2、A_1、A_0 端进行控制，选中 $IN_0 \sim IN_7$ 中的某一个模拟输入通道，并对输入的模拟信号进行 A/D 转换，通过三态寄存器的 $D_0 \sim D_7$ 端输出转换后的数字信号。

当然，ADC0809 也可以独立使用，连接电路如图 5-18 所示，OE、ALE 通过一限流电阻接+5V 电源，处于高电平有效状态。当 START 引脚施加正向触发脉冲后，ADC0809 便开始 A/D 转换过程。为了使集成电路连续工作在 A/D 转换状态，将 EOC 端连接到 START 端，这样，每次 A/D 转换结束时，EOC 端输出的高电平脉冲信号又施加到 START 端，提供了下一轮的 A/D 转换启动脉冲。

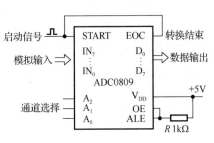

图 5-18　ADC0809 独立使用连接电路

$IN_0 \sim IN_7$ 模拟输入通道的选择可通过改变 A_2、A_1、A_0 的状态而实现。例如，$A_2A_1A_0=000$，模拟信号通过 IN_0 通道送入后进行 A/D 转换；$A_2A_1A_0=001$，模拟信号通过 IN_1 通道送入后进行 A/D 转换；以此类推，$A_2A_1A_0=111$ 时，模拟信号通过 IN_7 通道送入后进行 A/D 转换。

 想一想

1）ADC0809 集成电路的功能是什么？模拟信号若要从 IN_5 通道送入，则 A_0、A_1、A_2 应如何设置？

2）图 5-17 所示电路中，ADC0809 为什么会处于一种连续转换的工作状态？如果需要将转换后的输出信号锁存，则应如何改动电路？

 读一读

A/D 转换集成芯片 GC7137A 的结构及应用

GC7137A 是德国 VEB 联合企业推出的一种高性能、低成本的 3 位 A/D 转换器。它将高精度、通用性和低成本应用很好地结合在一起，具有低于 10μV 的自动校零功能，零漂小于 1μV/℃，低于 10pA 的输入电流，极性转换误差小于一个字等特点，其内部还包含七段译码器、扫描显示驱动器、基准源和时钟系统，可以直接驱动 LED 显示字符。因此，GC7137A 可用于组装成各种数字仪表或数控系统中的监控仪表，广泛用于电压、电流、温度、压力等各种物理量的测量。

GC7137A 集成电路的封装形式有 SDIP24 和 SOP24（或 SSOP24）两种。

1．GC7137A 的内部结构组成

GC7137A 的内部结构框图如图 5-19 所示。

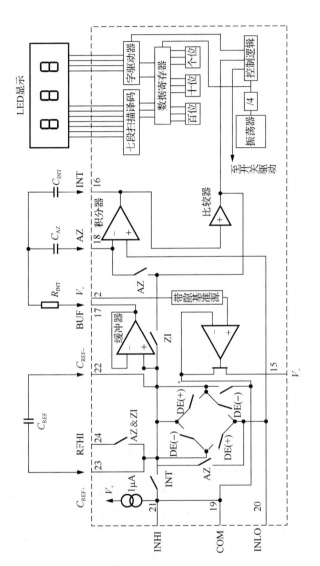

图 5-19　GC7137A 的内部结构框图

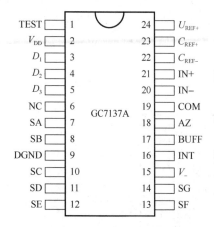

图 5-20　GC7137A 引脚排列

2. GC7137A 的引脚说明

GC7137A 引脚排列如图 5-20 所示，各引脚的功能说明如下。

V_{DD}、V_-：电源的正极和负极。单电源应用时，应将 V_- 和 DGND 短接。

SA、SB、SC、SD、SE、SF、SG：分别是 LED 数码管段驱动信号。

D_3、D_2、D_1：位扫描驱动信号输出端，分别选通百、十、个位 LED 数码管。

DGND：芯片数字地。

COM：模拟信号公共端，简称"模拟地"。

TEST：测试端，可用来检测 LED 的显示状态。接高电平可迫使 LED 数码管全亮。

U_{REF+}：基准电压的正端。

C_{REF+}、C_{REF-}：外接基准电容端。

IN+、IN-：模拟量输入端，分别接输入信号的正端与负端。

AZ：积分器与比较器的反相输入端，接自动调零电容 C_{AZ}。

BUFF：缓冲放大器的输出端，接积分电阻 R_{INT}。

INT：积分器输出端，接积分电容 C_{INT}。

3. GC7137A 的应用说明

（1）GC7137A 的驱动显示功能

GC7137A 采用动态扫描方式驱动 LED 数码管，工作时 3 个数码管轮流点亮，利用人眼视觉惰性，当扫描频率达到一定值时人眼就能观看到 3 个数码管同时显示的整体效果。采用这种动态扫描驱动方式较为节能省电，因而得到了广泛应用。

GC7137A 应用时应选择共阳的 LED 数码管，如选用单个字符的 LED 数码管，应将 4 个数码管对应的段位连接好，再连到 GC7137A 的段位输出端（SA～SG），各数码管的共阳极接 GC7137A 的字输出端（D_1～D_3）。点亮小数点的方法是将选定的数码管连接位上的小数点段位（DP 引脚）通过一个 100Ω 的电阻连到 DGND 即可。如选用三联的 LED 数码管，由于三联数码管内已将 3 个 LED 字的显示段位连接好了，因此 PCB 布线比较简单，仅用单面 PCB 就可完成一个标准表头的线路布置，但是小数点段位（DP 引脚）的驱动须通过一个晶体管才能达到目的。具体连线图如图 5-21 和图 5-22 所示，其中选定的小数点为黑色，未选定的为单线圆圈。

（2）GC7137A 的供电方式

GC7137A 是按单电源低电压供电的要求设计的，在单电源 5V 供电时就可实现全部 A/D 转换功能和参数指标，为实现低电压工作，芯片内设计了 2.4V 的精密带隙基准源，保证了在低电压下的对称供电及优良的温度特性。实际应用时，GC7137A 可工作于单电源 4.5～6.0V 或双电源±4.5～±6.0V 的供电方式，单/双电源的选择特别有利于用户在不同参考电位情况下的应用，用户可根据测量信号的参考点的位置来选择供电方式。对于必须和信号输入共地的应用，就必须选用双电源供电方式，否则会出现显示不正常或有干扰的现象。

GC7137A 的两种电源供电方式的典型应用电路如图 5-23 和图 5-24 所示。

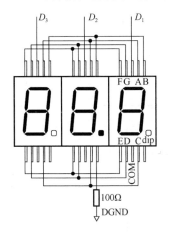

图 5-21　单数码管的连线图

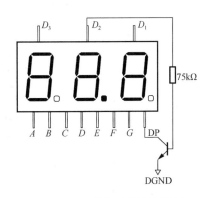

图 5-22　三联数码管的连线图

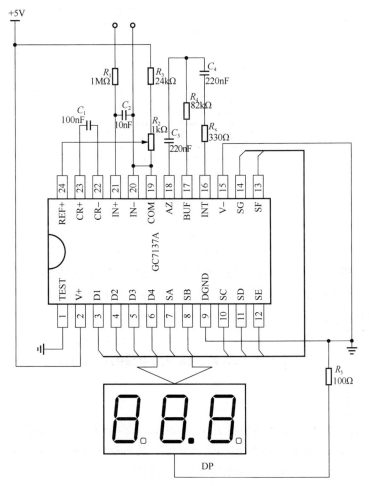

图 5-23　单电源供电电路

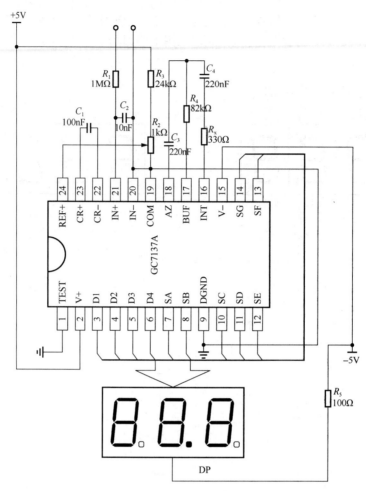

图 5-24　双电源供电电路

GC7137A 的两种电源供电方式的典型应用电路中，GC7137A 的 24 脚基准电压正端
（U_{REF+}）都接有一个可调电位器，试分析该电位器在电路中的作用。

ADC0809 A/D 转换器应用电路的功能测试

1. 测试目的

1）进一步了解 8 位 A/D 转换器 ADC0809 的内部结构和引脚功能。

2）熟悉 ADC0809 的 A/D 转换功能，并能对其转换功能进行测试。

3）掌握 A/D 转换器应用电路的组成和工作原理。

2. 所需器材

数字万用表 1 只、数字电路实验箱 1 台、ADC0809 芯片 1 块、脉冲信号发生器 1 台、1kΩ 电阻和 1kΩ 电位器各 1 只（部分数字电路实验箱已内置）。

3. 测试内容

通过对 ADC0809 应用电路的功能测试，理解 A/D 转换的工作原理，验证 A/D 转换的过程和结果。

ADC0809 功能测试电路如图 5-25 所示。

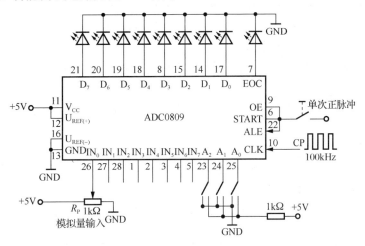

图 5-25　ADC0809 功能测试电路

4. 测试步骤

1）根据图 5-25 所示的 ADC0809 功能测试电路的连接方式，将 ADC0809 芯片插入数字电路实验箱的 IC 座中，并在对应引脚上接入正、负工作电源；$D_7 \sim D_0$ 端分别接数字电路实验箱上的 LED；脉冲信号发生器输出 100kHz 的 CP 脉冲接 CLK 端；地址信号线 A_0、A_1、A_2 接数字电路实验箱上的逻辑开关（也可以直接根据 A_0、A_1、A_2 状态需要分别接入+5V 电源或地线）；数字电路实验箱上的单次正脉冲接 START 端；电位器将 0～5V 模拟量送入 IN_0 端。

2）接线完毕，检查无误，接通电源。调节 CP 脉冲约为 100kHz，再置 $A_2 A_1 A_0$ 为 000，用数字万用表测量模拟量输入端 IN_0 的值，调节 R_P，使模拟量输入电压为 5V；按下接 START 端的按键开关（高电平触发有效），观察 $D_7 \sim D_0$ 输出端发光二极管的状态（输出端为 "1"，对应的发光二极管就点亮；输出端为 "0"，对应的发光二极管就不亮），并将结果记录在表 5-5 中。

3）再调节 R_P，使 IN_0 的输入电压为 4.0V，按一下 START 端的按键开关，观察 $D_7 \sim D_0$ 输出端的状态，并记录在表 5-5 中。

表 5-5　数据记录表（一）

输入模拟量 U_{IN0}/V	输出数字量								
	D_7	D_6	D_5	D_4	D_3	D_2	D_1	D_0	十进制电压值/V
5									
4.0									
3.0									
2.0									
1.0									
0									

4）按上述方法，分别调 IN_0 的输入电压为 3.0V、2.0V、1.0V、0V 进行实验，观察并记录每一次 $D_7 \sim D_0$ 输出端的状态。

5）调整逻辑开关状态并置 $A_2A_1A_0$=001，这时将输入模拟量从 IN_0 端改接到 IN_1 端，重复上述的实验操作。

6）按实验步骤 5）的方法，再任意选取其余 6 路输入端的一路进行测试。

5. 测试结果及分析

1）模拟输入通道（$IN_0 \sim IN_7$）的选择可以通过 A_0、A_1、A_2 端的状态来确定，在表 5-6 中列出其对应关系。

表 5-6　数据记录表（二）

状态	$A_0A_1A_2$ 状态							
	000	111	011	001	100	110	101	010
被选中模拟输入通道								

2）A_0、A_1、A_2 为 000 状态时，模拟输入通道 IN_0 被选中，将 R_P 可调端接入 IN_0，调节 R_P 阻值，改变模拟量输入值，将 $D_7 \sim D_0$ 输出端发光二极管的状态（"1"表示亮，"0"表示灭）填入表 5-5 中，再将输出数字量换算成十进制数表示的电压值（即将 $D_7 \sim D_0$ 端输出的数码转为十进制数后乘以该转换器可以分辨的最小模拟电压值），并与数字万用表实测的输入电压值进行比较，同时计算出转换误差。

 议一议

1）在 ADC0809 转换器功能测试电路中，R_P 阻值变化为什么会影响输出端数字信号状态的变化？

2）当 R_P 阻值调至最大和最小时，输出端发光二极管的状态分别如何变化？

3）根据表 5-5 所示的测量结果，讨论上述转换误差产生的原因及如何减小该误差。

评一评

填写表 5-7。

表 5-7 任务检测与评估

	检测项目	评分标准	分值	学生自评	教师评估
知识内容	A/D 转换器工作原理及主要参数指标	掌握 A/D 转换器的分类和 4 个转换步骤的工作过程,了解其主要参数指标	20		
	逐次逼近式 A/D 转换器的工作原理	掌握逐次逼近式 A/D 转换器的原理框图和工作原理	10		
	双积分式 A/D 转换器的工作原理	掌握双积分式 A/D 转换器的原理框图和工作原理	10		
	ADC0809 的内部结构和功能	了解 ADC08909 的内部结构和引脚功能	5		
操作技能	ADC0809 仿真电路功能测试	能运用 NI Multisim 14.0 仿真软件对 ADC0809 转换器进行仿真功能测试	20		
	ADC0809 应用电路功能测试	能使用数字电路实验箱对 ADC0809 转换器应用电路进行功能测试	25		
	安全操作	安全用电,按章操作,遵守实训室管理制度	5		
	现场管理	按 6S 企业管理体系要求进行现场管理	5		

任务三 数控可调稳压电源的制作与调试

任务目标

- 掌握数控可调稳压电源的电路构成和工作原理。
- 进一步熟悉 D/A 转换器、A/D 转换器典型芯片在实际电路中的应用。
- 掌握数控可调稳压电源的制作与调试方法。

任务教学方式

教学步骤	时间安排	教学手段
阅读教材	课余	学生自学、查资料、相互讨论
知识点讲授	4 学时	讲解双积分式 A/D 转换器 GC7137 的功能框图、功能特性和应用说明;讲解数控可调稳压电源的电路构成、各功能电路的作用及整机工作原理。课堂讲解时可以使用多媒体课件进行演示,同时组织学生分析、讨论构成数控可调稳压电源各部分的功能及作用
任务操作	4 学时	在实训室用实物演示讲解数控可调稳压电源的制作及调试步骤,然后组织学生按装配工艺要求进行 PCB 装配与电路调试(如装调时间不够,可用课余时间进行)
评估检测	与课堂教学同步进行	教师与学生共同完成任务的检测与评估,并能对出现的问题进行分析与处理

读一读

数控稳压电源的电路构成和工作原理

作为一个电子爱好者,在进行电子产品装配与调试的实训操作或电子产品维修时常常需要一台可调稳压电源，下面我们就根据前面已学的 A/D 转换器和 D/A 转换器知识来制作一台数控可调稳压电源。该电源调节精度高、带负载能力强，输出电压在 0～13.5V 之间可调，并有输出电压数码显示功能。

1. 数控可调稳压电源的电路构成

数控可调稳压电源由双电源电路、数字调节电路、D/A 转换电路、调整输出电路、可调稳压输出电路、A/D 转换及电压显示电路共六部分构成，它们之间的关系如图 5-26 所示。

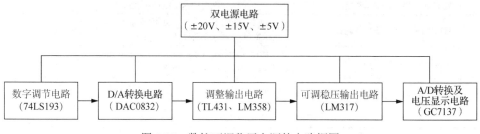

图 5-26　数控可调稳压电源的电路框图

2. 数控可调稳压电源的工作原理

（1）数字调节电路

数控可调稳压电源的数字调节电路（即电源输出电压的升高、降低调节）是由 74LS193 集成电路芯片来完成的，具体电路如图 5-27 所示。

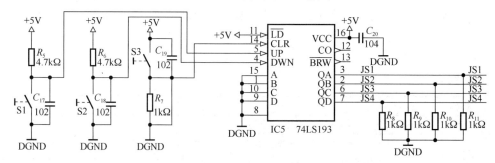

图 5-27　数字调节电路

74LS193 集成电路为同步 4 位二进制可逆计数器，它具有双时钟输入，并具有异步清零和异步置数等功能。芯片中 UP 为加计数端，DWN 为减计数端，Q_A～Q_D 为数据输出端，A～D 为计数器输入端。74LS193 的清除端（CLR）是异步的，当清除端为高电平时，不管时钟端（DWN、UP）的状态如何，即可完成清除功能；置数是异步的，当置数控制端（$\overline{\text{LD}}$）为低电平时，不管时钟端（DWN、UP）的状态如何，输出端（Q_A～Q_D）即可预置成与数据输入端（A～D）相一致的状态。当把 $\overline{\text{BRW}}$ 和 CO 分别连接后一级的 DWN、UP 端口时，即可进行级联。

在实际应用中，分别接通 S1 按键开关或 S2 按键开关，即可将 Q_A～Q_D 输出端二进制数据增大或减小，该数值经过 JS1～JS4 连线接入下一级 D/A 转换电路，经过 D/A 转换后即可得到一个与 S1、S2 按键开关状态变化相对应的模拟变量，从而实现对后级电压调节电路的控制。

（2）D/A 转换电路

在前面的章节中已经详细讲解过 D/A 转换电路 DAC0832 芯片的应用。该芯片在数控可调稳压电源中的具体电路如图 5-28 所示。

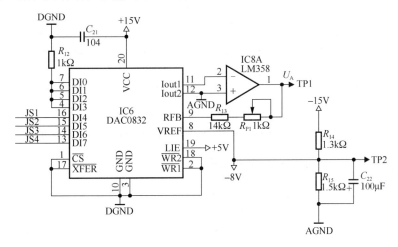

图 5-28　D/A 转换电路

由 74LS193 构成的数字调节电路输出的二进制数据经 JS1～JS4 接入 D/A 转换器 DAC0832 的输入端。DAC0832 的 V_{REF} 参考电压（-8V）是由电源电路-15V 经 R_{14}、R_{15} 串联分压后提供的。DAC0832 数模转换后的电流输出信号 I_{OUT1} 经 LM358 运算放大器处理后变成电压信号输出，该电压在图中用 U_A 表示。图中 R_{13}、R_{P1} 与 DAC0832 内部反馈电阻串联构成 LM358 运算放大器的反馈回路，调节 R_{P1} 可微调输出电压 U_A 值。在数控可调稳压电源装配结束后的整机调试时，调节 R_{P1} 可进行输出电压的校准。

（3）调整输出电路

调整输出电路是由 TL431 和 LM358 构成的，如图 5-29 所示。

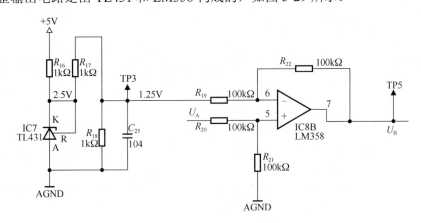

图 5-29　调整输出电路

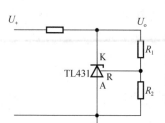

图 5-30　TL431 的应用电路

TL431 是德州仪器（TI）公司生产的一个有良好热稳定性能的三端可调分流基准源，其内部的基准电源 U_{REF} 为 2.5V。它的输出电压用两个电阻就可以实现从 U_{REF}（2.5V）到 36V 之间任意值的调节，即 $U_o=(1+R_1/R_2)U_{REF}$。TL431 的应用电路如图 5-30 所示。

数控可调稳压电源的调整输出电路是将 TL431 的 K、R 二极直接相连的，即使用了其基准电源 U_{REF}（2.5V）。U_{REF} 经 R_{17}、R_{18} 串联分压后得到 1.25V 电压，该电压与 D/A 转换电路的输出电压 U_A 在 LM358 运算放大器中进行比较，得到的输出电压 $U_B=U_A-1.25$。当 $U_A=0V$ 时，$U_B=-1.25V$，U_B 会随着 U_A 的增大而增大。

（4）可调稳压输出电路

LM317 为三端可调正电压稳压集成电路芯片，其输出电压可调范围为 1.25～37V，最大负载电流为 1.5A。数控可调稳压电源中使用的可调稳压输出电路如图 5-31 所示。

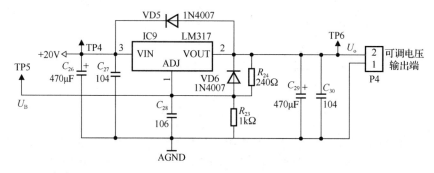

图 5-31　可调稳压输出电路

调整输出电路的输出电压 U_B 接入 LM317 的调整端，由于 U_B 的最低电压为-1.25V，故该可调稳压输出电压能从 0V 开始递增，这就是电路设计时增加图 5-29 所示的调整输出电路的目的所在。

图 5-31 中 VD5、VD6 是保护二极管，主要是防止输入端短路和输出端短路对 LM317 造成损坏。

（5）A/D 转换及电压显示电路

为了便于数控可调稳压电源的电压调节，精准获取所需电压，在电路中增加了输出电压显示电路。该电路由 GC7137 和一只三联共阳数码管组成。由于 GC7137 显示电路和 U_o 输入信号是共地的，所以 GC7137 采用了双电源（+5V、-5V）供电方式，否则数码管电压显示就会出现显示异常或有干扰的现象。

LM317 三端可调稳压电源输出端电压 U_o 从 JP1、JP2 接口 2 脚经电阻分压后输入 GC7137 的 IN+端，再经过 GC7137 内部的 A/D 转换器、七段译码器、扫描显示驱动器，将 LM317 输出端电压值显示在数码管上。

在进行电路设计时，将电压显示精确到小数点后一位，所以三联共阳数码管小数点 dp 的点亮是由 GC7137 输出端 D_2（位扫描驱动信号）经 VT1 来驱动完成的。

A/D 转换及电压显示电路如图 5-32 所示。

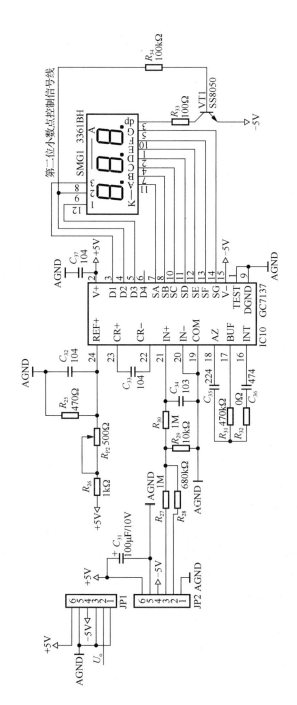

图 5-32　A/D 转换及电压显示电路

1）根据数控可调稳压电源的原理框图，说明各方框部分在电路中的作用。

2）数控可调稳压电源采用动态扫描显示方式，试说明该显示方式的优缺点。

3）数控可调稳压电源为什么要设计用 TL431、LM358 构成的调整输出电路？如果取消该电路，会对 LM317 输出电压产生什么影响？

数控可调稳压电源的制作

1. 制作目的

1）进一步熟悉 A/D 转换器、D/A 转换器的工作原理及典型电路的应用。

2）熟悉数控可调稳压电源的电路构成、各单元电路的功能及其工作原理，培养分析整机电路的方法与技能。

3）掌握数控可调稳压电源的装配、调试方法及分析问题、解决问题的实操能力。

2. 所需设备及器件

数控可调稳压电源套件、焊接装配工具箱、标准数字万用表等。

3. 制作步骤

（1）制作前的准备

制作前，我们必须结合前面讲解的各单元电路的功能及工作原理对数控可调稳压电源整机电路有一个全面、完整的了解，以便于 PCB 的设计和装配工艺文件的编制。数控可调稳压电源的整机电路原理图如图 5-33 所示。

使用 Altium Designer 10 软件设计 PCB，大家可以根据自己的设计思路进行排版、布线。设计时要合理布置板上各元器件的安装位置和方向，充分考虑元器件间的间距，并尽量避免焊点连线间出现交叉现象（如不可避免，可用跳线在元器件面进行连接）。如有发热元器件，还要考虑发热元器件的散热问题。元器件排布时还应考虑电路的调试、检测及日常使用操作的安全性和方便性。

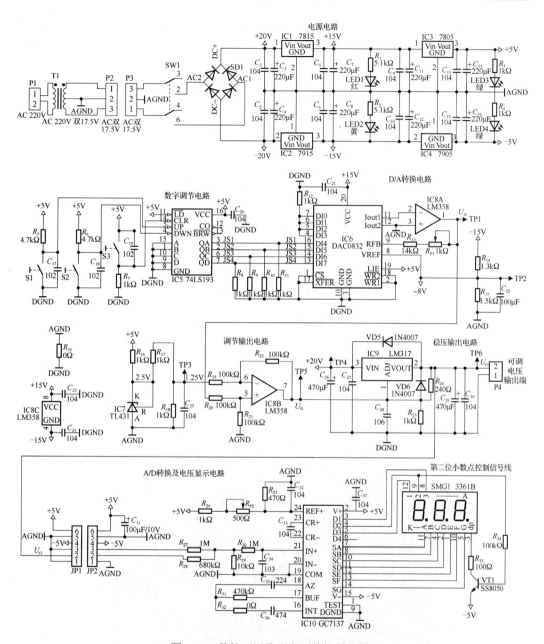

图 5-33　数控可调稳压电源整机原理图

由于 GC7137 是显示分辨率很高的器件，在表头显示的应用中，最末一位字对应 0.1V。因此，PCB 布线时稍有不慎就会造成跳字。布线时需要特别注意以下问题。

1）注意单点接地（参考地）的问题。不可在信号输入回路接地一端引入电流流动，即使是很短的一段线也要避免。对于 LED 显示的 A/D 转换芯片（如 GC7137）尤其要注意，如 LED 显示的电流在信号输入回路接地一端共用一段连线，显示电流的变化会在信号输入回路接地一端叠加一个输入信号，致使表头显示反复跳字。

2）避免高压、强交流信号的连线靠近信号输入端，在带有交直流转换电路的应用中，高压输入信号在分压之前应远离信号输入端，并用大面积的接地线形成干扰信号吸收点。

3）GC7137 是输入阻抗很高的器件，应用中输入滤波电路的内阻也有 $1M\Omega$，因此，任何外部引入的输入阻抗降低和积分常数的变化都会造成很大的转换误差。为避免此类问题，应在 PCB 布线时注意用阻焊剂覆盖所有无必要裸露的铜线，输入端及积分元件端口也尽量在可能的情况下两点分离远一点，并保持清洁。

在 GC7137 的应用设计中，在 PCB 设计排版时，积分部分要用 COM 电平的铜箔包围起来，基准电容要紧靠 GC7137 引脚，同时也用 COM 电平的铜箔包围。具体防干扰处理方式如图 5-34 所示。

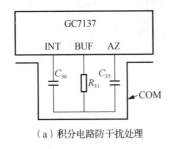
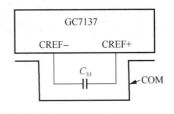

（a）积分电路防干扰处理　　　　　　（b）基准电路防干扰处理

图 5-34　防干扰处理

为了使该产品更加精致、小巧、实用，这里提供的样品采用贴片器件与过孔元件相混合的双面 PCB 设计，主机 PCB 如图 5-35 所示，显示部分 PCB 如图 5-36 所示。

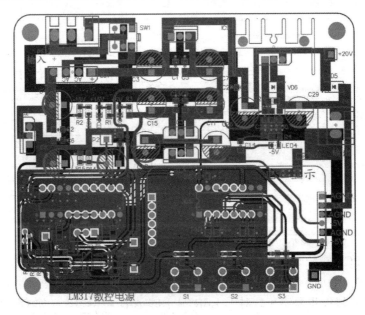

图 5-35　主机 PCB 图

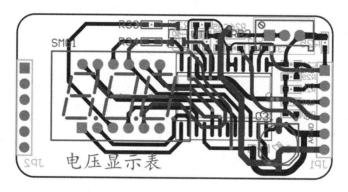

图 5-36　显示部分 PCB 图

根据 PCB 的设计，在装配操作前配备好与之相对应的元器件。具体元器件清单如表 5-8 所示。

表 5-8　元器件清单

序号	元器件标识符号	型号参数	封装类型	库参考名称	数量
1	C_1, C_2, C_5, C_6, C_9, C_{10}, C_{13}, C_{14}, C_{20}, C_{21}, C_{23}, C_{24}, C_{25}, C_{27}, C_{30}	104	C 0805_M	无极性 CAP	15
2	C_3, C_4, C_7, C_8, C_{11}, C_{12}, C_{15}, C_{16}	220μF	POLAR0.8	Cap Pol2	8
3	C_{17}, C_{18}, C_{19}	102	C 0805_M	无极性 CAP	3
4	C_{22}	100μF	POLAR0.8	Cap Pol2	1
5	C_{26}, C_{29}	470μF	POLAR0.8	Cap Pol2	2
6	C_{28}	106	C 0805_M	无极性 CAP	1
7	C_{31}	100μF/10V	POLAR0.8	Cap Pol2	1
8	C_{32}, C_{33}, C_{37}	104	C 0603_M	C	3
9	C_{34}	103	C 0603_M	C	1
10	C_{35}	224	C 0603_M	C	1
11	C_{36}	474	C 0603_M	C	1
12	IC1	7815	TO220A-S	78XX 系列	1
13	IC2	7915	TO220A-S	79XX 系列	1
14	IC3	7805	TO220A-S	78XX 系列	1
15	IC4	7905	TO220A-S	79XX 系列	1
16	IC5	74LS193	DIP16-300_MH	74LS193	1
17	IC6	DAC0832	DIP20-300_MH	DAC0832	1
18	IC7	TL431	TO92B	TL431-ID	1
19	IC8	LM358	SOP8_M	LM358	1
20	IC9	LM317	TO220A-T	LM317	1
21	IC10	GC7137	SOP24_M	GC7137	1
22	JP1	HDR-1X6	HDR2.54-M-LI-6P	Header 6	1
23	JP2	HDR-1X6	HDR2.54-LI-6P	Header 6	1
24	LED1, LED2, LED3,LED4		LED 0805G	LED	4
25	P1	AC220V	KF128-5.08-2P	Header 2	1

序号	元器件标识符号	型号参数	封装类型	库参考名称	数量
26	P2, P3	AC 双 17.5V	HDR1X3	Header 3	2
27	P4	UO	KF128-5.08-2P	Header 2	1
28	R_1, R_2	5.1kΩ	R 0805_M	电阻	2
29	R_3, R_4, R_7, R_8, R_9, R_{10}, R_{11}, R_{12}, R_{16}, R_{17}, R_{18}, R_{23}	1kΩ	R 0805_M	电阻	12
30	R_5, R_6	4.7kΩ	R 0805_M	电阻	2
31	R_{13}	14kΩ	R 0805_M	电阻	1
32	R_{14}	1.3kΩ	R 0805_M	电阻	1
33	R_{15}	1.5kΩ	R 0805_M	电阻	1
34	R_{19}, R_{20}, R_{21}, R_{22}	100kΩ	R 0805_M	电阻	4
35	R_{24}	240Ω	R 0805_M	电阻	1
36	R_{25}	470Ω	R 0603_M	R	1
37	R_{26}	1kΩ	R 0603_M	R	1
38	R_{27}, R_{30}	1MΩ	R 0603_M	R	2
39	R_{28}	680kΩ	R 0603_M	R	1
40	R_{29}	10kΩ	R 0603_M	R	1
41	R_{31}	470kΩ	R 0603_M	R	1
42	R_{32}	0Ω	R 0603_M	R	1
43	R_{33}	100	R 0603_M	R	1
44	R_{34}	100kΩ	R 0603_M	R	1
45	R_{35}	0	R 0805_M	电阻	1
46	R_{P1}	1kΩ	3296W	可调电阻-3296	1
47	R_{P2}	500Ω	3296W	可调电阻-3296	1
48	S1, S2, S3		TSW DIP-6*6*6	独立开关	3
49	SD1	K-4	KBP	整流桥	1
50	SMG1	3631B	SMG 0.36-3P	3361B	1
51	SW1	6	KFC DIP-6*6-MS	自锁开关-6	1
52	T1	AC220V/双 17.5V	TRF_5	Trans CT Ideal	1
53	TP1, TP2, TP3, TP4, TP5, TP6	TEST TP	TEST TP1.4_B	TEST TP	6
54	VD5, VD6	1N4007	SMA	1N5819	2
55	VT1	SS8050	SOT23-3M	8050-SMD	1

　　根据装配工艺要求，学生在进行电路安装制作前应利用课余时间编制好装配工艺文件并填写相应内容。工艺文件编制的方法和格式可参考电子产品装配工艺相关教材的内容。

　　（2）安装制作

　　在做好制作前的准备工作后，先对元器件清单中所列的元器件按类别和规格进行分类，并用万用表进行检测，确保安装制作时元器件的质量和数量。部分难以检测的元器件（如 IC 等），只需目测即可。

　　根据 PCB 元器件的安装位置和装配工艺文件要求，将所有的元器件对应地焊接、装配在 PCB 上。安装时一定要注意装配工艺和焊接工艺，防止出现元器件装错或极性装反、假焊或错焊、短路或断路等故障。焊接时电烙铁功率不能太大（小于 35W）且焊接时间不宜过长（正常为 2～3s），以防损坏元器件和焊盘。

说明： 在进行数字电路集成电路芯片焊接时，为防止电烙铁和人体静电对芯片造成损伤，焊接时应采用防静电电烙铁（如是普通电烙铁，则应将电烙铁金属外壳接地），同时操作者还需佩戴防静电手环。

（3）整机调试

在所有元器件均装配、焊接和部件接插连接完成后，便可以进行整机调试了。数控可调稳压电源整机装配图如图 5-37 所示，数码显示部分的装配图如图 5-38 所示。

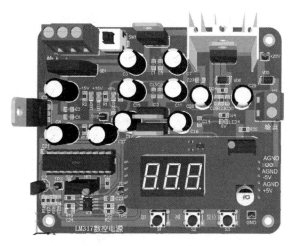

图 5-37　数控可调稳压电源整机装配图

（a）正面装配图

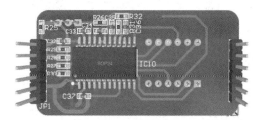

（b）反面装配图

图 5-38　数码显示部分的装配图

1）根据电路原理图，将双 17.5V 电源变压器接入主板 P3 端口，接通 220V 电源，按下 SW1 开关，观察红、黄、绿 4 个发光二极管是否点亮。其中，红色发光二极管是+15V 电源指示，黄色发光二极管是-15V 电源指示，2 个绿色发光二极管分别是+5V、-5V 电源指示，并用万用表测量这 4 组电压是否正常。

2）分别按 S1（电压升高键）、S2（电压降低键），用万用表测量 TP1 端 U_A 的电压，观察 U_A 电压值是否会在 0～13.5V 之间变化；按下 S3（电压清零键），观察 U_A 电压值是否会清零。每按一次 S1 或 S2 按键时，DAC0832 的 11 脚电压值变化量约为 0.5V（用万用表测试变化不明显，可在 NI Multisim 14.0 仿真电路中测试），经过 LM358 运算放大器及 R_{13}、R_{P1} 反馈回路后，U_A 电压值变化量约为 1.0V。调节 R_{P1} 可微调输出电压 U_A 的大小。

3）为了使数控可调稳压电源对外输出电压值能从 0V 开始递增，电路中特意增加了调整输出电路。先用万用表测量 TP3 端电压值是否为 1.25V，根据 LM358 运算放大器的比较功能可知，$U_B=U_A-1.25$。调节 S1、S2 按键，用万用表测量 U_B 的电压，其值应该在-1.25～+12.25V 之间变化。

4）由图 5-33 可知，U_B 电压直接输入 LM317 的 1 脚（控制引脚），当 U_B 电压值在-1.25～+12.25V 之间变化时，LM317 的 2 脚（输出引脚）电压值会在 0～13.5V 之间变化。调试时，将万用表接在 P4 端口测量 U_O 电压值，调节 S1、S2 按键，观察 U_O 电压值是否在 0～13.5V 之间变化。

5）在进行 A/D 转换及电压数码显示电路的调试时，调节 S1、S2 按键，用数字万用表接在 P4 端口测量 U_O 电压值，同时观察数字万用表显示的电压值是否与数码管显示的数字一致。如果有差异，可以调节 R_{P2} 进行修正。

6）调试时可能会出现当 U_O 无输出电压时数码管最末位不回零的问题。为了消除这种情况，常常在芯片积分回路串联一只 200～800Ω 的普通电阻，阻值一般取 500Ω 即可满足校正零位误差的要求。为了调试方便，在电路设计时这里将 C_{36} 积分电容与 0Ω 的 R_{32} 串联，制作者可根据零位误差校正的实际需要更换 R_{32} 的大小。通常把 R_{32} 称为零点校正电阻。

1）如果将电路中由 TL431 和 LM358 构成的调整输出电路取消，数控可调稳压电源输出电压 U_O 的调节范围将变成多少？

2）如果将 D/A 转换电路中的 R_{13}、R_{P1} 取消，直接用导线将 LM358 的 1 脚与 DAC0832 的 9 脚连接，数控可调稳压电源输出电压 U_O 的调节范围将变成多少？

3）什么是单点接地？在数模共存的电路中，为什么要强调单点接地的问题？

评一评

填写表 5-9。

表 5-9　任务检测与评估

	检测项目	评分标准	分值	学生自评	教师评估
知识内容	GC7137 介绍及应用	掌握双积分式 A/D 转换器 GC7137 功能框图、功能特性和应用说明；了解其主要引脚功能	10		
	数控可调稳压电源的工作原理	掌握数控可调稳压电源的电路构成、工作原理及各单元电路的作用	20		

	检测项目	评分标准	分值	学生自评	教师评估
操作技能	数控可调稳压电源电路图的识读和分析	能识读和分析数控可调稳压电源的电路图，了解各主要元器件的作用	15		
	数控可调稳压电源的整机制作	能按照 PCB 装配工艺要求完成元器件的检测、布局和电路装配	30		
	数控可调稳压电源的整机调试和检测	能对该产品进行调试，并能对产品出现的故障进行检测和维修	15		
	安全操作	安全用电，按章操作，遵守实训室管理制度	5		
	现场管理	按 6S 企业管理体系要求进行现场管理	5		

项 目 小 结

1）本项目主要讲解 A/D 与 D/A 转换器的功能、工作原理和主要性能指标。

2）D/A 转换的方法很多，由于倒 T 型电阻网络 D/A 转换器只用 R 和 $2R$ 两种电阻，故转换精度容易保证，并且各模拟开关的电流大小相同，给生产制造带来很大方便，所以倒 T 型电阻网络 D/A 转换器得到了广泛应用。掌握倒 T 型电阻网络 D/A 转换器的工作原理和典型计算（模拟信号输出的计算）。

3）了解 DAC0832 内部结构和各引脚功能，掌握其典型应用电路的功能测试方法。

4）A/D 转换器按工作方式可分为比较式和积分式两大类。目前广泛应用的 A/D 转换器有比较型逐次逼近 A/D 转换器和双积分式 A/D 转换器。掌握这两种 A/D 转换器的结构、工作原理和特点。

5）了解 ADC0809 内部结构和各引脚功能，掌握其典型应用电路的功能测试方法。

6）掌握数控可调稳压电源的电路构成和整机工作原理，熟悉各单元电路的功能；熟悉双积分式 A/D 转换器 GC7137 的功能框图、功能特性、引脚功能和典型应用电路；掌握数控可调稳压电源 PCB 的布局和装配调试方法。

思考与练习

一、选择题

1．D/A 转换器电路又称（　　　）。

　　A．数码寄存器　　　　　　　　　B．电压变换器

　　C．模数转换器　　　　　　　　　D．数模转换器

2．为了能将模拟电流转换成模拟电压，通常在集成 D/A 转换器的输出端外加（　　　）。

　　A．译码器　　　　B．编码器　　　　C．触发器　　　　D．运算放大器

3．8 位 A/D 转换器中，若输入模拟电压满量程为 10V，则其可分辨的最小模拟电压为（　　）V。

    A. $\dfrac{10}{2^8}$ B. $\dfrac{10}{2\times 8}$ C. $\dfrac{10}{2^8-1}$ D. $\dfrac{10}{2\times 8-1}$

4．DAC0832 与 CPU 的连接方式有（　　）。

    A. 双缓冲连接方式、单缓冲连接方式、直通连接方式

    B. 双缓冲连接方式、单缓冲连接方式

    C. 双缓冲连接方式、直通连接方式

    D. 单缓冲连接方式、直通连接方式

5．ADC0809 是一种（　　）A/D 集成电路。

    A. 并行比较型   B. 逐次逼近式

    C. 双积分式   D. 倒 T 型电阻网络

6．一个 8 位的 D/A 转换器，其分辨率为（　　）。

    A. 0.29%   B. 0.029%   C. 0.039%   D. 0.39%

7．4 位 D/A 转换器的输入数码为 D_3、D_2、D_1、D_0，输出信号为 u_o。电路其他参数不变，若 $D_3D_2D_1D_0=1000$ 时，输出为 u_{o1}；$D_3D_2D_1D_0=0001$ 时，输出为 u_{o2}，则（　　）。

    A. $|u_{o1}|>|u_{o2}|$ B. $|u_{o1}|<|u_{o2}|$ C. $|u_{o1}|=|u_{o2}|$ D. 不确定

8．一个 4 位 D/A 转换器，如输出电压满量程为 2V，则输出的最小电压值为（　　）V。

    A. $\dfrac{2}{15}$ B. $\dfrac{2}{16}$ C. $\dfrac{2}{4}$ D. $\dfrac{2}{2\times 4}$

9．一个 8 位逐次比较型 A/D 转换器的输入满量程为 10V，当输入模拟电压为 4.77V 时，A/D 转换器的输出数字量是（　　）。

    A. 00110101   B. 00111010   C. 01111010   D. 01101010

10．对于 n 位 D/A 转换器，其分辨率表达式为（　　）。

    A. $\dfrac{1}{2^n-1}$ B. $\dfrac{1}{2^n}$ C. $\dfrac{1}{2n-1}$ D. $\dfrac{1}{2^{n-1}}$

11．3 位倒 T 型电阻网络 D/A 转换器，在 $R_F=R$ 时，其输出模拟电压表达式为（　　）。

    A. $u_o=-\dfrac{U_{REF}}{2^3}(2^3\cdot D_3+2^2\cdot D_2+2^1\cdot D_1)$

    B. $u_o=\dfrac{U_{REF}}{2^3}(2^2\cdot D_2+2^1\cdot D_1+2^0\cdot D_0)$

    C. $u_o=-\dfrac{U_{REF}}{2^3}(2^2\cdot D_2+2^1\cdot D_1+2^0\cdot D_0)$

    D. $u_o=\dfrac{U_{REF}}{2^3}(2^3\cdot D_3+2^2\cdot D_2+2^1\cdot D_1)$

12．GC7137 是一种（　　）A/D 转换器。

    A. 逐次逼近式   B. 双积分式

    C. 并行比较式   D. 倒 T 型电阻网络

二、判断题

1. A/D 转换器的功能是把模拟信号转换成数字信号。　　　　　　　　（　　）

2. D/A 转换器的功能是将数字量转换为模拟量，并使输出模拟电压的大小与输入数字量的数值成正比。　　　　　　　　　　　　　　　　　　　　　　　　（　　）

3. 4 位倒 T 型电阻网络 D/A 转换器由输入寄存器、模拟电子开关、基准电压、T型电阻网络和功率放大器等组成。　　　　　　　　　　　　　　　　　　　（　　）

4. D/A 转换器的位数越多，转换精度越高。　　　　　　　　　　　　（　　）

5. A/D 转换器的二进制数的位数越多，量化误差越大。　　　　　　　（　　）

6. 逐次逼近式 A/D 转换器具有转换速度快、抗干扰能力强、成本低等优点。
　　　　　　　　　　　　　　　　　　　　　　　　　　　　　　　　（　　）

7. 把模拟信号转换成数字信号，一般要通过采样、整形、量化、编码 4 个步骤。
　　　　　　　　　　　　　　　　　　　　　　　　　　　　　　　　（　　）

8. 逐次逼近式 A/D 转换器工作时是从数字的最低位开始逐步比较的。　（　　）

9. 使用 DAC0832 芯片时，当 $\overline{CS}$=0、ILE=1、$\overline{WR_1}$=0 时，数据是不能进入寄存器的。　　　　　　　　　　　　　　　　　　　　　　　　　　　　　　（　　）

10. 在 D/A 转换器和 A/D 转换器中，其输入和输出数码的位数可用来表示它们的分辨率。　　　　　　　　　　　　　　　　　　　　　　　　　　　　　　　（　　）

11. DAC0832 芯片为电流输出型 D/A 转换器，要获得模拟电压输出，还需外接运算放大器。　　　　　　　　　　　　　　　　　　　　　　　　　　　　　　（　　）

12. 在集成 D/A 转换器电路中，为了避免干扰，常设数字和模拟两个地。
　　　　　　　　　　　　　　　　　　　　　　　　　　　　　　　　（　　）

13. 如果将电路中 DAC0832 的 8 脚参考电压由-8V 改为-5V，则数控可调稳压电源输出电压将升高。　　　　　　　　　　　　　　　　　　　　　　　　　（　　）

附　　录

附表 A　74LS 系列 TTL 集成电路引脚功能

序号	芯片名称	芯片引脚功能
1	74LS00 四 2 输入与非门	V_{CC} 14, 4B 13, 4A 12, 4Y 11, 3B 10, 3A 9, 4Y 8 **74LS00** 1A 1, 1B 2, 1Y 3, 2A 4, 2B 5, 2Y 6, GND 7
2	74LS04 六反相器 $Y = \overline{A}$	V_{CC} 14, 6A 13, 6Y 12, 5A 11, 5Y 10, 4A 9, 4Y 8 **74LS04** 1A 1, 1Y 2, 2A 3, 2Y 4, 3A 5, 3Y 6, GND 7
3	74LS10 三 3 输入正与非门 $Y = \overline{ABC}$	V_{CC} 14, 1C 13, 1Y 12, 3C 11, 3B 10, 3A 9, 3Y 8 **74LS10** 1A 1, 1B 2, 2A 3, 2B 4, 2C 5, 2Y 6, GND 7
4	74LS20 双 4 输入正与非门 $Y = \overline{ABCD}$	V_{CC} 14, 2D 13, 2C 12, NC 11, 2B 10, 2A 9, 2Y 8 **74LS20** 1A 1, 1B 2, NC 3, 1C 4, 1D 5, 1Y 6, GND 7
5	74LS27 三 3 输入正或非门 $Y = \overline{A + B + C}$	V_{CC} 14, 1C 13, 1Y 12, 3C 11, 3B 10, 3A 9, 3Y 8 **74LS27** 1A 1, 1B 2, 2A 3, 2B 4, 2C 5, 2Y 6, GND 7
6	74LS54 四路（2-3-3-2）输入与或非门 $Y = \overline{AB + CDE + FGH + IJ}$	V_{CC} 14, J 13, I 12, H 11, G 10, F 9, NC 8 **74LS54** A 1, B 2, C 3, D 4, E 5, Y 6, GND 7

续表

序号	芯片名称	芯片引脚功能
7	74LS74 双正沿触发 D 触发器	引脚（上排 14-8）：V_{CC}、$2\overline{R}_d$、$2D$、$2CP$、$2\overline{S}_d$、$2Q$、$2\overline{Q}$ 74LS74 引脚（下排 1-7）：$1\overline{R}_d$、$1D$、$1CP$、$1\overline{S}_d$、$1Q$、$1\overline{Q}$、GND
8	74LS86 四 2 输入异或门 $Y = A \oplus B$	引脚（上排 14-8）：V_{CC}、$4B$、$4A$、$4Y$、$3B$、$3A$、$3Y$ 74LS86 引脚（下排 1-7）：$1A$、$1B$、$1Y$、$2A$、$2B$、$2Y$、GND
9	74LS90 二-五-十进制异步加计数器	引脚（上排 14-8）：$\overline{CP}_0$、NC、Q_0、Q_3、GND、Q_1、Q_2 74LS90 引脚（下排 1-7）：$\overline{CP}_1$、R_{OA}、R_{OB}、NC、V_{CC}、S_{9A}、R_{9B}
10	74LS112 双负沿触发 JK 触发器	引脚（上排 16-9）：V_{CC}、$1\overline{R}_d$、$2\overline{R}_d$、$2CP$、$2K$、$2J$、$2\overline{S}_d$、$2Q$ 74LS112 引脚（下排 1-8）：$1CP$、$1K$、$1J$、$1\overline{S}_d$、$1Q$、$1\overline{Q}$、$2\overline{Q}$、GND
11	74LS138 3 线-8 线译码器	引脚（上排 16-9）：V_{CC}、$\overline{Y}_0$、$\overline{Y}_1$、$\overline{Y}_2$、$\overline{Y}_3$、$\overline{Y}_4$、$\overline{Y}_5$、$\overline{Y}_6$ 74LS138 引脚（下排 1-8）：A_0、A_1、A_2、$\overline{G}_A$、$\overline{G}_B$、$\overline{G}_1$、$\overline{Y}_7$、GND
12	74LS139 双 2 线-8 线译码	引脚（上排 16-9）：V_{CC}、$2\overline{G}$、$2A$、$2B$、$2\overline{Y}_0$、$2\overline{Y}_1$、$2\overline{Y}_2$、$2\overline{Y}_3$ 74LS139 引脚（下排 1-8）：$1G$、$1A$、$1B$、$1\overline{Y}_0$、$1\overline{Y}_1$、$1\overline{Y}_2$、$1\overline{Y}_3$、GND
13	74LS147 10 线-4 线优先编码器	引脚（上排 16-9）：V_{CC}、NC、$\overline{D}$、$\overline{I}_3$、$\overline{I}_2$、$\overline{I}_1$、$\overline{I}_9$、$\overline{A}$ 74LS147 引脚（下排 1-8）：$\overline{I}_4$、$\overline{I}_5$、$\overline{I}_6$、$\overline{I}_7$、$\overline{I}_8$、$\overline{C}$、$\overline{B}$、GND

续表

序号	芯片名称	芯片引脚功能
14	74LS151 8选1数据选择器	引脚（上）：V_{CC} D_4 D_5 D_6 D_7 A_0 A_1 A_2（16 15 14 13 12 11 10 9） 74LS151 引脚（下）：（1 2 3 4 5 6 7 8）D_3 D_2 D_1 D_0 Y $\overline{W}$ $\overline{ST}$ GND
15	74LS153 双4选1数据选择器	引脚（上）：V_{CC} $2\overline{ST}$ A_0 $2D_3$ $2D_2$ $2D_1$ $2D_0$ $2Y$（16 15 14 13 12 11 10 9） 74LS153 引脚（下）：（1 2 3 4 5 6 7 8）$1\overline{ST}$ A_1 $1D_3$ $1D_2$ $1D_1$ $1D_0$ $1Y$ GND
16	74LS161/ 74LS163 同步4位二进制计数器	引脚（上）：V_{CC} CO Q_0 Q_1 Q_2 Q_3 CT_T $\overline{LD}$（16 15 14 13 12 11 10 9） 74LS161 引脚（下）：（1 2 3 4 5 6 7 8）$\overline{CR}$ CP D_0 D_1 D_2 D_3 CT_P GND
17	74LS192 同步可逆双时钟BCD计数器	引脚（上）：V_{CC} D_0 CR $\overline{BO}$ $\overline{CO}$ $\overline{LD}$ D_2 D_3（16 15 14 13 12 11 10 9） 74LS192 引脚（下）：（1 2 3 4 5 6 7 8）D_1 Q_1 Q_0 CT_D CT_U Q_2 Q_3 GND
18	74LS194 4位双向通用移位寄存器	引脚（上）：V_{CC} Q_0 Q_1 Q_2 Q_3 CP S_1 S_2（16 15 14 13 12 11 10 9） 74LS194 引脚（下）：（1 2 3 4 5 6 7 8）$\overline{CR}$ D_{SR} D_0 D_1 D_2 D_3 D_{SL} END
19	74LS248 BCD七段显示译码器	引脚（上）：V_{CC} f g a d c b e（16 15 14 13 12 11 10 9） 74LS248 引脚（下）：（1 2 3 4 5 6 7 8）B C $\overline{LT}$ $\overline{RBO}$ $\overline{RBI}$ D A GND

附表 B　常用 4000 系列集成电路功能表

芯片名称	功能	芯片名称	功能
CD4000	双 3 输入端或非门+单非门	CD4046	锁相环
CD4001	四 2 输入端或非门	CD4047	无稳态/单稳态多谐振荡器
CD4002	双 4 输入端或非门	CD4048	四输入端可扩展多功能门
CD4006	18 位串入/串出移位寄存器	CD4049	六反相缓冲/变换器
CD4007	双互补对加反相器	CD4050	六同相缓冲/变换器
CD4008	4 位超前进位全加器	CD4051	8 选 1 模拟开关
CD4009	六反相缓冲/变换器	CD4052	双 4 选 1 模拟开关
CD4010	六同相缓冲/变换器	CD4053	三组二路模拟开关
CD4011	四 2 输入端与门	CD4054	液晶显示驱动器
CD4012	双 4 输入端与非门	CD4055	BCD 七段译码/液晶驱动器
CD4013	双主-从 D 型触发器	CD4056	液晶显示驱动器
CD4014	8 位串入/并入-串出移位寄存器	CD4059	N 分频计数器 NSC/TI
CD4015	双 4 位串入/并出移位寄存器	CD4060	14 级二进制串行计数/分频器
CD4016	四传输门	CD4063	4 位数字比较器
CD4017	十进制计数/分配器	CD4066	四传输门
CD4018	可预制 1/N 计数器	CD4067	16 选 1 模拟开关
CD4019	四与或选择器	CD4068	八输入端与非门/与门
CD4020	14 级串行二进制计数/分频器	CD4069	六反相器
CD4021	08 位串入/并入-串出移位寄存器	CD4070	四异或门
CD4022	八进制计数/分配器	CD4071	四 2 输入端或门
CD4023	三 3 输入端与非门	CD4072	双 4 输入端或门
CD4024	7 级二进制串行计数/分频器	CD4073	三 3 输入端与门
CD4025	三 3 输入端或非门	CD4075	三 3 输入端或门
CD4026	十进制计数/七段译码器	CD4077	四 2 输入端异或非门
CD4027	双 JK 触发器	CD4078	8 输入端或非门/或门
CD4028	BCD 码十进制译码器	CD4081	四 2 输入端与门
CD4029	可预置可逆计数器	CD4082	双 4 输入端与门
CD4030	四异或门	CD4085	双 2 路 2 输入端与或非门
CD4031	64 位串入/串出移位存储器	CD4086	四 2 输入端可扩展与非门
CD4032	三串行加法器	CD4089	二进制比例乘法器
CD4033	十进制计数/七段译码器	CD4093	四 2 输入端施密特触发器
CD4034	8 位通用总线寄存器	CD4095	三输入端 JK 触发器
CD4035	4 位并入/串入-并出/串出移位寄存	CD4096	三输入端 JK 触发器
CD4038	三串行加法器	CD4097	双路八选一模拟开关
CD4040	12 级二进制串行计数/分频器	CD4098	双单稳态触发器
CD4041	四同相/反相缓冲器	CD4099	8 位可寻址锁存器
CD4042	四锁存 D 型触发器	CD40100	32 位左/右移位寄存器
CD4043	三态 RS 锁存触发器（"1"触发）	CD40101	9 位奇偶校验器
CD4044	四三态 RS 锁存触发器（"0"触发）	CD40102	8 位可预置同步 BCD 减法计数器

续表

芯片名称	功能	芯片名称	功能
CD40103	8 位可预置同步二进制减法计数器	CD4518	双 BCD 同步加计数器
CD40104	4 位双向移位寄存器	CD4519	4 位与或选择器
CD40105	先入先出 FI-FD 寄存器	CD4520	双 4 位二进制同步加计数器
CD40106	六施密特触发器	CD4521	24 级分频器
CD40107	双 2 输入端与非缓冲/驱动器	CD4522	可预置 BCD 同步 $1/N$ 计数器
CD40108	4 字×4 位多通道寄存器	CD4526	可预置 4 位二进制同步 $1/N$ 计数器
CD40109	四低-高电平位移器	CD4527	BCD 比例乘法器
CD40110	十进制加/减、计数、锁存、译码驱动	CD4528	双单稳态触发器
CD40147	10-4 线编码器	CD4529	双 4 路/单 8 路模拟开关
CD40160	可预置 BCD 加计数器	CD4530	双 5 输入端优势逻辑门
CD40161	可预置 4 位二进制加计数器	CD4531	12 位奇偶校验器
CD40162	BCD 加法计数器	CD4532	8 位优先编码器
CD40163	4 位二进制同步计数器	CD4536	可编程定时器
CD40174	六锁存 D 型触发器	CD4538	精密双单稳
CD40175	四 D 型触发器	CD4539	双 4 路数据选择器
CD40181	4 位算术逻辑单元/函数发生器	CD4541	可编程序振荡/计时器
CD40182	超前位发生器	CD4543	BCD 七段锁存译码，驱动器
CD40192	可预置 BCD 加/减计数器（双时钟）	CD4544	BCD 七段锁存译码，驱动器
CD40193	可预置 4 位二进制加/减计数器	CD4547	BCD 七段译码/大电流驱动器
CD40194	4 位并入/串入-并出/串出移位寄存	CD4549	函数近似寄存器
CD40195	4 位并入/串入-并出/串出移位寄存	CD4551	四 2 通道模拟开关
CD40208	4×4 多端口寄存器	CD4553	3 位 BCD 计数器
CD4501	4 输入端双与门及 2 输入端或非门	CD4555	双二进制四选一译码器/分离器
CD4502	可选通三态输出六反相/缓冲器	CD4556	双二进制四选一译码器/分离器
CD4503	六同相三态缓冲器	CD4558	BCD 8 段译码器
CD4504	六电压转换器	CD4560	N BCD 加法器
CD4506	双二组 2 输入可扩展或非门	CD4561	"9" 求补器
CD4508	双 4 位锁存 D 型触发器	CD4573	四可编程运算放大器
CD4510	可预置 BCD 码加/减计数器	CD4574	四可编程电压比较器
CD4511	BCD 锁存，七段译码，驱动器	CD4575	双可编程运放/比较器
CD4512	八路数据选择器	CD4583	双施密特触发器
CD4513	BCD 锁存，七段译码，驱动器（消隐）	CD4584	六施密特触发器
CD4514	4 位锁存，4 线-16 线译码器	CD4585	4 位数值比较器
CD4515	4 位锁存，4 线-16 线译码器	CD4599	8 位可寻址锁存器
CD4516	可预置 4 位二进制加/减计数器	CD22100	4×4×1 交叉点开关
CD4517	双 64 位静态移位寄存器	—	—

参 考 文 献

白彦霞，陈晓芳，2017. 数字电子技术基础[M]. 武汉：华中科技大学出版社.

高永强，王吉恒，2006. 数字电子技术[M]. 北京：人民邮电出版社.

刘勇，2007. 数字电路[M]. 北京：机械工业出版社.

邱寄帆，2015. 数字电子技术[M]. 北京：高等教育出版社.